清洁高效灭火技术丛书

压缩空气泡沫灭火技术原理及应用

周晓猛 黄 鑫 宗若文 廖光煊 编著

U0289582

科学出版社

北 京

内 容 简 介

本书以压缩空气泡沫灭火技术为出发点，总述了压缩空气泡沫灭火技术的发展历程、技术现状与发展趋势，并以压缩空气泡沫灭火技术的各项性能为主线，重点介绍了泡沫灭火剂分类与特性、灭火系统组成与设计、灭火原理与有效性、工程应用技术等方面的内容。

本书适合泡沫灭火技术从业者、科研人员、大专院校师生及相关专业人士阅读参考。

图书在版编目（CIP）数据

压缩空气泡沫灭火技术原理及应用 / 周晓猛等编著. 北京 ： 科学出版社，2024. 9. -- （清洁高效灭火技术丛书）. -- ISBN 978-7-03-079532-8

Ⅰ. TU998.1

中国国家版本馆 CIP 数据核字第 2024YW6225 号

责任编辑：霍志国　孙　曼/责任校对：杜子昂
责任印制：赵　博/封面设计：东方人华

科学出版社 出版
北京东黄城根北街 16 号
邮政编码：100717
http://www.sciencep.com
北京天宇星印刷厂印刷
科学出版社发行　各地新华书店经销
*
2024 年 9 月第 一 版　开本：720×1000　1/16
2025 年 1 月第二次印刷　印张：19
字数：380 000
定价：118.00 元
（如有印装质量问题，我社负责调换）

"清洁高效灭火技术丛书"编委会

主　编

廖光煊教授　中国科学技术大学

副主编

王喜世教授　中国科学技术大学
周晓猛教授　中国民航大学

编　委（以姓氏拼音为序）

陈维旺博士　　　　　中国民航大学
丛北华副研究员　　　同济大学
房玉东教授级高工　　应急管理部通信信息中心
黄鑫副研究员　　　　中国民航大学
况凯骞副研究员　　　深圳市城市公共安全技术研究院
梁天水副教授　　　　郑州大学
倪小敏高工　　　　　中国科学技术大学
牛慧昌副研究员　　　广州中国科学院工业技术研究院
秦俊教授　　　　　　中国科学技术大学
肖修昆副研究员　　　深圳欣旺达安全技术研究院
张肖博士　　　　　　中国民航大学
张永丰研究员　　　　应急管理部上海消防研究所
朱伟研究员　　　　　北京科学技术研究院
宗若雯副研究员　　　中国科学技术大学

丛 书 序

在各类灾害事件中，火灾作为高危、多发、频发的公共安全事件，一直威胁着公众的生命与财产安全，已然成为制约社会和谐发展的重要影响因素。同时，伴随经济、社会、科技的高速发展，各种新材料、新工艺层出不穷，进一步加大了火灾发生的危险性及灭火救援的难度，致使社会的安全保障需求与社会高速发展的矛盾越来越突出。特别是近些年，我国重特大火灾事故时有发生，群死群伤惨剧屡见不鲜，造成了严重的社会影响，消防安全形势非常严峻。统计数据显示，我国平均每年发生火灾约 25 万起，年均造成约 1500 人死亡，直接及间接经济损失巨大，进一步凸显了火灾防治工作的必要性和重要意义。依靠科技防灾减灾，实现火灾防治有效性、合理性以及科学性的统一，是强化城乡治理、维护社会稳定、保障全民安全的必然之举。

火灾防治是一项系统性工程，不仅要考虑火灾的种类、火焰形态、发展阶段等因素，还须兼顾灭火装置及系统的设计、使用和维护等诸多方面。灭火技术是火灾防治的一个核心与关键要素，承载了防范、化解、止损等多项重要职责，能够基于物理和化学机制，有效破坏燃烧条件，终止燃烧反应，从而防止火势扩大并快速高效灭火，降低灾害风险。近年来，随着臭氧空洞、全球变暖等世界性环境问题的加剧，以及哈龙替代进程的不断推进和绿色消防理念的持续引领，环境友好型灭火技术的重要性更加突出，相关工作刻不容缓，有些已迫在眉睫。当然，新型灭火剂的研发工作不是一蹴而就的，也并非立竿见影，其筛选、存储、施放等均包含很多的科学问题和技术难题，需要在生产实践中不断检验并优化。

当前，哈龙替代科学与技术的前沿发展态势，主要以环保和高效为指引，紧紧围绕细水雾、气体、粉体及泡沫灭火技术研究展开。为此，我们从国际主流技术原理出发，全面论述新一代灭火系统的核心技术，共凝结成"清洁高效灭火技术丛书" 6 本，分别是《多组分细水雾灭火技术原理及应用》《洁净高效气体灭火技术原理及应用》《粉体灭火技术原理及应用》《清洁高效灭火理论》《先进超细水雾灭火技术原理及应用》《压缩空气泡沫灭火技术原理及应用》，以展现国内外在哈龙替代科学与技术方面的研究进展，为相关科研单位了解以及研究新一代清洁高效灭火技术与系统提供参考。

　　本丛书是国家科技重大专项的集体研究成果，同时也吸收借鉴了很多既有灭火理论与技术，由中国科学技术大学、中国民航大学、同济大学等多家单位联合编撰，代表我国先进清洁高效灭火技术原理及应用的最新科技成果。本丛书系统总结了新一代清洁高效灭火技术，强调着力研究发展先进的火灾防治技术与系统，并大力推广应用，以满足当代及未来的热灾害防治重大需求。新一代灭火介质及其系统的广泛应用，不仅将催生公共安全民生产业的发展和升级，而且可以有效保障城市社会生活的稳定，人民的安居乐业。

廖光煊

2020 年 10 月

前　言

泡沫灭火剂因使用设备简单、成本低、灭火效率高，在扑救 A 类、B 类火灾中得到了广泛的应用，是目前公认的扑救液体火灾最常用、最有效的手段。传统泡沫灭火技术是泡沫液在喷放过程中与空气混合产生泡沫，一方面，喷出的泡沫动量较低，难以穿过燃烧火羽流甚至会被上升的羽流吹走；另一方面，喷出泡沫的稳定性不强，难以长时间附着于燃料表面。压缩空气泡沫灭火技术于 20 世纪30 年代起源于德国，该技术在喷放前将带压空气与泡沫液按一定比例混合发泡形成泡沫，具有泡沫初始动量大、灭火距离远、稳定性高、用水量少、附着性和润湿性好等优点，在欧美国家消防领域得到了广泛应用。

我国于 20 世纪 90 年代引入压缩空气泡沫灭火技术，对其开展科学研究并进行国产化装备研制。经过多年发展，我国压缩空气泡沫灭火技术在部分领域取得了突破，研发出了相应的国产化装备，但仍然存在水流量和泡沫液流量的控制不够精准，泡沫液与水的混合比例不够稳定，在扑灭情况复杂的火灾时存在诸多困难等问题，与国外先进技术存在差距，国内压缩空气泡沫消防车多采用进口压缩空气泡沫产生系统。因此，需要科研工作者和广大同仁开拓进取、攻坚克难、不断创新、突破瓶颈，摆脱核心技术对国外的依赖，从而更好地服务我国消防事业。

本书是"清洁高效灭火技术丛书"之一，内容共分为 5 章。第 1 章为绪论，主要介绍泡沫的形成机理和泡沫灭火技术的发展历程，论述传统泡沫灭火技术的不足和压缩空气泡沫灭火技术的特点。第 2 章为泡沫灭火剂，主要介绍泡沫灭火剂的分类、组分、性能要求、表征方法、生产方式和选择原则，系统化对泡沫灭火剂的认识。第 3 章为压缩空气泡沫灭火系统，重点阐述压缩空气泡沫灭火系统的组成及各组件的工作原理，并介绍压缩空气泡沫灭火系统的分类以及系统的设计、性能、操作与控制要求。第 4 章为压缩空气泡沫灭火理论及有效性，介绍近年来研究学者的研究成果，包括泡沫灭火剂配方、系统工作参数、管网输运方式、协效灭火方法等对灭火性能的影响，以及针对不同应用场景的灭火特点。第 5 章为压缩空气泡沫灭火技术的工程应用，介绍适用场所和应用实例，阐述压缩空气泡沫灭火系统和泡沫消防车的使用要求，并展望未来发展趋势。

本书的部分章节(第 1 章 1.1～1.3 节，第 4 章 4.2～4.7 节)由中国民航大学袁伟老师和霍雨佳博士负责完成，研究生白荟琳、妥弈纬、张纪元、余治磊、李龙基等也参与了本书的资料收集及部分文字整理工作，另外，南京消防器材股份有限公司的周平高工为本书的编写提供了部分研究资料，在此谨向各位同仁表示衷心的感谢。本书或有不妥之处，恳请广大读者批评指正。

编著者

2024 年 7 月

目　　录

第1章 绪 论

1.1 泡沫的定义与分类

泡沫指聚在一起的许多小泡,是由不溶性气体分散在液体或熔融固体中所形成的一种分散体系,属于胶体系统[1]。依据两相凝聚状态分类,它属于胶体系统中的第一类(固溶胶)和第三类(液溶胶),即气体分散于固体中的泡沫以及气体分散于液体中的泡沫、气体乳胶[2]。泡沫在我们的日常生活中处处可见,啤酒开瓶时的泡沫、肥皂泡沫属于气体在液体中的泡沫;而泡沫塑料和泡沫玻璃中的泡沫则是气体在固体中的泡沫,固体泡沫为轻质多孔海绵状物质或轻质多孔刚性物质。泡沫的膜,无论是固体或液体,如果它们各自闭合,即彼此相邻的气泡之间不存在连接充气的通道,称为真泡沫;如果气泡与气泡之间彼此连通,则可称为海绵体。真泡沫中的气相为非连续相,连续的只是液相和固相,而海绵体的两相均为连续相。有些物质(如面包),一部分由海绵体构成,其余部分则由真泡沫构成[3]。

对于泡沫的准确定义,各国研究者说法不一。对于气液分散体系来说,美国胶体化学家 L. I. Osipow 及美国道康宁公司的 R. F. Smith 认为泡沫是体积密度接近气体而不接近液体的气液分散体,由于泡沫的液体壁厚度不同,泡沫的密度介于液体与气体之间[4]。20 世纪 70 年代以来,对泡沫的定义则逐渐突出强调气体与液体的比例。日本研究者认为泡沫是大量气体在少量液体中形成的分散体,将互不影响的、分散在液体中的球状气泡组成的体系称为气体乳液,并指出减少其中液体对气体的比例,可最终形成高比表面积的、由液膜包裹气泡所组成的泡沫。我国表面物理化学家赵国玺教授[5]认为,泡沫是气体分散于液体中的分散体系,气体是分散相(不连续相),液体是分散介质(连续相),由于气体与液体的密度相差很大,因此在液体中的气泡能够很快上升至液面,形成以少量液体构成的液膜隔开气体的气泡聚集物。

从形态学上泡沫可分为两类,一类称为球形泡沫,另一类为多面体泡沫(图1.1)。球形泡沫由分离度很宽的球状泡沫组成,如内相是气体的乳状液,气泡相互之间被液体隔开较远,气泡在液体中一个接一个地分布,气体含量少于 74%。许多橡胶和聚合体泡沫,以及搅拌牛奶或奶油产生的泡沫等,均属于球形泡沫。当气泡超过最致密球形分布,作为分散相的气体体积分数非常高时(气体含量高于74%),气体被网状的液体薄膜分隔开,各个被液膜包围的气泡为了保持压力平衡而变形为多面体，这种泡沫称为多面体泡沫。多面体泡沫通常可由球形泡沫经充分排液而自发生成，为了保持力学上的稳定性，多面体泡沫总是按一定方式相交，如三个气泡相交时互成120°时最为稳定。所有气泡大小相同的泡沫可称为理想泡沫，这种泡沫是一种五边形的十二面体结构，然而在实际所有泡沫中，气泡有各种不同的体积，而且形状与理想泡沫相差很远。

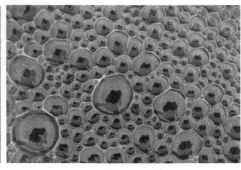

(a)球形泡沫 (b)多面体泡沫

图 1.1 不同形态的泡沫

从能量观点来看，泡沫是热力学不稳定的体系[6]。泡沫作为大量流动性强及密度低的气体被液体隔开的分散体系，存在大的气-液界面，由于空气和水具有相反的特性，因此它们趋于分离导致泡沫自动破坏，产生该现象的原因主要有液膜的排液、膜的破裂以及气体的扩散。一般球形泡沫稳定性较差，排液很快，因而寿命较短；相反，多面体泡沫从气泡间的通道和三叉槽中排液，速度较慢，因此一般属于亚稳态泡沫，消防上用的灭火泡沫即属于亚稳态泡沫。

仅靠一种纯液体形成稳定泡沫十分困难，通常需加入其他物质，一般为表面活性物质，这种具有较好起泡性能的物质称为发泡剂，烷基硫酸钠和烷基苯磺酸钠均为常用的发泡剂[7]。为了使泡沫保持长久稳定性能，有时还需要加入稳泡剂以延长气泡破裂半衰期，如月桂酰二乙醇胺、聚乙烯醇、甲基纤维素等。

此外，很多工业中常因泡沫的产生而带来不便，这就需要加入消泡剂来改变体系表面状态，破坏或抑制泡沫产生[8]。消泡剂通常为表面张力低、溶解度较小的物质，如 $C_5 \sim C_6$ 的醇类或醚类、磷酸三丁酯、有机硅等。消泡剂作用原理为依靠自身较低的表面张力在气泡液膜表面驱替原有发泡剂，而其短链结构不能形成坚固的吸附膜，因此产生裂口造成泡内气体外泄，导致泡沫破裂，起到消泡的作用。

1.2　泡沫的形成

　　泡沫形成的前提条件是必须有气体和液体发生相互接触，而二者的接触可通过三种途径达到：一是直接向液体中通入外来气体；二是利用气井内气流的搅动；三是溶液中的反应物在一定条件下发生反应产生不溶气体。然而，单一组分液体通常无法形成稳定的泡沫，如向蒸馏水、乙醇、苯等液体中吹扫气体，虽然可以产生气泡，但这种气泡存在时间很短，当气泡离开水面时即迅速破裂。要形成稳定的泡沫，除了气液两相直接接触外，还必须加入发泡剂来降低液相的表面张力，从而降低体系的表面自由能，提高体系稳定性。表面活性剂是一种常见发泡剂，由具有亲水性的极性基团和具有憎水性的非极性基团(碳氢链)组成。在体系中加入表面活性剂后，亲水基团由于受到极性很强的水分子的吸引，倾向于进入水中；而非极性的憎水基团存在进入非极性的气相的趋势，由此表面活性剂分子聚集起来吸附于水溶液表面。随着表面活性剂在溶液表面上的吸附浓度逐渐增大，其分子已无法平躺排列，而是主动形成定向直立排列结构以尽量减少其所占的面积，此时溶液表面已基本被表面活性剂分子覆盖，且非极性的憎水基向外形成一层由碳氢链构成的表面膜，减少了气相与液相的接触，使溶液表面上不饱和力场得到一定平衡，降低了表面张力，促使泡沫逐渐稳定。此外，泡沫的稳定性取决于液膜的表面黏度，适当的稳泡剂能够起到增加表面黏度、提高保水性与泡沫体系稳定性的作用[9]。图 1.2 显示了泡沫的形成过程：气体与液体发生接触后形成被表面活性剂单分子膜包围的气泡，当气泡冲破气-液界面时再次被该位置的表面活性剂分子包围，形成含有夹层水的液膜，阻碍气泡与气泡之间的相撞与合并，随着

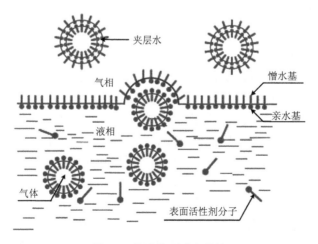

图 1.2　泡沫的形成和结构

大量气泡发生聚集且气泡间液膜厚度达到平衡时，即可形成蜂窝状结构的浓密泡沫。

与其他胶体体系相同，泡沫还能够通过"凝结"过程形成[10]。在"凝结"过程中引入气相的具体方法为使分子形式的气体在液体内"凝结"形成气泡，如当罐头瓶、酒瓶打开时，容器内发酵产生的或在压力下溶解的二氧化碳逐渐释放，溶液达到过饱和状态，过量的气体形成分散相，最终上升至顶部形成泡沫。

火灾中使用的灭火泡沫的产生方法可分为两大类，即化学泡沫灭火剂和空气(机械)泡沫灭火剂[11]。化学泡沫是碱性盐溶液与酸性盐溶液混合发生化学反应产生的灭火泡沫，泡沫中所含气体一般为二氧化碳，这两种药剂的总称为化学泡沫灭火剂，但由于灭火级别低且灭火器使用过程中存在不安全因素，在国内外早已遭淘汰。空气(机械)泡沫是由泡沫液与水的混合液通过机械吸入空气而生成的泡沫，泡沫中所含的气体一般为空气，由于泡沫靠机械混合作用而形成，因而称为空气(机械)泡沫。一般来说，通过机械混合形成的泡沫一致性较差，而要形成较理想的均匀、细致的泡沫，适用方法为通过一个多孔塞将气泡压入体系中。值得注意的是，此过程虽然能够产生大量分散泡沫，体系也比较稳定，但该方法也存在很大的缺陷，即将泡沫与下部的溶液进行分离并输送的过程十分复杂、缓慢，且效率较低。目前实际火灾使用的灭火泡沫均属于空气(机械)泡沫。

1.3 泡沫的稳定与破裂

1.3.1 泡沫稳定与破裂机理

泡沫的稳定性指的是生成泡沫的持久性，即泡沫存在"寿命"的长短，其定义有广义和狭义之分。广义的泡沫稳定性可以理解为泡沫保持其自身稳定存在的性质，但这样的定义是理想化的，对实际应用有意义的应为泡沫克服外界的干扰而保持其自身稳定的性质，即狭义的稳定性，这是因为即使在实验室中可最大程度上排除外界干扰，但泡沫仍将受到空气流、尘埃等的影响。在消防、油田、日用化学品领域中，泡沫在应用的过程中更要不断经受来自外界环境的冲击与挤压，稍有外力即发生破裂(即处于亚稳定状态)的泡沫是没有实际意义的，因此泡沫在外界干扰中保持自身稳定的性质更为重要。泡沫是由连续液体包围着不连续气体的特殊流体，具有高表观黏度和剪切稀化特征，其性能取决于体系特性，通过向体系中加入一定量的辅助表面活性剂、稳泡剂等物质，可获得稳定性良好的泡沫。

泡沫具有非常大的气-液界面面积，因此表面能较高且具有自发减少的趋势，是一种热力学不稳定体系，趋向于逐渐破裂。泡沫的破裂机理包括毛细压差引起的液膜排水、气体扩散导致气泡的合并长大(歧化现象)和重力作用下的液膜向下排液，泡沫失稳因素均与三种机理存在直接或间接联系[12,13]。

1）毛细压差引起的液膜排水

毛细流动是造成气泡破裂的原因之一。当大量泡沫堆积在一起时，每三个相邻气泡间必定会形成一个三角状液膜，这一液膜区域称为 Plateau 边界，如图 1.3 所示。

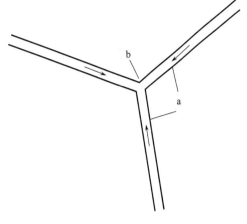

可以看到，图中 a 所指区域液膜对应的曲率半径较大而气-液界面产生的附加压力较小，这种附加压力对于液膜而言为正压，即此处液膜内的液体压力较大；而 b 所指区域曲率相对较大而曲率半径小，气-液界面产生

图 1.3 毛细排液示意图

的附加压力大，液膜内液体的压力相对 a 处较小。因此，在液膜内部存在压差，使得 a 处的液体有流向 b 处的趋势，导致 a 处的液膜越来越薄，弹性降低，最终气泡失稳聚并或破裂。

2）气泡的合并长大（歧化现象）

如图 1.4 所示，泡沫粒径往往大小不一，相邻泡沫内部的气体也存在压差，这种压差迫使气体通过液膜从压力较高的小泡沫向压力较低的大泡沫逐渐扩散，泡沫最终合并。这种泡沫聚并的现象称为歧化反应，不同曲率表面产生的拉普拉斯压差即为泡沫歧化的驱动力。此外，气体在液体中的溶解度也随压力的增加而增大，使小气泡中的气体在一定压差下通过液膜向大气泡扩散，同样导致大气泡变得越来越大，小气泡越来越小，直至大小气泡相互合并。

3）重力作用导致的液膜排液

如图 1.5 所示，液膜内的液体始终受重力作用，在重力作用下 Plateau 边界的液体向下流集排水，使得顶部泡沫不断变干，直至破裂[14]。

1.3.2 泡沫稳定性影响因素

1）液膜表面黏度

决定泡沫稳定性的关键因素是液膜的强度，而液膜的强度主要取决于表面吸附膜的坚固性，通常以表面黏度来衡量[15]。表面黏度是指液膜表面分子层内的黏度，主要来源为表面活性分子在其表面单分子层内的亲水基间相互作用及水化作用，表面黏度越大，膜的强度越大，泡沫的稳定性也就越好，泡沫寿命越长。产生该现象的原因可分为两方面：一是液膜表面黏度大，可增加其表面强度；二是可使邻近液膜的排液受阻，延缓液膜破裂时间，从而增加了泡沫的稳定性。实践

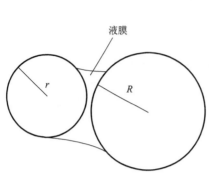

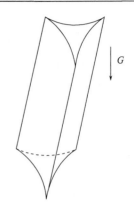

图 1.4　泡沫合并示意图　　　　　图 1.5　Plateau 边界重力排液

证明，在发泡剂溶液中加入少量有机物质(稳泡剂)，由于其分子量较大，分子间作用较强，可提高泡沫的稳定性。良好的发泡剂或稳泡剂在吸附层内必须有较强的相互作用，同时亲水基团要有较强的水化能力，前者使液膜有较高的机械强度，后者可提高液膜的表面黏度。使表面黏度增大的物质很多，特别是高分子物质，如蛋白质、皂角苷、淀粉、阿拉伯胶、琼胶、合成高分子等。此外，一些表面活性剂也具有很好的增大表面黏度的能力。表 1.1 列出了三种常见表面活性剂水溶液的表面黏度与泡沫稳定性的关系。

表 1.1　三种常见表面活性剂水溶液表面黏度与泡沫稳定性的关系

表面活性剂	质量分数/%	表面黏度/(Pa·s)	泡沫寿命/s
烷基苯磺酸钠	0.1	3×10^{-4}	440
月桂酸钾	0.1	39×10^{-4}	2200
十二烷基硫酸钠	0.1	55×10^{-4}	6100

　　值得注意的是,过低(类似气态单分子膜)和过高的表面黏度(类似固态单分子膜)均不利于泡沫的稳定,表面黏度过低不利于泡沫的形成,而过高的表面黏度会造成较低的液膜弹性,且降低界面膜通过表面传质进行膜修复的能力。一般疏水基中分支较多的表面活性剂分子间作用比直链差,因而溶液的表面黏度较小,泡沫的稳定性也较差。

　　2)溶液表面张力

　　随着泡沫的生成,液体表面积增大,表面能也逐渐升高,根据吉布斯原理,体系总是趋向于较低的表面能状态,而较低表面张力可使泡沫体系表面能降低,有利于泡沫的稳定。同时,根据拉普拉斯公式,液膜的拉普拉斯交界处与平面膜之间的压差和表面张力成正比,即表面张力越低,毛细管压力越小,泡沫排液速度也越慢；此外，表面张力对液膜还具有一定修复作用，即受外力冲击的部位液膜会变薄，周围的表面活性剂分子产生向该部位迁移的倾向，使液膜复原。尽管低表面张力有利于泡沫的稳定，但长期以来其作用往往被高估。大量试验数据表明，液体表面张力不是泡沫稳定性的决定性影响因素，只有当液膜表面具有一定强度，能够形成多面体泡沫时，低表面张力才有助于泡沫的稳定[16]。例如，十二烷基硫酸钠水溶液的最低表面张力为 38mN/m，一些蛋白质水溶液的表面张力比此值还要高，但它们均能生成稳定性较高的泡沫，而丁醇水溶液的表面张力为25mN/m，却不能生成稳定的泡沫。

3）溶液黏度

若生成泡沫的溶液黏度较高，其液膜的黏度也必然大，当液膜黏度大时，液体不易流动，阻碍了液膜排液，其厚度变小的速度减慢，延缓了液膜破裂，从而使泡沫的稳定性增强。

4）液面表面电荷

如果泡沫液膜带有电性相同的电荷，液膜的两个表面将互相排斥，可阻止液膜变薄乃至破裂，增强泡沫稳定性。在离子型表面活性剂作为发泡剂的泡沫中，表面活性剂分子会富集于表面，而反离子则由于分散于液膜内部，无法中和与表面活性剂同侧的吸附电荷，在泡沫液膜上形成具有表面双电层的扩散层。当液膜厚度接近扩散层厚度时，泡沫两侧吸附电荷产生的斥力(分离压)增加，可阻止液膜变薄，有利于泡沫的稳定。值得注意的是，当溶液中表面活性剂浓度过高(或电解质浓度过高)时，双电层的扩散层会被反电荷离子压缩导致电位降低，液膜两侧的排斥作用减弱，液膜厚度变小，泡沫稳定性变差。

5）吉布斯-马兰戈尼效应

当泡沫受到冲击时，液膜局部变薄导致表面积增加，发泡剂分子密度减小，表面张力增大，在表面张力梯度作用下，发泡剂分子沿表面扩张并带动一定量溶液移动，使局部变薄的液膜恢复到原本厚度，该现象即为吉布斯-马兰戈尼效应，又称为表面张力的修复作用。显然，加入表面活性剂前后表面张力差异越大，形成的表面张力梯度也就越大，吉布斯-马兰戈尼效应越显著，泡沫的修复作用越强，而表面弹性有助于液膜厚度保持均匀。然而，当溶液中表面活性剂浓度过高时，因表面活性剂会迅速扩散到液膜表面，使局部的表面张力很快降低至原本大小，导致液膜变薄部分无法得到修复，使泡沫的稳定性降低。因此，吉布斯-马兰戈尼理论认为，泡沫的稳定性与表面张力降低的速率有关，即表面张力降低速率越快，新形成的表面张力梯度消失越快，越易引起泡沫破裂。多种发泡剂表面张力动力学测定结果表明，表面张力降低速率大于 1000mN/(m·s) 时泡沫稳定性较差，当表面张力降低速率为 500mN/(m·s) 左右时泡沫较稳定。表面张力降低速率除了与表面活性剂浓度及温度有关外，还和活性剂分子结构有关。曲彦平等[15]通过建立液膜物理模型，推导了液膜变薄速率与表面黏度、体相黏度的数学关系式，发现随着表面黏度或体相黏度增大，液膜变薄速率降低，因此泡沫的稳定性增加，寿命增大。这里应当指出，表面黏度对泡沫稳定性的作用比体相黏度大，因为表面黏度不仅在数值上比体相黏度大得多，而且还增大了液膜的机械强度，使得液膜的抗扰动能力增加。

6) 表面活性剂浓度

表面活性剂浓度同样为影响泡沫稳定性的主要因素之一。当表面活性剂浓度低于或接近临界胶束浓度(CMC)时，液膜表面流变学特性是影响泡沫稳定性的主要因素，活性分子的吸附以及吸附层的性质决定着泡沫的排液性以及稳定性；当表面活性剂浓度高于 CMC 时，泡沫稳定性随表面活性剂浓度增加而增加，产生该现象的原因为液膜的胶团缔合分层。在工业体系中，表面活性剂浓度通常高于 CMC，因此后者从现场应用的角度上来说更为重要[17]。高浓度表面活性剂泡沫分层的本质为液膜中出现长链晶状胶体及胶体粒子的薄化：由于液膜体积有限，胶体可通过屏蔽静电排斥产生相互作用，而带电布朗粒子间的相互排斥作用使之进入液膜内部的不流动区域产生分层现象，如图 1.6 所示，导致分散相的流变性发生变化，进而影响泡沫稳定性。该机理为抑制液膜排液和促进消泡提供了理论支撑[18]。

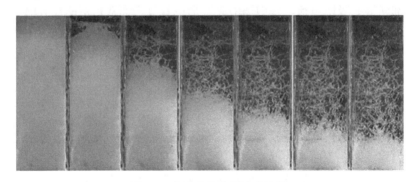

图 1.6　泡沫中的分层泡沫液膜

姜宁[19]测试了氟碳表面活性剂 FS-50 所产生泡沫的稳定性随浓度变化规律，如图 1.7 所示。图中以 5min 后剩余泡沫高度占初始高度的比率(R_5)表征泡沫稳定性，可以看到，随着 FS-50 浓度的增大，泡沫稳定性相应增强，并在超过 CMC[0.0126 wt%(质量分数)]后趋于稳定，这是因为随着表面活性剂浓度的增加，气-液界面上 FS-50 分子的数量不断增多，分子排布更为紧密并形成缔合状态的胶团结构。试验结果进一步验证了表面活性剂浓度为影响泡沫稳定性的关键因素之一。

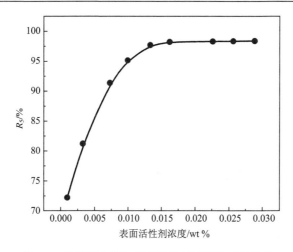

图 1.7　泡沫稳定性与表面活性剂浓度的对应关系

7) 气泡内的气体通过液膜的扩散

泡沫中气泡有大有小，根据拉普拉斯关系式，小气泡的压力高于大气泡，而气体能自发地由小气泡中扩散转移入大气泡中。因此，小气泡逐渐变小直至消失，大气泡逐渐增大最终破裂。浮于液体表面上的独立气泡，其中的气体不断地透过液膜扩散到大气中，而气泡逐渐变小最终导致消失。

气泡中气体扩散透过液膜的速度(或难易)与气泡液膜的厚度、黏度、表面吸附膜的紧密程度(如表面活性剂分子在液膜上吸附的数量和排列的紧密程度)等有关。气泡液膜的厚度越小，黏度越低，表面吸附膜越松散，气泡中的气体越容易扩散透过液膜，即气体透过性越大，气泡越不稳定，越容易消失；反之，气泡的液膜厚度越大，黏度越高，表面吸附膜越紧密，气泡越稳定，寿命越长。例如，在十二烷基硫酸钠溶液中加入少量十二醇，表面吸附膜即会含有大量十二醇分子，使吸附膜中分子间作用力加强，分子排列更为紧密，气体透过性降低，较原溶液稳定性增加。

1.4　泡沫在消防工程中的应用

1.4.1　泡沫灭火技术的发展

水是最传统的灭火剂，但水分子的表面张力不仅使其难以停留在燃烧物表面，更无法渗入燃烧物内部，泡沫灭火剂的出现弥补了传统灭火剂的缺陷，在消防灭火领域发挥着重要作用。19 世纪初，随着石油工业发展，从业者发现普通灭火剂无法有效扑救油类火灾，欧美国家率先开展了泡沫灭火剂研究。Laurent 针对该问题发明了湿法化学泡沫，将硫酸铝水溶液、碳酸氢钠和皂角草素溶液输送至混合器中发生反应,产生充满二氧化碳的化学泡沫,并利用该方法首次成功扑灭了石油火灾。1925 年,Urquhart 在湿法化学泡沫的基础上发明了干法化学泡沫,该方法向水中直接添加化学泡沫粉产生泡沫,将化学泡沫灭火技术推进至工业应用水平。1927 年,Wagener 发明了采用表面活性剂水溶液与空气混合产生空气泡沫的方法。1935 年,Schroeder 等使用皂角草素与合成表面活性剂的水溶液作为发泡剂,发明了产生空气泡沫的固定装置与喷枪;Bohm 以季铵盐型阳离子表面活性剂为基料研制了初级形式的抗溶型泡沫灭火剂,并在英国获得了专利授权。1937年,Sthamer 发明了利用天然蛋白质水解制取蛋白泡沫灭火剂的方法,至此,蛋白泡沫灭火剂成为一种重要的泡沫灭火剂。1939 年,Dimario 成功运用金属皂型抗溶蛋白泡沫灭火剂扑救醇类火灾。1954 年,英国的 Eisner 和 Smith 发现合成表面活性剂水溶液与大量的空气混合时,可以产生密度比蛋白泡沫小得多的泡沫,而且具有窒息效果,从而发明了高倍数泡沫灭火剂。上述二人于 1956 年,以及 Lincare 于 1959 年,发表了多篇关于高倍数泡沫灭火方法的研究报告,并使高倍数泡沫灭火剂与设备达到了实用程度[24]。在第二次世界大战中,由于战争而造成频繁的液体燃料火灾,促使蛋白泡沫灭火剂及相应的空气泡沫灭火设备迅速发展。战后,以蛋白泡沫灭火剂为基础发展了空气泡沫灭火系统的研发[25]。1963 年,美国的 R. L. Tuve 等以全氟辛酸型氟碳表面活性剂为基料,成功研制了水成膜泡沫灭火剂(aqueous film forming foam,AFFF)[26]。在研制水成膜泡沫灭火剂的同时,1965年英国帝国化学工业公司(ICI)成功研制了以四氟乙烯低聚物为憎水、憎油基团的氟蛋白表面活性剂(商品名为 MD313 或 MD212),并添加到蛋白泡沫灭火剂中制成了氟蛋白泡沫灭火剂[27]。与以往的泡沫灭火剂相比,它不仅能以泡沫的形式灭火,而且其水溶液还能在油类的液面上形成一层抑制油品蒸发的水膜,此水膜不仅可以隔绝空气与燃料,还可使燃料温度下降,同时也提高了 AFFF 的流动能力和疏油能力,灭火效率提高了 3~4 倍。20 世纪 70 年代末期,抗溶型泡沫灭火剂的开发有了新的突破,其标志是凝胶型抗溶泡沫灭火剂、抗溶型成膜氟蛋白灭火剂以及以硅酮表面活性剂为基料的抗溶型泡沫灭火剂的研制成功。美国研究人员在普通水成膜泡沫灭火剂的基础上添加了一种抗醇的高分子化合物,制成了抗溶水成膜泡沫灭火剂。1978 年美国国民泡沫公司(National Foam System Co. Ltd)首先生产了以全氟辛酸型氟碳表面活性剂和具有触变性的多糖为基料的凝胶型抗溶泡沫灭火剂,商品名称为多功能灭火剂。其后,美国的 3M 公司研制了同类型的泡沫灭火剂,商品名称为轻水 ATC(light water ATC)[28]。20 世纪 70 年代中期,美国得克萨斯州森林防火部门研制出一种专门用于扑救森林火灾的"Texas Snow Job"泡沫灭火剂,即 A 类泡沫灭火剂的最早雏形,因其隔热保护性能良好,灭火效力强大,而且比传统方法用水量更少,所以常用于消防用水受限制区域。20 世纪 80 年代,随着技术的不断改进,现代意义上的 A 类泡沫灭火剂开始出现,它不仅具备常用清洁剂的表面活性剂性质，还含有其他添加剂，以提高其泡沫的润湿性、渗透性以及稳定性。近年来，A 类泡沫灭火剂在美国市政消防部门的建筑物火灾扑救中被广泛使用，其诸多优点也在研究和实践中得到深入的认识和了解。

泡沫灭火剂在我国的开发与应用晚于欧美国家。20 世纪 60 年代以前，我国以化学泡沫灭火剂为主，60 年代以后才逐步以蛋白泡沫灭火剂取代了化学泡沫灭火剂。70 年代以后，泡沫灭火剂的开发与应用才取得了较大的进展，中国科学院上海有机化学研究所与公安部天津消防研究所(现为应急管理部天津消防研究所)等科研院所先后研制了氟蛋白泡沫灭火剂、水成膜泡沫灭火剂、高倍数泡沫灭火剂、金属皂型抗溶泡沫灭火剂、凝胶型抗溶泡沫灭火剂、多功能氟蛋白泡沫灭火剂、耐析液型泡沫灭火剂以及其他合成泡沫灭火剂或化学泡沫灭火剂[29]。在此基础上，中国科学技术大学火灾科学国家重点实验室研制了基于有机硅表面活性剂的无氟泡沫灭火剂，该灭火剂有较高的泡沫稳定性，可通过增加泡沫流量或降低发泡倍数来加快其在燃料表面的铺展速度；基于短链碳氟-碳氢复配体系的耐海水型水成膜泡沫灭火系统，可以较好地抵抗人工海水中无机盐的不利影响；随后，开发了适用于易燃液体火灾的无氟环保型泡沫灭火剂和一套小尺度的压缩空气泡沫灭火系统，但是距离工程应用还有差距[8,23]。对于普通蛋白泡沫灭火剂和氟蛋白泡沫灭火剂，我国主要生产的是 YE3/6 型蛋白和氟蛋白泡沫灭火剂，但是由于受到高效新型灭火剂的冲击，蛋白泡沫灭火剂所占的市场份额有所下降，在我国迫切需要研究开发新型的蛋白泡沫灭火剂产品，但目前没有完全解决普通蛋白型泡沫灭火剂产品储存期限较短，成膜氟蛋白泡沫灭火剂的使用不广泛等问题。在合成型泡沫灭火剂方面，公安部天津消防研究所在 1984 年以复合表面活性剂作为发泡剂，添加氟碳表面活性剂和黏多糖(NK-131)，开发出第一代高分子凝胶型抗溶泡沫灭火剂(YEK-9-1)，该产品一经推出便在国内普遍生产使用，目前学者们仍致力于进一步寻找性能更为优异的抗溶剂来制备新型抗溶型泡沫灭火剂。水成膜泡沫灭火剂中由于最重要的组成部分——氟碳表面活性剂的生产技术国内尚未掌握，所需的氟碳表面活性剂大多从美国 3M 公司进口。但自从《关于持久性有机污染物的斯德哥尔摩公约》严格限制全氟辛基磺酸盐(perfluorooctane sulfonate，PFOS)的使用后，对我国的水成膜泡沫灭火剂行业造成巨大冲击，国内研究机构正在大力研究环保、高效、廉价、多功能、多用途的水成膜泡沫灭火剂，以缩短与国外技术的差距[30]。

1.4.2 传统泡沫灭火技术

泡沫灭火剂因使用设备简单、成本低、灭火效率高，在扑救 A 类、B 类火灾中得到了广泛的应用，是目前公认的扑救液体火灾最常用、最有效的手段。据统计，2009～2016 年，全国各消防队中各种泡沫灭火剂的使用量从 21.6 万 t 增加到了 51.8 万 t[20]。泡沫灭火剂的分类方式多种多样,按照使用场合可以分为 A 类和 B 类泡沫灭火剂;以泡沫液的添加剂含量为标准,泡沫灭火剂可以分为 1.5%型、3%型和 6%型;按照不同的发泡比进行分类,发泡比低于 20 的泡沫灭火剂属于低倍数泡沫灭火剂,发泡比介于 20~200 之间的属于中倍数泡沫灭火剂,而高倍数泡沫灭火剂的发泡比大于 200;按照合成泡沫的基质,可分为蛋白型泡沫灭火剂和合成型泡沫灭火剂;根据配方又可分为化学泡沫灭火剂、水成膜泡沫灭火剂(AFFF)、抗溶氟蛋白泡沫灭火剂(F)、蛋白泡沫灭火剂(P)、抗醇泡沫灭火剂(AR)等类型。目前水成膜泡沫、普通蛋白泡沫、氟蛋白泡沫在消防应用中所占比例最大,约达到 75%。

泡沫灭火剂原液的成分一般包括发泡剂、稳泡剂、降黏剂、防冻剂、助溶剂和防腐剂等,在与水混溶后利用专业消防设施与装备,通过机械作用或化学反应产生灭火泡沫,喷洒至燃烧物表面以发挥灭火的功效。泡沫灭火设施中的核心装备为泡沫产生装置,可分为吸气型和吹气型,低倍数泡沫产生器和部分中倍数泡沫产生器为吸气型,高倍数和部分中倍数泡沫产生器为吹气型。吸气型泡沫产生装置由液室、气室、变截面喷嘴或孔板、混合扩散管等部分组成,其工作原理以紊流理论为基础,当压力泡沫混合液流经喷嘴或孔板时,由于通流截面的急剧缩小,液流的压力位能迅速转变为动能而使液流成为一束高速射流。射流中的流体微团呈无规则运动,当微团横向运动时与周围空气间相互摩擦、碰撞、掺混,将动量传给与射流边界接触的空气层,并将这部分空气连续挟带进入混合扩散管形成气液混合流。由于空气不断被带走,气室内形成一定负压,在大气压作用下外部空气不断进入气室,这样就连续不断产生一定倍数的泡沫。吹气型泡沫产生装置的发泡原理是将有压泡沫混合液通过喷嘴以雾化形式均匀喷向发泡网,在网的内表面上形成一层混合液薄膜,由风叶送来的气流将混合液薄膜吹胀形成大量的气泡(泡沫群),见图 1.8。

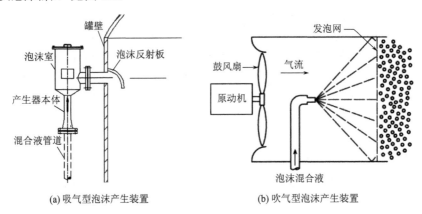

(a) 吸气型泡沫产生装置　　　　　　　(b) 吹气型泡沫产生装置

图 1.8　传统泡沫产生装置示意图

随着我国科学技术的发展进步及油品工业的生产规模和储存规模不断扩大，研究人员发现传统泡沫灭火剂存在着高温环境下热稳定性差、隔热性能差和抗复燃能力差等明显缺点，导致传统气液两相泡沫灭火剂在实际应用时逐渐难以快速压制火灾。当大量可燃性液体集中储存引发火灾时，由于可燃物液体本身极易发生爆燃和沸溢[21,22]，而且在高温条件下可燃性液体挥发十分迅速，如果不能快速压制火势则有可能导致连锁反应，进而造成更大的人员财产损失。此外，在大型油品火灾事故中，泡沫灭火剂需要不断供给，从而在油层上方形成耐高温的泡沫稳定层来阻隔燃烧，这要求泡沫灭火剂在高温条件下仍然具有优秀的热稳定性和隔热性能。研究人员还发现，泡沫灭火剂中含有大量的化学物质，在灭火的过程中会发生化学反应导致有害物质的生成，并且能够长时间存留在室内，对人体健康造成巨大威胁，如 AFFF 泡沫灭火剂虽因灭火效率高被列入哈龙替代品的名单中，但在生产和使用中会产生 PFOS，环保性能不容乐观。不同类别泡沫灭火剂的灭火速率、抗复燃性能有很大区别，使用过程中需要注意的问题也并不相同，不仅要满足国标要求的物化性能的指标，更重要的是要从泡沫灭火剂的灭火效率、需要保护的燃料、所处的地区、环境保护等方面考虑，进行有针对性的选择，把握好灭火原理与使用方法是合理灭火的关键[23]。

此外，传统泡沫灭火系统是在喷放过程中与空气混合产生泡沫，因此产生的泡沫存在一定的缺点。一方面，系统喷出的泡沫动量较低，难以穿过燃烧火羽流甚至会被上升的羽流吹走，这主要是由于泡沫通过喷头喷射时需夹带空气，而空气与泡沫溶液间的湍流作用使泡沫的部分能量被耗散；另一方面，喷出泡沫的稳定性不强，难以长时间附着于燃料表面，这主要是由于泡沫中气泡粒径分布范围较宽，造成空气容易穿过气泡膜而在气泡间扩散，使小气泡变得更小而大气泡变得更大，而较大气泡的稳定性较弱。这些问题的存在极大地影响了空气泡沫系统的灭火效能，在高大物品库房或飞机库等对泡沫动量及稳定性要求较高的场所使用这种系统灭火时，此类问题显得尤为突出。

1.4.3 压缩空气泡沫灭火技术

压缩空气泡沫（compressed air foam，CAF）是将压缩空气通入泡沫溶液中，即将带压空气与泡沫液按一定比例混合发泡形成泡沫。与传统泡沫灭火技术相比，压缩空气泡沫技术具有高效、节水、环保、多功能的优点，得到了广泛应用[31-33]。

压缩空气泡沫灭火技术最早于 20 世纪 30 年代起源于德国，主要应用于森林火灾的扑救。第二次世界大战期间，英国军方开发了压缩空气 B 类泡沫系统，用于保护临时搭建的浮桥。1941 年，《美国国家工程手册》详尽论述了压缩空气泡沫灭火技术，指出压缩空气泡沫的灭火效率比水更高，且泡沫的发泡倍数与空气和泡沫溶液间比例相关。1947 年，美国海军首次提出了"压缩空气泡沫系统"

(compressed air foam system，CAFS)的名称，研究表明该系统产生泡沫的发泡倍数范围十分宽广，通过控制空气与泡沫液的混合比即可改变泡沫的膨胀比，在此期间美国和英国海军在船舶发电机房和油料舱中均使用压缩空气泡沫系统来扑救液体火灾。1957 年，丹麦首都哥本哈根市的消防局开始使用压缩空气泡沫消防车。美国得克萨斯州森林管理机构于 1972 年引入压缩空气泡沫系统，发现其灭火效率比传统的水灭火高 10 倍左右。20 世纪 80 年代初，由于美国得克萨斯州周边水源匮乏，美国土地管理局将轮转式空气压缩机、直射型泡沫比例混合器引入压缩空气泡沫系统的设计中，确保了供气和供水连续不断，泡沫液的混合实现了更加精准的自动化混合，为压缩空气泡沫系统的广泛应用提供了技术基础，该系统首先被美国得克萨斯州森林消防队在森林灭火中得到应用。1988 年，美国著名的黄石森林国家公园发生大火，该公园的一座四层古建筑在发生火灾后及时利用压缩空气泡沫进行覆盖，使该建筑得以完整保存。进入 90 年代后，美国、德国、加拿大、澳大利亚等西方国家部分科研工作者对生成泡沫的流变学性能开始了系统深入的研究，从理论上得出了系统参数与泡沫结构及其稳定性之间的关系，并且针对不同参数的压缩空气泡沫做了大量试验，得到了泡沫性能的关键表征参数。90 年代中期，压缩空气泡沫系统逐渐在各类火灾的移动式和固定式灭火系统中迅速普及。2005 年英国政府将此技术作为消防部门的主要灭火手段并在军队中投入使用，美国也将该系统所用的 A 类泡沫灭火剂编入美国消防协会(NFPA)的标准中。此后，美国、加拿大、澳大利亚、德国等国家对压缩空气泡沫应用技术和系统设计进行了多项基础及应用型研究，其中德国施密茨有限责任公司与齐格勒公司、奥地利卢森宝亚国际有限公司和美国大力公司研发生产了压缩空气泡沫灭火系统、OS泡沫灭火系统及第二代化学泡沫车-压缩空气泡沫系统等，促进了压缩空气泡沫灭火技术的普及。

20 世纪 90 年代，随着我国工业化进程加快，火灾诱因不断增多，压缩空气泡沫灭火技术在欧美国家消防领域的成功应用得到了广泛的关注，随后我国将其引进并写入"十一五"国家科技支撑项目。为了推进压缩空气泡沫系统的国产化，各科研单位进行了大量研究，公安部天津消防研究所完成了地下与大空间建筑火灾灭火救援特种消防装备内"压缩空气泡沫灭火技术"的研究工作，取得了较为突出的成果并在国内消防车上进行了应用[34]。北京林业大学于 20 世纪 90 年代末搭建了压缩空气泡沫系统试验平台，探究了压缩空气泡沫性能及其系统参数[35]。经过多年发展，我国压缩空气泡沫技术在部分领域取得了突破，如成都德川消防科技有限公司生产的 DC 系列车载式自动压缩空气泡沫灭火系统，它在国外成熟技术基础之上，根据中国消防特点研制开发出了细水雾灭火功能，具有独立自主知识产权，且系统主要性能指标与性价比均优于国外同类产品；大连万顺科技消防企业研发了环泵负压式泡沫比例混合装置；南京泰信有限公司生产了储罐压力式泡沫比例混合装置等。

然而，国产化压缩空气泡沫装置功能较为简单，仅有少数混合比挡位可供调节，对于水流量和泡沫原液流量的控制不够精准，无法时刻保持消防车辆中泡沫原液与水的混合比稳定，在扑灭情况复杂的火灾时存在诸多困难。因此，国产化压缩空气泡沫装置在市场中占有率较低，国内消防出警部门也大多选择购买国外产品。在消防车方面，山东省天河消防车辆装备有限公司、上海金盾特种车辆装备有限公司、上海华夏震旦消防设备有限公司、明光浩淼安防科技股份公司等消防车制造企业在生产压缩空气泡沫系统消防车时，通过在原有汽车底盘上加装连接结构，使其与进口压缩泡沫系统相连，推进了压缩空气泡沫消防车的国产化。综上所述，为了摆脱核心技术对国外的依赖，自行研发压缩空气泡沫系统对降低生产成本和提高我国消防装备水平具有重大意义。

1.5 泡沫的其他应用场景

1.5.1 矿物浮选

基于泡沫分离原理，根据不同矿物表面性质的区别实现选别矿物的方法称为泡沫浮选法[36]。该方法将未经提纯的矿石粉、水、药剂一起搅拌，药剂优先与目的矿黏合并改变其表面特性；随后将空气引入分散体系并搅拌，使疏水性的矿物选择性地富集在气泡表面，亲水性的矿物则仍留在水中，最终完成矿物的分离，除泡后即可获取目的矿。

图 1.9 所示为泡沫浮选设备及流程，其中虚线部分为搅拌槽作用过程，搅拌槽使矿粒与药剂在进入浮选槽前进行相互作用以实现充分混合。实线部分为浮选

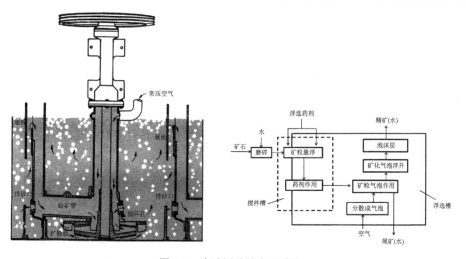

图 1.9 泡沫浮选设备及流程

槽,浮选过程大体可分为四步:矿粒与气泡以一定的速度相互接触;疏水矿粒在气泡上黏附形成矿化气泡;矿化气泡浮升进入泡沫层;精矿泡沫层的排出。

细粒矿物浮选的关键是细粒的选择性凝聚、分散及与气泡的碰撞、黏附,而细粒间的选择性凝聚与分散及与气泡的碰撞和黏附取决于颗粒间及颗粒与气泡间各种相互作用力。浮选过程有明显的多尺度特征,而这些相互作用力由纳米、微粒、絮团和设备四个尺度上的作用机理决定[37]。

(1)纳米尺度:颗粒表面性质在纳米尺度上起决定性作用。颗粒的孔隙数、表面电性、氧化程度、水化膜厚度、杂质的分布、药剂浓度和分散形式,以及它们和矿物表面的作用方式等,都能影响颗粒与药剂的作用,进而影响浮选效果。

(2)微粒尺度:气泡和颗粒的大小、形状、密度等因素,某种程度上能决定颗粒是否能与气泡黏附在一起,以及黏附的强度,进而影响浮选效果。

(3)絮团尺度:气泡与颗粒形成絮团可使气泡更加稳定,有利于浮选,但同时也会有夹带作用,使非目的物进入精矿中。

(4)设备尺度:设备尺度是指浮选设备结构及操作参数对浮选的影响。浮选设备的结构与操作参数影响矿浆中气泡的数量和质量、矿粒和气泡在矿浆中的运动方式,进而影响气泡和颗粒的碰撞概率、矿化气泡和絮团的稳定程度以及精矿的刮出速度等。

泡沫浮选法针对不同类型的矿石,其浮选工艺有正浮选(直接浮选)、反浮选、反-正(正-反)浮选和双反浮选工艺[38]。正浮选(直接浮选)适用于 MgO 含量低的硅-钙质磷块岩和硅质磷矿,主要用来脱除硅酸盐脉石矿物;反浮选适用于 MgO 含量较高的钙-镁质磷块岩,主要用来脱除碳酸盐脉石矿物。正浮选和反浮选过程简单、成本较低,易于实现产业化。但是随着磷矿的不断开采,现在需要利用的磷矿同时含有碳酸盐和硅酸盐等多种脉石矿物,单一的浮选已不能满足需求,必须采取反正浮选、正反浮选以及双反浮选工艺。反正浮选和正反浮选都能有效去除有用矿物中的碳酸盐和硅酸盐杂质,只是除去的顺序不同,优点是提纯效果好,得到的磷精矿品位高。双反浮选工艺主要用于混合型磷块岩(此矿石的硅酸盐和碳酸盐含量都不高),是对单一反浮选工艺的补充,易于实现常温浮选。目前我国大部分磷矿都是中低品位的胶磷矿,采用一般的选矿方法很难将其富集,泡沫浮选法具有适应性强、分选效率高、有助于资源的回收利用等优点,将其应用于磷矿浮选,可获得很好的选别效果。

1.5.2　采矿抑尘

泡沫抑尘技术最早源于 20 世纪 50 年代的英国,之后随着美国、苏联、波兰等国在表面活性剂工业以及泡沫除尘装置方面的发展,该技术得到了广泛应用,并逐渐开发出了适用于不同尘源的泡沫除尘配套系列产品。我国泡沫抑尘技术到

20 世纪 80 年代才取得显著进展，主要研究机构包括煤炭科学技术研究院上海研究所、北京科技大学、中国矿业大学等。

泡沫抑尘技术是将空气、高压水和发泡剂通过专用发泡器混合搅拌产生大量泡沫并喷洒至尘源起到降尘作用。与原液相比，发泡后的泡沫体积会增大 30～50 倍，不仅兼具喷雾抑尘和化学抑尘的优点，还具有以下特点：①润湿性，发泡剂的加入大大降低了固-液界面上的表面张力，提高了泡沫的润湿性能，使得粉尘被湿润过程基本能够自发进行，最终使粉尘由干燥的漂浮状态逐渐被湿润而增重，直至发生沉降；②接触面积大，当泡沫液喷洒到含尘空气中时，形成大量的泡沫粒子群，其总体积和总面积较大，提高了捕捉粉尘的概率；③黏附性，由于泡沫具有较好的黏性，当具有一定速度的泡沫向粉尘运动时，粉尘能够被泡沫黏附，随着泡沫质量不断增加，泡沫表面液膜在重力的作用下逐渐变薄直至破裂，最终形成许多包裹粉尘的泡沫小碎片落到地面；④包裹性，经特殊设计，泡沫可对尘源形成环形包围，对产尘点进行全面包裹覆盖，产尘动作在泡沫体内完成，使得降尘由被动捕获变成主动抑制。

研究发现，对于不同粒径的粉尘，泡沫降尘的机理并不相同。在粉尘粒径大于 100μm 且速度较小的情况下，重力沉降效应起主要作用；在粉尘粒径大于 10μm 小于 50μm，并且速度很高(v>1cm/s)的情况下，截留和惯性碰撞效应起到了主要作用；对于粒径小于 10μm 的微小粉尘，其主要的降尘机理是扩散效应；而在降尘的整个过程中，黏附效应始终存在[39,40]。

影响泡沫抑尘效果的主要因素除了粉尘的性质、粒径、速度，以及泡沫的润湿性、黏附性、直径大小、发泡倍数以外，还有发泡器结构、发泡方式和设备应用工艺等因素[41]。泡沫抑尘技术用水量少、设备体积小、成本投入低，可在原有的防尘系统和压风系统上安装使用，且应用范围广，适用于多种工况。该技术除尘效率高，对全尘和呼吸性粉尘的除尘效率可分别达到 80% 和 90% 以上，对 5mm 以下的疏水性呼吸性粉尘具有很强的沉降作用。

1.5.3　石油开采

油田中应用注气技术已有很长的历史，该技术最早被用于维持地层压力开采原油，后被应用到重质油田火烧油层。20 世纪 90 年代初，注气技术逐渐被推广到轻质油藏开发中，根据低温氧化-气驱原理提高采收率[42]。泡沫驱技术在注气技术基础上发展而来，在加拿大、美国等国家的原油开采工程中应用较为广泛。而在非常规油藏中，由于油层深度、原油黏度与密度、渗透率、孔隙度、井距等因素的影响，增加了泡沫驱的难度，还未形成比较完整的配套技术。我国从 20 世纪 70 年代初开始从事泡沫驱油技术的研究，主要集中在泡沫的稳定性、发泡剂的发泡性能及泡沫驱油机理等问题上，同时在个别油田开展了现场泡沫驱油探索试验研究。随着经济和科技的发展，大庆等油田的泡沫驱油先导性试验取得了成功，试验结果表明，泡沫驱兼具聚合物驱及表面活性剂驱的优点，既能够提高波及系数又能提高驱油效率，而这种双重作用使泡沫驱成为提高采收率的重要方法，得到了专家学者的极大关注。泡沫驱油提高采收率的作用机理可解释如下[43,44]。

(1)扩大微观波及体积，提高驱油效率。液体流动的阻力主要表现为层间摩擦力，而泡沫除了具有这种摩擦阻力之外，还有液滴或气泡运移时相互之间发生碰撞产生的阻力，所以液体在流动时的阻力会远远小于泡沫流动时的阻力。泡沫被注入开采层后会优先进入阻力较小的高渗透通道，而泡沫流体在高渗透层(大孔道)中黏度较大，在低渗透层(小孔道)中的黏度较小，大大增加了高渗透带的流动阻力，等效降低了高渗透带的渗透率，从而使原有的非均质性得到很好的改善，减小层间、层内干扰，调整层间、层内关系。此后注入的驱替流体便会进入低渗透层区域，改善注入剖面，提高油层波及效率。

(2)乳化和携带。地层中原油本身是一种稳定的胶体体系，而发泡剂本身是一种活性很强的表面活性剂，能够改善岩石表面润湿性，较大幅度降低油水界面张力，起到增溶作用，使原本呈束缚状的油通过油水乳化、液膜置换等方式成为可流动的油，并在孔隙和压差的作用下向压降方向运移。

(3)剥离油膜作用。地层孔隙的非均质性与稠油中的重组分的作用，均会使水驱后的部分油滴或油段残留在孔壁上无法驱除。注入泡沫后，大泡将小泡挤入盲端，盲端中的油被小泡挤出，泡沫在地层孔隙中交替驱替，大量的油滴和油段开始启动，泡沫使油膜被剥离并逐渐变薄，剥离下的油呈分散的丝状或粉状，随水流动，被驱出孔隙。

(4)气阻效应。水驱主要是将高渗透大孔通道中的原油驱出，而泡沫驱则能深入到小孔道，将小孔道中的原油驱出。这主要是由于泡沫流体优先进入高渗透大孔道，产生气阻效应。随着注入泡沫量的增加，高渗透大孔道中的流动阻力也逐渐增加，当大孔道中阻力增加到超过小孔道时，泡沫便会选择进入流动阻力相对较小的低渗透小孔道，改善微观波及面积，具有一定的微观调剖作用。

(5)抑制黏性指进，改变流体方向。泡沫在多孔介质中具有较高的视黏度和高流度控制能力，可抑制黏性指进，改善驱油效果。

(6)注入泡沫在油层内发生破裂后，逸出的气体在重力作用下窜流到水波及不到、难开采的部位，如油层顶部，这样可驱扫顶部低渗透带的剩余油，提高油藏的波及效率。

1.5.4　食品工业

由于大部分食品料液都有起泡性，20世纪70年代以来，研究人员开始将泡沫分离技术应用于食品工业。泡沫分离技术的科学依据为表面吸附原理，由于液相中溶质或颗粒之间的表面活性存在差异，表面活性强的物质优先吸附于分散相与连续相的界面处，通过鼓泡形成泡沫层，使泡沫层与液相主体分离，而表面活性物质集中在泡沫层内，从而实现浓缩溶质或净化液相主体。泡沫分离技术在食品工业中的应用主要包括以下几个方面。

(1) 蛋白质的分离[45]。在分离蛋白质的过程中，表面活性差异小的蛋白质的吸附效果受到气-液界面吸附结构的影响，因此蛋白质表面活性的强度是考察泡沫分离效果的主要指标。

(2) 酶的分离[46]。蛋白质属于生物表面活性剂，包含极性和非极性基团，在溶液中可选择性地吸附于气-液界面，因此，从低浓度溶液中可泡沫分离出酶和蛋白质等物质。

(3) 糖的分离[47]。糖一般存在于植物和微生物体内，可根据糖与蛋白质或者其他物质的表面活性差异性，利用泡沫分离技术对糖进行分离提取。

(4) 皂苷类有效成分的分离[48]。皂苷包含亲水性的糖体和疏水性的皂苷元，具有良好的起泡性，是一种优良的天然非离子型表面活性成分，因此可采用泡沫分离法从天然植物中分离皂苷。泡沫分离法已广泛用于大豆异黄酮苷元、人参皂苷、无患子皂苷、竹节参皂苷、文冠果果皮皂苷等有效成分的分离。

与传统分离稀浓度产品的方法相比，泡沫分离技术设备简单、易于操作，更加适合于稀浓度产品的分离；分辨率高，对于组分之间表面活性差异大的物质，采用泡沫分离技术分离可以得到较高的富集比；无需大量有机溶剂洗脱液和提取液，成本低、环境污染小，利于工业化生产。

1.5.5 日用品制造

泡沫在日用品制造领域中的应用主要为泡沫塑料制品，即以塑料为基本组分并含有大量气泡的聚合物材料，因此也可以称为以气体为填料的复合塑料，可利用机械法(在进行机械搅拌的同时通入空气或二氧化碳使其发泡)或化学法(加入发泡剂)制得。按照泡孔结构，泡沫塑料可分为闭孔、开孔和网状泡沫塑料，闭孔泡沫塑料所有泡孔几乎均不连通；开孔泡沫塑料所有泡孔几乎均为连通结构；几乎不存在泡孔壁的泡沫塑料称为网状泡沫塑料。按泡沫塑料密度，微孔塑料又可分为低发泡、中发泡和高发泡泡沫塑料，密度大于 $0.4g/cm^3$ 的为低发泡泡沫塑料，密度为 $0.1\sim0.4g/cm^3$ 的为中发泡泡沫塑料，密度小于 $0.1g/cm^3$ 的为高发泡泡沫塑料。按其柔韧性可分为软质、硬质和处于两者之间的半硬质泡沫塑料，硬质泡沫塑料可做热绝缘材料、隔音材料、保温材料、漂浮材料及减震包装材料等；软质泡沫塑料主要做衬垫材料、泡沫人造革等[49]。

与纯塑料相比，泡沫塑料具有诸多优良性能：①容重低，可减轻包装重量进而降低运输费用；②可抵抗冲击震动，用于防震包装时能大大减小产品破损的可能性；③对温湿度变化适应性强，可满足一般包装需求；④具有较低的吸水率，化学性质稳定，无腐蚀性，且对酸、碱等化学药品有较强的耐受性；⑤导热率低，可用于保温隔热包装，如冰淇淋杯、快餐容器及保温箱等；⑥加工及二次加工方便，可采用模压、挤出、注射等成型方法制成各种泡沫衬垫、泡沫块、片材，泡沫塑料块也可用黏合剂进行自身粘接或与其他材料粘接，制成各种缓冲衬垫等。

泡沫塑料自问世以来用途日益广泛，品种不断丰富，其中较为常见的传统泡沫塑料主要有聚氨酯(PU)、聚苯乙烯(PS)、聚氯乙烯(PVC)、聚乙烯(PE)、酚醛树脂(PF)等品种。20 世纪 60 年代兴起的结构泡沫塑料以芯层发泡、皮层不发泡为特征，由于具有外硬内韧、比强度(以单位质量计的强度)高等优点，逐渐取代木材在建筑和家具工业中的应用。随着聚烯烃化学或辐射交联发泡技术取得成功，泡沫塑料产量大幅度增加，经共混、填充、增强等改性制得的泡沫塑料，具有更优良的综合性能，能满足各种特殊用途的需要。例如，利用反应注射成型制得的玻璃纤维增强聚氨酯泡沫塑料，已用作飞机、汽车、计算机等的结构部件；而用空心玻璃微珠填充聚苯并咪唑制得的泡沫塑料，具有质轻而耐高温的优点，现已在航天器中得到应用[50]。

随着航空、航天等特殊领域对泡沫塑料性能要求的不断提高，传统的泡沫塑料已不能满足这些领域对材料强度、刚度及耐热性的特殊要求，高性能化已成为泡沫塑料研究的新方向和热点。国外已率先将高性能泡沫塑料用作承载结构材料，如卫星太阳能电池的骨架、火箭前端的整流罩、无人机的垂直尾翼和巡航导弹的弹体弹翼、舰艇的大型雷达罩等。例如，温哥华港的水上漂浮机场将聚苯乙烯泡沫塑料块体同钢筋混凝土进行混合，为其提供了正向浮力，具有经济和耐久的优点。

参 考 文 献

[1] 赵德君, 刘征. 中国入世与我国泡沫灭火剂行业的对策[J]. 消防科学与技术, 2002(1): 3.

[2] 柴一波. 战略石油储罐区消防策略研究[D]. 天津: 天津大学, 2012.

[3] 秦波涛, 冯乐乐, 蒋文婕, 等. 矿井泡沫防灭火技术研究进展[J]. 煤炭科技, 2022, 43(5): 1-12, 26.

[4] Marra D C, Spitzer J G, Osipow L I, et al. Emulesfied propellant compositions for foamed structures such as applicator pads, and process: CA 995397A[P]. 1976.

[5] 赵国玺. 表面活性剂物理化学[M]. 北京: 北京大学出版社, 1984.

[6] 陈锰. 泡沫驱体系液膜稳定性的分子模拟研究[D]. 南京: 南京大学, 2015.

[7] 汪祖模, 徐玉佩. 两性表面活性剂[M]. 北京: 中国轻工业出版社, 2001.

[8] 林霖. 多组分压缩空气泡沫特性表征及灭火有效性实验研究[D]. 合肥: 中国科学技术大学,

2007.

[9] 王其伟. 泡沫驱提高原油采收率及对环境的影响研究[D]. 青岛: 中国石油大学, 2009.

[10] 黄志宇, 张太亮, 鲁红升. 表面及胶体化学[M]. 北京: 石油工业出版社, 2012.

[11] 张美琪, 张建成, 吴刘锁, 等. 水成膜泡沫对变压器油池火的窒息特性研究[J]. 火灾科学, 2022, 31(2): 85-94.

[12] Dukhin S S, Kovalchuk V I, Aksenenko E V, et al. Surfactant accumulation within the top foam layer due to rupture of external foam films[J]. Advances in Colloid and Interface Science, 2008, 137(1): 45-56.

[13] 黄斌, 张璐, 王怡欢, 等. 泡沫破裂机制及其稳定性影响因素研究[J]. 石油化工, 2022, 51(5): 575-581.

[14] 刘志刚. 颗粒对泡沫稳定性及泡沫堆积高度的影响[D]. 沈阳: 东北大学, 2018.

[15] 曲彦平, 杜鹤桂. 表面黏度对泡沫稳定性的影响[J]. 沈阳工业大学学报, 2002, 24(4): 283-286.

[16] Sheng Y J, Jiang N, Lu S X, et al. Fluorinated and fluorine-free firefighting foams spread on heptane surface[J]. Colloids and Surfaces A: Physicochemical and Engineering Aspects, 2018, 552: 1-8.

[17] 梁运姗, 袁兴中, 曾光明, 等. 表面活性剂在逆胶束酶反应系统中的作用机制[J]. 中国科学: 化学, 2011, 41(5): 763-772.

[18] Conroy M, Ananth R. Pseudo-steady liquid transport in aqueous foams during filling of a container[C]. APS March Meeting, 2012.

[19] 姜宁. 基于短链碳氟-碳氢复配体系的耐海水型水成膜泡沫灭火研究[D]. 合肥: 中国科学技术大学, 2021.

[20] 陆强. 当前我国泡沫灭火剂发展中的若干问题探讨[J]. 消防科学与技术, 2016, 35(9): 1280-1282.

[21] 吴钢, 白磊, 路燕涛. 变风速条件下储罐火灾热辐射数值模拟[J]. 消防科学与技术, 2016, 35(6): 748-752.

[22] Liu Q, Hu Y, Bai C, et al. Methane/coal dust/air explosions and their suppression by solid particle suppressing agents in a large-scale experimental tube[J]. Journal of Loss Prevention in the Process Industries, 2013, 26(2): 310-316.

[23] 盛友杰. 碳氢和有机硅表面活性剂复配体系为基剂的泡沫灭火剂研究[D]. 合肥: 中国科学技术大学, 2018.

[24] Madrzykowski D. Study of the ignition inhibiting properties of compressed air foam[R]. 1988-10-03.

[25] 傅学成, 叶宏烈, 包志明, 等. A 类泡沫灭火剂的发展与瞻望[J]. 消防科学与技术, 2008, 27(8): 590-592.

[26] Tafreshi A, di Marzo M F R. Characterization and evaluation of fire protection foams[J]. NIST, 1998, 48: 742.

[27] Boyd C F. Fire protection foam behavior in a irradiative environment[D]. College Park:

University of Maryland, College Park, 1996.

[28] Chaudhaet A, Gupta A, Kumar S, et al. Thermal environment induced by jatropha oil pool fire in a compartment[J]. Journal of Thermal Analysis and Calorimetry, 2017, 127: 2397-2415.

[29] 陈光, 吴刘锁, 张建成, 等. 泡沫灭火剂的研究进展[J]. 应用化工, 2021, 50(S2): 304-308.

[30] 包志明, 傅学成, 李姝, 等. 中国含 PFOS 泡沫灭火剂替代品研究及生产现状[C]. 持久性有机污染物论坛 2011 暨第六届持久性有机污染物全国学术研讨会论文集, 2011: 2.

[31] 李慧清, 乔启宇, 崔文彬, 等. 压缩空气泡沫系统(CAFS)产生泡沫屈服应力的试验研究[J]. 安全与环境学报, 2002(4): 27-29.

[32] 肖学锋. 发展 A 类泡沫灭火技术中值得注意的几个问题[J]. 消防科学与技术, 2001(1): 44-45.

[33] 白云, 张有智. 压缩空气泡沫灭火技术应用研究进展[J]. 广东化工, 2015, 42(6): 86-87, 79.

[34] 包志明, 陈涛, 傅学成, 等. 压缩空气泡沫抑制水溶性液体火的有效性研究[J]. 中国安全生产科学技术, 2013, 9(3): 9-12.

[35] 李慧清. 压缩空气泡沫系统(CAFS)泡沫性能的试验研究[D]. 北京: 北京林业大学, 2000.

[36] 朱洪法, 蒲延芳. 石油化工辞典[M]. 北京: 金盾出版社, 2012.

[37] 刘旭. 微细粒白钨矿浮选行为研究[D]. 长沙: 中南大学, 2010.

[38] 张帆, 管俊芳, 李小帆, 等. 磷矿选矿工艺和药剂的研究现状[J]. 中国非金属矿工业导刊, 2014(4): 25-28, 38.

[39] 王庆国. 煤矿综掘工作面泡沫—水雾一体化降尘技术及应用研究[D]. 徐州: 中国矿业大学, 2018.

[40] 魏光平, 侯凤才, 王乐平, 等. 国内外湿润型抑尘剂研究与应用[J]. 中国矿业, 2007, (9): 90-92.

[41] 蒋仲安, 姜兰, 陈举师. 露天矿潜孔钻泡沫抑尘剂配方及试验研究[J]. 煤炭学报, 2014, 39(5): 903-907.

[42] 李斌. 鲁克沁稠油开采用空气泡沫体系的研究与评价[D]. 成都: 西南石油大学, 2014.

[43] 刘泽凯, 闵家华. 泡沫驱油在胜利油田的应用[J]. 油气采收率技术, 1996(3): 23-29+80-81.

[44] Angarska J K, Tachev K D, Kralchevsky P A, et al. Effects of counterions and Co-ions on the drainage and stability of liquid films and foams[J]. Journal of Colloid and Interface Science, 1998, 200(1): 31-45.

[45] 刘海彬, 张炜, 陈元涛, 等. 响应面法优化泡沫分离桑叶蛋白工艺[J]. 食品科学, 2015, 36(8): 97-102.

[46] Fang S H, Huang W R, Wu J C, et al. Separation and purification of recombinant β-glucosidase with hydrophobicity and thermally responsive property from cell lysis solution by foam separation and further purification[J]. Journal of Agricultural and Food Chemistry, 2023, 71(7): 3362-3372.

[47] 王超. 天然氨糖对表面活性剂分离性能的研究[D]. 青岛: 青岛科技大学, 2020.

[48] 张净净, 胡书红, 陈伊克, 等. 泡沫浮选分离法的应用及前景[J]. 山东化工, 2014, 43(8):

　　　　132-133.

[49]　李莹. 纳米复合聚氨酯泡沫材料的微孔结构及其性能研究[D]. 北京: 北京化工大学,
　　　　2020.

[50]　Jayakumar R, Nanjundan S, Prabaharan M. Developments in metal-containing polyurethanes,
　　　　co-polyurethanes and polyurethane ionomers[J]. Journal of Macromolecular Science-Polymer
　　　　Reviews, 2005, 45（3）: 231-261.

第 2 章　泡沫灭火剂

泡沫灭火剂是产生泡沫的基本介质，通过在可燃物表面生成凝聚的泡沫隔离层抑制燃烧反应的进行。泡沫灭火剂种类繁多，不同泡沫灭火剂的组分和生产工艺并不相同，其功能及应用范围也存在一定差异。针对此情况，在大量研究的基础上，国内外学者逐渐建立了泡沫灭火剂的评价体系，各国也出台了相应标准，对发泡倍数、析液时间、灭火性能等参数和测定方法提出了相应要求。

2.1　泡沫灭火剂灭火机理

火灾是在时间或空间上失去控制的燃烧，稳定燃烧的必要条件是氧气、可燃物、火源(能量)，一般称为火灾三要素。只要能够破坏三要素中的一环就能终止燃烧反应进行，最终实现抑制燃烧，终止火灾发展。

泡沫灭火剂是一种可以通过化学反应或机械方法产生泡沫的水溶液，灭火作用机理主要包括水的冷却作用、泡沫隔绝空气的窒息作用以及泡沫的隔离作用等，具体如下[1-3]。

(1)冷却作用。泡沫中存在大量的水，在可燃物表面的附着性及润湿性均优于纯水。常见液态烃类燃料燃烧时表面温度可达到 90~350℃，当泡沫被施加至燃料表面时，析出的水不断向下部移动并在热作用下汽化，高比热容、高生成焓及较高热导性的特点使其具有较好的温度调节能力，起到加速热量扩散、降低接触面温度的作用。随着泡沫的连续释放，在扩散流动的作用下，泡沫覆盖层的面积及厚度不断增加，直至燃料表面全部被泡沫层覆盖，当燃料表面冷却至无法维持燃烧时火焰即被熄灭。值得注意的是，对于储存在金属容器或金属储罐中的燃料，由于火灾中金属罐壁被火焰加热到赤热的程度，接触罐壁处的燃料冷却的速率较慢，因而罐壁处的边缘火往往需要较长的时间才能被扑灭。

(2)窒息作用。由于泡沫的相对密度较小，能够漂浮于可燃液体表面或黏附于可燃固体表面，形成泡沫覆盖层。当泡沫覆盖层受到燃料表面的热作用以及火焰的热辐射作用时，其中的水分在燃料表面汽化，所产生的水蒸气使燃料表面附近的氧浓度降低，削弱了火焰的燃烧强度，这又有助于泡沫在燃料表面的积累和泡沫覆盖层厚度的增加。此外，当泡沫层增加到一定厚度时即可完全抑制燃料的蒸发，并把燃料与空气完全隔离开来，达到窒息灭火的作用。

(3)隔离作用。当灭火泡沫覆盖在可燃物表面形成一定厚度的泡沫覆盖层，既可以阻断火焰与燃料表面的直接接触，又可以遮挡隔绝火焰对燃烧物表面的热辐射，减少火焰对燃料的热反馈，降低可燃液体的蒸发速率或固体的热分解速率，使可燃气体难以进入燃烧区。同时，泡沫的隔离作用有助于冷却作用的发挥，增强窒息作用。

2.2　泡沫灭火剂分类

泡沫灭火剂的发展已有近百年历史，从最早仅能扑灭烃类火发展到可以同时扑灭烃类火和极性溶剂火(如乙醇、丙酮等)，再到目前一些发达国家使用 A 类泡沫灭火剂扑救 A 类火，泡沫灭火剂的种类日益增多，使用范围越来越广泛。

泡沫灭火剂通常由发泡剂、稳泡剂、耐液添加剂、助溶剂、抗冻剂及其他添加剂等组成[4]。发泡剂是泡沫灭火剂的核心组成部分，其作用为有效降低液体的表面张力，在液膜表面双电子层排列而包围空气形成泡沫，增强泡沫流动性；稳泡剂的作用是提高泡沫的持水时间，增强泡沫的稳定性；耐液添加剂主要应用于抗溶泡沫，其作用是保护泡沫免受脱水而消泡；助溶剂、抗冻剂使泡沫灭火剂体系稳定、泡沫均匀，提高抗冻能力。此外，在泡沫液中加入缓蚀剂可缓解泡沫液对储存容器的腐蚀；添加少量防腐剂可防止泡沫液在储存中表面活性剂与其他有机添加剂被细菌分解而发生生物降解；在特定情况下，为了使泡沫液达到某些特殊功能，还会添加其他助剂。泡沫灭火剂种类较多，可以按照发泡机制、发泡倍数、用途、发泡基质等进行分类。

2.2.1　按发泡机制分类

按照生成方式的不同，泡沫灭火剂可分为化学泡沫和空气泡沫(即机械泡沫)两类[5]。

1)化学泡沫灭火剂

常用化学泡沫灭火剂主要由酸性物质(硫酸铝)和碱性物质(碳酸氢钠)、少量发泡剂(植物水解蛋白或甘草粉)及少量稳定剂(三氯化铁)等组成，相互混合后发生化学反应产生泡沫，其化学反应式如下：

$$Al_2(SO_4)_3 + 6NaHCO_3 === 2Al(OH)_3 + 3Na_2SO_4 + 6CO_2 \qquad (2.1)$$

化学泡沫具有黏度小、流动性和自封能力好、灭火效率高等特点，而且其原料全合成材料，不易变质，储存期较长。使用时，将酸性剂和碱性剂的水溶液混合，反应可生成二氧化碳并形成大量细小泡沫，一方面可提升灭火器中的压力，将生成的泡沫从喷嘴喷出；另一方面，反应生成的胶状氢氧化铝包裹于二氧化碳泡沫上能够增强抗烧性与持久性，同时使泡沫具有一定的黏性，黏附于燃烧物上，具有很好的覆盖作用和冷却作用，能将易燃物和氧气隔绝，起到灭火作用。化学泡沫能够扑灭多种液体和固体物料火灾，是石油及其产品以及其他许多油类(如汽油、煤油等)的良好灭火剂，还可用于一般可燃物质(如竹、木、棉、草等)的早期火灾，但醇类、醚类、酮类等水溶性液体不宜利用化学泡沫扑救。化学泡沫灭火系统设备复杂、投资大、使用过程中存在不安全因素，已逐渐被世界各国淘汰。

2) 空气泡沫灭火剂

空气泡沫是指由一定比例的水、泡沫液和空气，通过搅拌、吹动等水力机械作用相互混合而产生充满空气的泡沫，因此也被称为"机械泡沫"。空气泡沫灭火剂一般为液态，按其发泡倍数可分为低倍数泡沫、中倍数泡沫和高倍数泡沫三类；根据发泡剂的类型和用途，又可分为蛋白泡沫、氟蛋白泡沫、水成膜泡沫、抗溶型泡沫和合成泡沫五种类型。传统的空气泡沫是利用泡沫产生装置吸入或吹进空气产生泡沫，压缩空气泡沫则是利用空压机将空气充入泡沫混合液管道中发泡，即将带压空气和泡沫液按一定比例混合形成泡沫。

2.2.2 按发泡倍数分类

发泡倍数，即泡沫混合液经喷射器具发泡喷出后的泡沫体积与形成该泡沫的泡沫混合液体积的比值。可以用公式描述为[6]

$$n = \frac{V_1}{V_2} \tag{2.2}$$

式中，n 为发泡倍数；V_1 为泡沫混合液经喷射器具发泡喷出后的泡沫体积；V_2 为泡沫混合液体积。

依据国内相关标准，泡沫灭火剂可按照发泡倍数划分为高倍数、中倍数、低倍数泡沫灭火剂[7]。发泡倍数低于 20 的泡沫灭火剂称为低倍数泡沫灭火剂，在众多的泡沫灭火剂中，多数品种属于低倍数泡沫灭火剂，如蛋白泡沫、氟蛋白泡沫、水成膜泡沫、抗溶型泡沫和合成泡沫灭火剂等。低倍数泡沫具有其独特的适用场景和优势：在进攻灭火方面，主要用于扑灭可燃液体(如油类、乙醇、苯等)火灾和固体物质(如家具、橡胶、塑料等)火灾；在控制防护方面，可以保护受火源或热辐射源威胁的油罐及储有可燃液体或可燃固体物质的仓库、储罐等设施，阻断火势对附近建(构)筑物的热辐射威胁；在火灾战后管控方面，能够有效防止可燃液体或固体火灾扑救后复燃。然而，低倍数泡沫同样存在一定缺陷，如导电性较好，不可扑救带电火灾；含有一定水分，不可用于扑救金属火灾(如锰、铝、钠、钾、镁等)，以免发生爆炸。

发泡倍数在 20～200 之间的泡沫灭火剂称为中倍数泡沫灭火剂，而发泡倍数高于 200 的泡沫灭火剂称为高倍数泡沫灭火剂，高倍数泡沫灭火剂一般与中倍数泡沫灭火剂共用，是一种合成型通用泡沫灭火剂。按照适用水源情况，中高倍数泡沫灭火剂可分为耐海水型和不耐海水型;按发泡所适用的空气状况分为耐烟型和不耐烟型,目前尚无兼具耐烟与耐海水两种性能的中高倍数泡沫灭火剂。

中高倍数泡沫因其密度小、发泡倍数大、流动性稍低于低倍数泡沫、能够迅速对目标区域形成覆盖等特点,在实际使用中更多发挥着控制火势的作用。由于中高倍数泡沫在灭火过程中的供给强度远远低于低倍数泡沫,在实际过程中相互配合使用能够达到更加理想的效果。值得注意的是,泡沫灭火剂通常不可混合使用,不同厂家与型号的泡沫混合使用时极易相互干扰,降低灭火效果。

在实际灭火过程中,较少使用到中高倍数泡沫,国内中高倍数泡沫灭火剂的生产商也很少,现阶段中高倍数泡沫的研究主要集中在中高倍数泡沫与低倍数泡沫的配合使用、优势互补方面。部分低倍数泡沫原液(如部分灭火剂厂家生产的多功能泡沫)通过一定的调整,可以利用中高倍数泡沫发生器发出中高倍数泡沫,并配合相同的低倍数泡沫原液发出的低倍数泡沫进行协同灭火,进一步提升灭火效率,但该方式仍需进一步完善。

2.2.3 按基质分类

泡沫灭火剂按泡沫液基质可分为蛋白型泡沫灭火剂和合成型泡沫灭火剂。其中,蛋白型泡沫灭火剂包括普通蛋白泡沫灭火剂、氟蛋白泡沫灭火剂、抗溶氟蛋白泡沫灭火剂及成膜氟蛋白泡沫灭火剂;合成型泡沫灭火剂包括普通合成泡沫灭火剂、合成型抗溶泡沫灭火剂、水成膜泡沫灭火剂及 A 类泡沫灭火剂[8]。

1) 蛋白型泡沫灭火剂

(1) 普通蛋白泡沫灭火剂(P)。普通蛋白泡沫灭火剂是泡沫灭火剂中最基本的一种,主要包括动物蛋白和植物蛋白泡沫灭火剂,其主要成分是水和水解蛋白,通过加入氯化钠或硫酸亚铁等无机盐以及适量稳定剂、防冻剂、缓释剂、防腐剂、黏度控制剂等功能型添加剂混合制成,是一种黑褐色的黏稠液体,具有天然蛋白质分解后的臭味。普通蛋白泡沫灭火剂的储存容器主要为包装桶或储罐,灭火时通过比例混合器将其与压力水流按 6∶94 或 3∶97 的比例混合形成混合液,混合液在流经泡沫管枪或泡沫产生器时吸入空气,并经机械搅拌后产生泡沫,喷射至燃烧区实施灭火。它所产生的空气泡沫相对密度较小(一般在 0.1~0.5 之间),抗烧性能好,流动性强且不易被冲散。

(2) 氟蛋白泡沫灭火剂(FP)。氟蛋白泡沫灭火剂是在普通蛋白泡沫灭火剂中加入氟碳表面活性剂及其他助剂制成,是扑灭油罐火灾的主要灭火剂之一。氟蛋白泡沫灭火剂的灭火原理与蛋白泡沫基本相同,但由于氟碳表面活性剂中的氟碳链既有疏水性,又有很强的疏油性,使它既可以在泡沫和油的交界上形成水膜,又能把油滴包于泡沫中,提高泡沫的流动性,阻止油的蒸发,降低含油泡沫的燃烧性,进而提高灭火效率。氟蛋白泡沫灭火剂原料易得且价格低廉,其中含有的二价金属离子增强了泡沫的阻热和储存稳定性，具有可靠性高、环境污染相对较小等特点，是国内目前使用最多的泡沫灭火剂，被认为是最具有潜力的水成膜泡沫灭火剂的替代品[9]。

(3) 成膜氟蛋白泡沫灭火剂(FFFP)。成膜氟蛋白泡沫灭火剂是在氟蛋白泡沫灭火剂中加入适当的氟碳表面活性剂、碳氢表面活性剂、成膜助剂等精制而成。它是一种高效泡沫灭火剂,适用于大多数类型的泡沫比例混合器与泡沫喷射装置,常用于扑灭碳氢化合物,如原油、汽油、燃料油等的火灾。灭火过程中，氟碳表面活性剂可降低泡沫的表面张力使其浮于燃料表面，泡沫层析出的水分能够在燃料表面形成水膜，抑制油类蒸发的同时兼具优异的流动性与隔氧性[10]。成膜氟蛋白泡沫灭火剂已被广泛应用于油田、炼油厂、油库、船舶、码头、飞机场、机库等的消防工程中。

2) 合成型泡沫灭火剂

(1) 普通合成泡沫灭火剂(S)。合成泡沫灭火剂是由复合表面活性剂、助溶剂、稳定剂、抗冻剂、防腐剂等与水配制而成，通常用于产生低倍数泡沫，由于表面活性剂的作用，产生的泡沫具有表面张力低、疏油性强等优点。灭火过程中可封闭可燃物表面，使着火区域的含氧量降到可燃物最低含氧量以下而达到灭火目的，是一种用途广泛、高效、环保、安全的灭火剂，可用于扑救非水溶性液体、易燃液体火灾和一般固体物质的火灾，还可利用"液下喷射"的方式扑救大型油罐火灾。与普通蛋白泡沫灭火剂相比，该产品储存和使用过程中无恶臭、无污染、不腐蚀设备，不会产生残渣，储存稳定，广泛用于炼油厂、油库、飞机场、船舶、石油化工等行业的多种不溶于水的易燃液体、油、油脂、油火和普通固体火灾[11]。值得注意的是，虽然合成泡沫灭火剂通用于淡水与海水，但不可与其他灭火剂混合使用，避免影响灭火效果。

(2) 水成膜泡沫灭火剂(AFFF)。水成膜泡沫灭火剂以碳氢表面活性剂、氟碳表面活性剂及其他功能型添加剂(泡沫稳定剂、抗冻剂、助溶剂、增稠剂等)为基料制成，能够在某些烃类液体表面形成一层水膜，适用于扑灭非水溶性液体燃料引起的火灾。氟碳表面活性剂是其中的主要成分，所占比例为 $1\%\sim5\%$，可由一种或多种物质组成，大多为阴离子型表面活性剂；碳氢表面活性剂的含量为 $0.01\%\sim0.5\%$，它不仅能增强泡沫的发泡倍数和稳定性，而且能降低水成膜泡沫水溶液与燃料间的界面张力，有助于水膜的形成和扩散[12]。

水成膜泡沫灭火剂通过泡沫比例混合装置与水混合后，输出的泡沫混合液经泡沫产生喷射设备(泡沫产生器、泡沫喷头)产生灭火泡沫，喷射到燃烧的油面时，泡沫层析出的水分能在燃料表面形成一层封闭性很好的水膜，起到隔离燃料与空气的接触的作用，进而迅速、高效率地扑救油类火灾。水成膜泡沫灭火剂具有流动速度快、控火效率高、封闭性好、不易复燃、储存时间长等优势，在世界各地得到了迅速发展和应用，是目前世界公认的性能最好的油类火灾灭火剂。此外，水成膜泡沫灭火剂还可与干粉灭火剂联用，提高灭火效率。

（3）A 类泡沫灭火剂。普通泡沫灭火剂虽然可以扑灭 A 类火灾，但由于存在泡沫冲击动量小而难以穿越燃烧区、无法长期覆盖燃料表面等缺点，常被用于扑灭 B、F 类火灾，而 A 类泡沫灭火剂的出现解决了上述问题。A 类泡沫灭火剂是一类主要用于扑救 A 类火的新型泡沫灭火剂，其主要成分包括发泡剂、表面活性剂、稳定剂、渗透剂及压力剂等，结合压缩空气泡沫系统使用时，混合比通常在 0.1%～1.0%之间。按照产品性能，A 类泡沫灭火剂可分为 MJAP 及 MJABP 两类，前者适用于扑救 A 类火灾及隔热防护，而后者适用于扑救 A 类火灾、非水溶性液体燃料火灾及隔热防护[13]。

A 类泡沫灭火剂所产生的泡沫十分丰富、细腻，表面活性剂及助剂的添加降低了水的表面张力，使其不仅能黏附于燃烧物表面形成一层隔热防辐射保护层，而且可不断析出具有强渗透性的黏稠液体，渗透至固体燃烧物内部时可切断燃烧链，终止燃烧反应。鉴于以上优点，将压缩空气泡沫消防车与 A 类泡沫灭火剂结合使用以扑救常见市政火灾，已成为目前包括我国在内的许多国家消防部队中陆续推广应用的一项新技术。

2.2.4　按混合比分类

泡沫灭火剂与水混合后的溶液称为泡沫混合液，泡沫灭火剂在泡沫混合液中的体积分数被称为混合比[14]。按照泡沫液与水混合的比例，泡沫灭火剂可分为 1.5%型、3%型、6%型等。目前普通水成膜泡沫灭火剂常见的混合比类型有 6%、3%及 1%型，蛋白类与抗溶泡沫灭火剂常见的混合比类型为 6%、3%型。特殊情况下也有 8%型（如中倍数专用 8%型氟蛋白泡沫液）和 1%型，A 类泡沫灭剂的混合比通常为 1%及以下。

2.2.5　按用途分类

根据用途的不同，即能否扑灭极性液体火灾，泡沫灭火剂可分为普通型和抗溶型泡沫灭火剂。前面所提及的泡沫灭火剂均为普通泡沫灭火剂，可用于扑灭 A 类与常见非极性 B 类火灾；但对于醇、酯、醚、酮、醛、胺、有机酸等可燃极性溶剂火灾，由于此类液体对普通泡沫有较强的脱水性，可使泡沫破裂而失去灭火功效，须选用抗溶型泡沫灭火剂。

抗溶型泡沫灭火剂也称为抗醇泡沫灭火剂，属于凝胶型合成泡沫，由触变性多糖、碳氢表面活性剂、氟碳表面活性剂、防腐剂、助剂等组分构成。抗溶型泡沫液在与水混合产生泡沫时，可在泡沫壁上形成一种分布均匀的薄膜，能够有效防止水溶性溶剂吸收泡沫中的水分，使泡沫较好地覆盖在水溶性溶剂的液面上起到灭火作用。抗溶型泡沫灭火剂具有良好的触变性能，并具有对输液管道不受限制、供给强度大、灭火迅速、储存稳定、腐蚀性低等优点，普通泡沫灭火剂经改良后(添加多糖等抗醇的高分子化合物)均可具备抗溶功能[15]。

2.3 泡沫灭火剂性能要求及表征

2.3.1 国内外相关标准规定

我国针对泡沫灭火剂相关性能要求的现行国家标准有《泡沫灭火剂》(GB 15308—2006)[7]与《A 类泡沫灭火剂》(GB 27897—2011)[16]。国际上有影响力的标准有国际标准化组织(ISO)发布的 ISO 7203《灭火剂-泡沫浓缩液》和美国消防协会(NFPA)发布的 NFPA 1150-2022《用于 A 类火灾的泡沫灭火剂》[17]，其中 ISO 7203 包括 4 个标准：《灭火剂-泡沫浓缩液第 1 部分：适用于非水溶性液体燃料顶部施加的低倍数泡沫液》(ISO 7203-1: 2019)[18]、《灭火剂-泡沫浓缩液第 2 部分：适用于非水溶性液体顶部施加的中、高倍数泡沫液》(ISO 7203-2: 2019)[19]、《灭火剂-泡沫浓缩液第 3 部分：适用于水溶性液体燃料顶部施加的低倍数泡沫液》(ISO 7203-3: 2019)[20]、《灭火剂-泡沫浓缩液第 4 部分：适用于 A 类火灾的 A 类泡沫浓缩液》(ISO 7203-4: 2022)[21]。

1. 我国标准的内容

我国标准 GB 15308—2006 和 GB 27897—2011 规定了泡沫灭火剂的术语和定义、产品分类、要求、试验方法、检验规则、标志、包装、运输和储存等内容，GB 15308—2006 适用于低倍数、中倍数和高倍数泡沫灭火剂以及灭火器用泡沫灭火剂，GB 27897—2011 适用于 A 类泡沫灭火剂。两个标准均规定了泡沫灭火剂应满足的物理、化学、泡沫性能，灭液体燃料或固体燃料的灭火性能，以及对温度敏感性的判定要求。对于物理、化学、泡沫性能方面的要求包括凝固点、抗冻结/融化性、沉淀物百分比、比流动性、pH、表面张力、界面张力、扩散系数、腐蚀率、发泡倍数、析液时间等，其中 A 类泡沫灭火剂无需测量界面张力，但需测量润湿性。低倍数泡沫液和 A 类泡沫液需测量 25%析液时间，中倍数泡沫液需同时测量 25%和 50%析液时间，高倍数泡沫液只需测量 50%析液时间。

泡沫灭火剂的灭火性能主要通过测试灭火时间和抗烧时间来评价，并在灭火剂缓释放和强释放两种状态下分别进行测试，根据灭火时间和抗烧时间的不同将灭火剂进行灭火性能和抗烧水平的分级。此外，对于 A 类泡沫灭火剂，除了灭火性能外，还需测量隔热防火性能，隔热防火性能主要通过析液时间和发泡倍数来判定，要求 25%析液时间不小于 20min 且发泡倍数不小于 30 倍。

GB 15308—2006 和 GB 27897—2011 将泡沫灭火剂各项性能的不合格项分成了 A、B、C 三类，如果有 1 项 A 类不合格，或者超过 1 项 B 类不合格，或者超过 2 项 C 类不合格，则判定该批泡沫灭火剂不合格。

2. GB 15308—2006 与 ISO 7203 标准的比较

表 2.1 列出了 GB 15308—2006 与 ISO 7203—1: 2019、ISO 7203—2: 2019、ISO 7203—3: 2019 的比较。可以看出 GB 15308—2006 与 ISO 7203 对泡沫灭火剂主要指标的要求基本一致，但是在比流动性、pH、发泡倍数和析液时间上的要求略有差异。此外，ISO 7203 标准中未对凝固点和腐蚀率提出具体要求。对于比流动性，GB 15308—2006 对泡沫浓缩液的流量或黏度值提出了要求，而 ISO 7203 未对此提出要求，但对于高黏度泡沫液，提出了应采用特殊比例混合设备的要求。

表 2.1　GB 15308—2006 与 ISO 7203 标准技术指标对比[22]

泡沫液性能指标	样品状态	ISO 7203 标准要求	GB 15308—2006	备注
凝固点	温度处理前	无	在 T_N-4 与 T_N 间（T_N 为特征值）	泡沫浓缩液
抗冻结、融化性	温度处理前、后	无可见分层和非均相		泡沫浓缩液
φ（沉淀物)/%	老化前	不大于 0.25，沉淀物能通过 180μm 筛		泡沫浓缩液
	老化后	不大于 1.0，沉淀物能通过 180μm 筛		
比流动性	温度处理前、后	分为牛顿型泡沫液和非牛顿型泡沫液，且要求高黏度泡沫液应采用特殊比例混合设备	泡沫液流量不小于标准参比流量或泡沫液的黏度值不大于标准参比溶液的黏度值	泡沫浓缩液
pH	温度处理前、后	6.0～8.5	6.0～9.5	泡沫浓缩液
表面张力/(mN/m)	温度处理前	与特征值的偏差不大于 10%		泡沫混合液
界面张力/(mN/m)	温度处理前	与特征值偏差不大于 1.0mN/m 或不大于特征值的 10%，按上述两个差值中较大者判定		泡沫混合液
扩散系数/(mN/m)	温度处理前、后	正值		泡沫混合液
腐蚀率/[mg/(d·dm²)]	温度处理前	无	Q235A 钢片：小于或等于 15	泡沫浓缩液
			3A21 铝片：小于或等于 15	
发泡倍数(低倍及低倍抗溶性)	温度处理前、后	与特征值的偏差不大于 1.0 或不大于特征值的 20%，按上述两个差值中较大者判定		泡沫混合液
发泡倍数(中倍)	温度处理前、后适用淡水	大于或等于 50		
发泡倍数(中倍)	温度处理前、后适用海水	大于或等于 50	特征值小于 100 时，与淡水测试值的偏差不大于 10%；特征值大于或等于 100 时，不小于淡水测试值的 0.9 倍，不大于淡水测试值的 1.1 倍	泡沫混合液

续表

泡沫液性能指标	样品状态	ISO 7203 标准要求	GB 15308—2006	备注
发泡倍数(高倍)	温度处理前、后 适用淡水	大于或等于201		泡沫混合液
	温度处理前、后 适用海水	大于或等于201	不小于淡水测试值的0.9倍, 不大于淡水测试值的1.1倍	
25%析液时间(低倍 及低倍抗溶性)/min	温度处理前、后	与特征值的偏差不大于20%		
25%和50%析液时 间(中倍)/min	温度处理前、后	未直接提及 (试验方法提及)	与特征值的偏差不大于20%	泡沫混合液
50%析液时间(高 倍)/min	温度处理前、后		大于或等于10min,与特征 值的偏差不大于20%	

在灭火性能方面,GB 15308—2006 和 ISO 7203 均针对各类泡沫灭火剂分别提出了最低灭火性能级别的要求,以及各灭火性能级别对应的灭火时间和抗烧时间。我国标准和 ISO 标准对低倍数泡沫灭火剂灭火性能级别的规定大体相同,只是 ISO 标准对于Ⅰ级和Ⅱ级灭火性能级别在缓释放灭火剂情况下的灭火时间未做要求,而我国标准对于ⅠB～ⅠD以及ⅡB～ⅡD级别的灭火剂要求在缓释放灭火剂情况下的灭火时间均不大于 5min。此外,对于抗醇泡沫液,ISO 7203 的灭火性能级别多了ⅠC和ⅡC级别。

在泡沫灭火剂性能的试验测试方法方面,ISO 7203 增加了辐射的测量方法、泡沫浓缩液与灭火干粉的相容性说明。辐射测量对监测泡沫性能提供了简便的方法,减少了对视觉观测的要求;而相容性则对泡沫和干粉灭火剂联合应用的情况给出了要求。在试验仪器和试验条件上,ISO 7203 的部分试验要求更严格。例如,在抗冻结、融化性测试中,规定必须使用直径 65mm、高 400mm、容量 500mL 的有塞玻璃量筒,而 GB 15308—2006 只要求应使用塑料或玻璃容器;在沉淀物老化条件测试中,ISO 7203 规定样品温度密封误差为 2℃,而 GB 15308—2006 要求保证的误差是 3℃以内;在比流动性测试等其他指标的测试中,ISO 7203 和 GB 15308—2006 使用的仪器和条件也不尽相同。

3. GB 27897—2011 与 NFPA 1150-2022 标准的比较

针对泡沫浓缩液,对凝固点,抗冻结、融化性/稳定性、比流动性和腐蚀性提出了要求;但在腐蚀性指标方面,GB 27897—2011 仅对 Q_{235} 钢片和 3A21 铝片的腐蚀率控制提出要求,NFPA 1150-2022 标准的金属腐蚀控制则包含了 2024-T3 铝、4130 钢、UNSC 27000 黄铜(65% Cu,35% Zn)、AZ31B Magnesium,要求也更为详细。此外,与 GB 27897—2011 相比,NFPA 1150-2022 标准还对泡沫浓缩液的闪点、哺乳动物毒性、水生动物毒性、生物降解能力和非金属相容性提出了要求。其中 NFPA 1150-2022 标准对闪点指标的要求是，测试条件下，泡沫浓缩液的闪点应高于 60℃；而对于非金属相容性指标，则对泡沫浓缩液与 PVC 塑料、密封层、涂层、玻璃纤维、橡胶等 8 类材料的相容性提出了要求。

针对泡沫混合液，GB 27897—2011 和 NFPA 1150-2022 均包括对表面张力、润湿性、析液时间的要求。与 NFPA 1150-2022 相比，GB 27897—2011 提出了灭火性能、隔热防护性能的要求，但缺乏对哺乳动物毒性、非金属材料相容性和腐蚀性等指标的要求。

在试验方法方面，GB 27897—2011 与 NFPA 1150-2022 标准的试验方法和条件要求均不相同，如析液时间测定中，NFPA 1150-2022 标准通过体积判断，GB 27897—2011 则通过质量判断；在比流动性测试中，NFPA 1150-2022 标准使用黏度计进行测定，GB 27897—2011 则使用标准曲线法。

2.3.2　表征参数及测量方法

泡沫灭火剂的性能参数通常是指泡沫灭火剂(泡沫浓缩液)及其产生灭火泡沫的性能特征值，主要包括凝固点、抗冻结和融化性、pH、黏度、沉淀物、比流动性、腐蚀率、析液特性、发泡倍数、铺展性、抗烧时间、表面张力、界面张力及扩散系数、灭火性能等，这些指标从不同的角度评价了灭火剂的优劣和灭火性能。

1)凝固点

泡沫灭火剂是化学类的灭火液体，温度达到凝固点后则无法维持液态而失去流动性，进而导致丧失灭火功效，因此，有必要对泡沫灭火剂的凝固点进行测定。我国标准中规定了各类泡沫灭火剂凝固点的要求，如表 2.2 所示。

表 2.2　各类型泡沫灭火剂凝固点要求

类别	样品状态	要求	不合格类型
低倍数泡沫液	温度处理前	在 T_N-4 与 T_N 间	C
中、高倍数泡沫液	温度处理前	在 T_N-4 与 T_N 间	C
抗溶泡沫液	温度处理前	在 T_N-4 与 T_N 间	C
浓缩型灭火器用泡沫灭火剂	温度处理前	在 T_N-4 与 T_N 间	C
预混型灭火器用泡沫灭火剂	温度处理前	在 T_N-4 与 T_N 间	C
A 类泡沫灭火剂	温度处理前	在 T_N-4 与 T_N 间	C

测定试验使用设备为控温精度为±1℃的半导体凝点测定器、磨口凝点测定管及分度值为 1℃的凝点温度计，如图 2.1 所示。核心设备凝点测定器的系统主机由电控仪表箱、低温冷浴和压缩机制冷系统三大部分组成，电控仪表箱内安装有主

控制电路板、电源开关、温控仪、中间继电器、固态继电器等部件；低温冷浴安装有浴温温度传感器、浴加热装置以及浴搅拌电机制冷盘管等部件；压缩机制冷系统由压缩机、冷凝器以及冷却风机等组成。

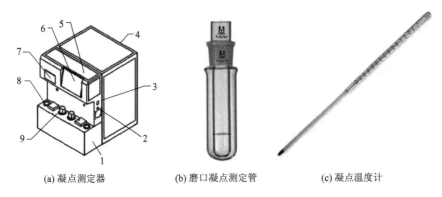

(a) 凝点测定器　　　　　　(b) 磨口凝点测定管　　　　　　(c) 凝点温度计

图 2.1　凝固点测定仪器

1-低温冷浴；2-DB9 接口；3-电源开关；4-电源插口；5-电控仪表箱；6-液晶触摸屏；7-打印机；8-试管备用套；9-试管测试组件

依据相关标准，测试具体步骤为：开动半导体凝点测定器，使冷阱的温度稳定在–25～–30℃(或低于试样凝固点 10℃)，把凝点测定管的外管装入冷阱中，外管浸入冷阱的深度不应少于 100mm；在干燥、洁净的凝点测定管的内管中注入待测泡沫液样品，管内液面高度约为 50mm；用软木塞或胶塞把凝点温度计固定在内管中央，温度计的毛细管下端应浸入液面 3～5mm；把凝点测定管内管装入外管中；当内管中样品的温度降至 0℃时开始观察样品的流动情况，以后每降低 1℃观察一次，每次观察的方法是把内管从外管中取出并立即将其倾斜，如样品尚有流动则立即放回外管中(每次操作时间不应超过 3s)，继续降温做下一次观察；当样品温度降至某一温度，取出内管，观察到样品不流动时，立即使内管处于水平方向，如样品在 5s 内仍无任何流动，则记录温度，此温度即为样品的凝固点；每个样品做两次试验，两次试验结果的差值不应超过 1℃，取较高的值作为试验结果，如两次试验结果的差值超过 1℃，则应进行第三次试验。

2)抗冻结、融化性

普通泡沫灭火剂的使用温度一般为 0～40℃，抗冻型泡沫灭火剂的使用温度范围更大。由于泡沫液中表面活性剂的水溶性随温度的变化而显著变化，要让泡沫灭火剂发挥出应有的性能，表面活性剂及其他有机添加剂在使用温度范围内的稳定性十分关键，因此抗冻结、融化性是衡量泡沫液稳定性的重要性能参数。表 2.3 所示为我国标准中各类型泡沫灭火剂抗冻结、融化性要求。

表 2.3　各类型泡沫灭火剂抗冻结、融化性要求

类别	样品状态	要求	不合格类型
低倍数泡沫液	温度处理前、后	无可见分层和非均相	B
中、高倍数泡沫液	温度处理前、后	无可见分层和非均相	B
抗溶泡沫液	温度处理前、后	无可见分层和非均相	B
浓缩型灭火器用泡沫灭火剂	温度处理前	无可见分层和非均相	B
预混型灭火器用泡沫灭火剂	温度处理前	无可见分层和非均相	B
A 类泡沫灭火剂	温度处理前、后	无可见分层和非均相	B

测定泡沫灭火剂抗冻结、融化性的具体步骤为：将冷冻室温度调到低于样品凝固点(10±1)℃；将样品装入塑料或玻璃容器，密封放入冷冻室，在规定的温度下保持 24h，冷冻结束后取出样品，在(20±5)℃的室温下放置 24~96h，再重复三次，进行四个冻结融化周期处理；观察样品有无分层和非均相现象。

3) 沉淀物

沉淀物是指泡沫灭火剂(浓缩液)中不溶性固体物质，一般用体积分数表示。泡沫液制造过程中过滤不完全、储存中某些组分的分解、助溶剂及乳化剂等失效，均会造成泡沫液中沉淀物的产生。因此，泡沫液中沉淀物的含量多少，是衡量泡沫液生产工艺的完备性、泡沫液储存中的稳定性的指标，各类型泡沫灭火剂沉淀物要求如表 2.4 所示。

表 2.4　各类型泡沫灭火剂沉淀物要求

类别	样品状态	要求	不合格类型	备注
低倍数泡沫液	老化前	≤0.25%；沉淀物能通过 180μm 筛	C	蛋白型
	老化后	≤1.0%；沉淀物能通过 180μm 筛	C	
中、高倍数泡沫液	老化前	≤0.25%；沉淀物能通过 180μm 筛	C	
	老化后	≤1.0%；沉淀物能通过 180μm 筛	C	
抗溶泡沫液	老化前	≤0.25%；沉淀物能通过 180μm 筛	C	
	老化后	≤1.0%；沉淀物能通过 180μm 筛	C	
浓缩型灭火器用泡沫灭火剂	老化前	≤0.25%；沉淀物能通过 180μm 筛	C	
	老化后	≤1.0%；沉淀物能通过 180μm 筛	C	
预混型灭火器用泡沫灭火剂	老化前	≤0.25%；沉淀物能通过 180μm 筛	C	
	老化后	≤1.0%；沉淀物能通过 180μm 筛	C	

测定泡沫灭火剂沉淀物所需设备包括离心加速度为 $(6000\pm600)\,m/s^2$ 的电动离心机、最小分度值为 0.1mL 的 50mL 容量刻度离心试管、孔径为 180μm 的筛子、控温精度为±2℃的电热鼓风干燥箱以及分度值为 0.1s 的秒表。

试验时从温度处理前的泡沫液中取两个样品，其中一个直接进行试验；另一个经老化试验并冷却后再进行试验，老化条件为将样品密封，于(60±3)℃温度下保持(24±2)h，然后冷却至室温。沉淀物测定试验具体步骤为：将样品分装于两个 50mL 刻度离心试管，对称放入离心机，在(6000±600)m/s² 的条件下离心(10±1)min；取出刻度离心试管，读取沉淀物体积并换算成体积分数，取两个试管读数的平均值作为测定结果；用洗瓶将沉淀物冲洗到筛网上，观察沉淀物是否能全部通过筛网。

4) 黏度及比流动性

黏度(剪切力与剪切速率之比)可以用来描述流体在承受剪力和拉力后的连续变形，是流体区别于固体所特有的性质。流体由于黏度的作用，运动时受到摩擦阻力和压差阻力，会造成机械能的损耗。根据黏度的变化规律可以将流体分为牛顿流体和非牛顿流体，牛顿流体在任一点上的剪应力都同剪切速率呈线性函数关系，它的黏度只与温度有关，与剪切速率无关；非牛顿流体的剪切力与剪切速率之间不是线性关系，因而把一定的速率梯度下的剪切力与剪切速率的比值定义为表观黏度，常用表观黏度来描述非牛顿流体。

泡沫灭火剂产品中由于表面活性剂和其他添加剂的加入，通常会改变水的比流动性，典型的表观现象为促使泡沫液的黏度性质发生变化，进而影响其流动性能。大多数的泡沫产生系统中，泡沫液都是通过比例混合器与水混合之后输送到泡沫灭火器中，在比例混合器中，泡沫液通过一个固定孔径的孔板，被压入或被吸入水流中与水按一定比例混合，孔径一定时，泡沫液的黏度对通过孔板的流量会产生一定的影响。泡沫液的黏度过大，流动性差，会使泡沫液与水的混合比下降而影响灭火效果，因此，有必要对泡沫灭火剂的黏度进行测定。

《泡沫灭火剂》(GB 15308—2006)及《A 类泡沫灭火剂》(GB 27897—2011)中使用比流动性来描述泡沫液的流动性能，要求温度处理前、后的泡沫液流量不小于标准参比液的流量或泡沫液的黏度值不大于标准参比液的黏度值。

(1)非牛顿型泡沫液。根据相关标准，对于非牛顿型泡沫液，利用泡沫液比流动性测定装置进行测定，如图 2.2 所示。

其中，不锈钢管的内径为 8.5~8.8mm，长 1m，两端通过螺纹装有管件，外层用 10mm 厚的隔热材料包裹以保证罐内液体温度(T_1)与出口处液体温度(T_2)的偏差不大于 1℃；储液罐最小容积为 10L，样品可保持在最低使用温度(比样品的凝固点高 5℃)，且可通过调节压力将样品排出，不锈钢管与储液罐的连接采用内径(20±2)mm 不锈钢管和管件。同时，需准备精度为 0.001MPa 的压力表、分度值为 0.5℃的温度计、精度为 1g 的电子天平、精度为 0.1s 的秒表以及标准参比液，标准参比液是质量分数为 90%的丙三醇水溶液，15℃时 90%丙三醇水溶液的密度为 1.2395g/mL。

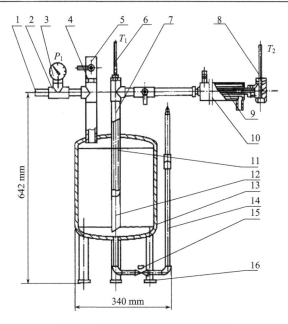

图 2.2 泡沫液比流动性测定装置

1-进气管；2-不锈钢三通；3-压力表；4-外丝；5-球阀；6-温度计；7-泡沫进液管；8-温度计；9-导液管；10-水循环套管；11-温度计保护管；12-泡沫液排出管；13-泡沫液储罐；14-排液管；15-电磁阀；16-储罐支架

试验前，首先使用标准参比液进行标定：在罐中装满标准参比液，使之冷却至 10℃；调节罐内压力，使其稳定在 (0.050±0.002) MPa，打开阀门，待液体温度 T_1 与 T_2 的偏差小于 1℃时，收集排出的液体，收集时间约 60s，记录温度 T_1、收集时间和液体质量，计算流量；重复一次试验，取两次试验的平均值为测定结果；重复上述步骤，继续测定标准参比液在 5℃、0℃、–5℃、–10℃、–15℃、–20℃下的流量；按照不同温度下标准参比液的流量，绘制出标准曲线。随后，按照相同程序对温度处理前、后的泡沫液分别进行两次试验，样品的温度 (T_1) 应控制在凝固点+5℃，取其流量的平均值为测定结果。最后将泡沫液的测定结果与标准参比液的标准曲线相比较，确定样品的比流动性。

(2) 牛顿型泡沫液。牛顿型泡沫液的比流动性可以通过旋转黏度计测定泡沫液的动力黏度来确定，即在不同温度条件下，采用规定的转子和转速，测定标准参比液的黏度值，并绘制成标准曲线；再在泡沫液的最低使用温度下测定样品的黏度值，将得到的结果与标准曲线进行比较，从而确定其比流动性。根据《泡沫灭火剂》(GB 15308—2006) 要求，泡沫液的黏度值应不大于标准参比液的黏度值。

试验设备包括精度为±1℃的旋转黏度计、精度为±1℃的恒温水浴、低温冷阱、温度计和秒表。首先按照表 2.5 所给数据，绘制标准参比液的温度(横轴)-黏度(纵轴)标准曲线。

表 2.5　标准参比液的温度-黏度数据

温度/℃	转子数	转数/(r/min)	黏度/(mPa·s)
10	3	60	740
5	3	30	1140
0	3	30	1560
−5	3	30	2940
−10	3	12	5560
−15	3	6	16640
−20	4	12	36400

随后将装有适量样品的烧杯置于恒温水浴或低温冷阱中，将样品冷却到泡沫液的最低使用温度。根据泡沫液的最低使用温度，按表 2.6 选择旋转黏度计的转子和转数，进行黏度测定。

表 2.6　旋转黏度计的转子数和转数

最低使用温度/℃	转子数	转数/(r/min)
10～8	3	60
7～3	3	30
2～−2	3	30
−3～−7	3	30
−8～−12	3	12
−13～−17	3	6
−18～−20	4	12

最后，取两次试验结果的平均值作为测定结果，并与标准曲线比较。

5）pH

pH 是衡量泡沫液中氢离子浓度的一个指标，它是水溶液中氢离子浓度（活度）的常用对数的负值，即 pH= −lg[H$^+$]，其中[H$^+$]表示溶液中的氢离子浓度，单位为 mol/L。泡沫液通常呈中性或偏碱性，如果 pH 过高或过低，则表示泡沫液呈现出较强的碱性或酸性，这会加大对储存器的腐蚀。此外，由于很多泡沫液都是以胶体溶液的形式存在，pH 过高或过低都会造成胶体溶液的不稳定，容易产生浑浊、分层或沉淀。我国标准对各类泡沫灭火剂的 pH 要求如表 2.7 所示。

表 2.7　各类型泡沫灭火剂 pH 要求

类别	样品状态	要求	不合格类型
低倍数泡沫液	温度处理前、后	6.0～9.5	C
中、高倍数泡沫液	温度处理前、后	6.0～9.5	C
抗溶泡沫液	温度处理前、后	6.0～9.5	C
浓缩型灭火器用泡沫灭火剂	温度处理前、后	6.0～9.5	C
预混型灭火器用泡沫灭火剂	温度处理前、后	6.0～9.5	C
A 类泡沫灭火剂	温度处理前、后	6.0～9.5	C

测定泡沫灭火剂 pH 所需试剂和仪器包括精度为 0.1 pH 的酸度计、分度值为 1℃的温度计以及 pH 缓冲剂。试验步骤为：首先利用 pH 缓冲剂校准酸度计；随后分别取温度处理前、后的泡沫液 30mL，注入干燥、洁净的 50mL 烧杯中，将电极浸入泡沫液中并在(20±2)℃条件下测定 pH；最后重复一次试验，取两次试验平均值为测定结果，两次试验结果之差应不大于 0.1 pH。

6) 表面张力、界面张力及扩散系数

界面张力是指不相容两相间的张力,而表面张力是界面张力的一种特殊形式,是指气-液或气-固界面的张力。泡沫的产生是将气体分散于液体中形成气液分散体,随着气泡的形成,液体表面积急剧增加,在分子间作用力及机械搅动的双重作用下,泡沫体系吉布斯自由能逐渐增加。表面张力则指的是增加单位表面积时体系吉布斯自由能的增量,该能量越高则形成气泡的过程越困难,形成后也越不稳定。值得注意的是,表面张力随着温度的升高呈下降的趋势,当温度升高到接近临界温度时,气-液界面将不复存在,表面张力也随之消失。扩散系数是衡量一种液体在另一种液体表面上自由铺展的能力,扩散系数越大表示泡沫越容易在燃料表面铺展。通常情况下,泡沫体系中表面张力值高于 16mN/m,而界面张力有时会低至 0.0001mN/m,甚至更低。

依据我国相关标准,表面张力、界面张力及扩散系数参数要求如表 2.8～表 2.10 所示。

测定表面张力、界面张力及扩散系数所需试剂和仪器包括分度值为 0.1mN/m 的表面张力仪、分度值为 1℃的温度计、纯度 99% 的环己烷、分度值为 0.1mL 的 10mL 量筒及分度值为 10mL 的 100mL 量筒。首先分别取温度处理前、后的泡沫液,注入干燥、洁净的烧杯中,用三级水(符合 GB/T 6682—2008[17])按供应商推荐的浓度配制泡沫溶液；随后在泡沫溶液温度为(20±1)℃条件下,测定表面张力；最后重复一次试验,取两次试验平均值为测定结果。

表 2.8　各类型泡沫灭火剂表面张力值要求

类别	样品状态	要求	不合格类型	备注
低倍数泡沫液	温度处理前	与特征值偏差不大于10%	C	成膜型
中、高倍数泡沫液	温度处理前、后	与特征值偏差不大于10%	C	成膜型
抗溶泡沫液	温度处理前	与特征值偏差不大于10%	C	成膜型
浓缩型灭火器用泡沫灭火剂	温度处理后	与特征值偏差不大于10%	C	成膜型
预混型灭火器用泡沫灭火剂	温度处理后	与特征值偏差不大于10%	C	成膜型
A类泡沫灭火剂	温度处理前	在混合比为1.0%的条件下，表面张力≤30.0mN/m	C	

表 2.9　各类型泡沫灭火剂界面张力值要求

类别	样品状态	要求	不合格类型	备注
低倍数泡沫液	温度处理前	与特征值的偏差不大于1.0mN/m 或不大于特征值的10%，按上述两个差值中较大者判定	C	成膜型
中、高倍数泡沫液	温度处理前、后	与特征值的偏差不大于1.0mN/m 或不大于特征值的10%，按上述两个差值中较大者判定	C	成膜型
抗溶泡沫液	温度处理前	与特征值的偏差不大于1.0mN/m 或不大于特征值的10%，按上述两个差值中较大者判定	C	成膜型
浓缩型灭火器用泡沫灭火剂	温度处理后	与特征值的偏差不大于1.0mN/m 或不大于特征值的10%，按上述两个差值中较大者判定	C	成膜型
预混型灭火器用泡沫灭火剂	温度处理后	与特征值的偏差不大于1.0mN/m 或不大于特征值的10%，按上述两个差值中较大者判定	C	成膜型

表 2.10　各类型泡沫灭火剂扩散系数要求

类别	样品状态	要求	不合格类型	备注
低倍数泡沫液	温度处理前、后	正值	B	成膜型
中、高倍数泡沫液	温度处理前、后	正值	B	成膜型
抗溶泡沫液	温度处理前、后	正值	B	成膜型
浓缩型灭火器用泡沫灭火剂	温度处理后	正值	B	成膜型
预混型灭火器用泡沫灭火剂	温度处理后	正值	B	成膜型

表面张力测试完成后，在泡沫溶液上添加 5～7mm 厚的 (20±1) ℃的环己烷，等待 (6±1)min 后测定界面张力，取两次试验平均值为测定结果。

完成表面张力及界面张力测试后，可根据式 (2.3) 计算扩散系数。

$$S = \gamma_c - \gamma_f - \gamma_i \tag{2.3}$$

式中，S 为扩散系数，mN/m；γ_c 为环己烷的表面张力，mN/m；γ_f 为泡沫溶液的表面张力，mN/m；γ_i 为泡沫溶液与环己烷之间的界面张力，mN/m。

7) 腐蚀率

泡沫灭火剂经泡沫灭火系统发泡并释放后才能发挥其灭火作用，而灭火系统使用的零部件通常为铁 (钢)、铝、铜、镁等金属材料。泡沫液为满足相关性能要求，往往还会添加一些功能助剂，这类多组分化学品容易导致储存及输送设备发生腐蚀，如管道穿孔、阀门泄漏等，从而造成泡沫灭火系统失灵甚至报废。按照金属材料组成的不同，泡沫灭火剂对泡沫灭火系统金属零部件的腐蚀机制可以分为以下四类。

(1) 碳钢和不锈钢在泡沫灭火系统中用量最大，常作为泡沫液储罐、管线、阀门等部件材料。由于碳钢表面形成的氧化膜较为疏松，在潮湿空气和泡沫灭火剂作用下，碳钢易发生吸氧腐蚀，因此碳钢耐腐蚀性差。而不锈钢中由于 Cr、Ni 等元素的加入，其耐腐蚀性能较碳钢大大提高，如常用的 304 钢有良好的耐酸碱腐蚀能力。

(2) 铝合金质量轻，常用作泡沫枪头、消防水带接口等部件。铝及其合金钝化性能优异，表面常被氧化成一层薄而致密的氧化膜，因此铝常被视为耐腐蚀的金属。但由于泡沫灭火剂标准规定产品的 pH 应在 6.0～9.5 范围内，因此泡沫灭火剂产品通常为中性或偏碱性，而在碱性环境中，铝合金表面的氧化膜会与碱反应生成偏铝酸钠和水，促进铝基材质的腐蚀。

(3) 铜的电位比氢大，不会发生析氢腐蚀。另外，在大气和泡沫液环境下，铜合金表面会生成一层难溶的氢氧化铜沉淀、氧化铜或碱式碳酸铜薄膜，可以有效阻止泡沫液和大气对铜基材质的腐蚀，因此铜合金的耐腐蚀性比较优异。例如，黄铜耐冲击腐蚀性好，青铜可耐各种腐蚀，铜镍合金具有耐碱、耐海水以及抗应力腐蚀开裂的特性。然而，泡沫灭火剂中若使用含 NH_4^+ 的组分，NH_4^+ 能与铜形成络合离子，从而促使铜溶解。

(4) 镁及其合金的电极电位远低于氢电位，因此在泡沫液中往往发生析氢腐蚀。此外，若泡沫灭火剂中含有阳离子氧化剂 ($FeCl_3$、$CuCl_2$、$HgCl_2$)，则 Fe^{3+} 等金属阳离子与上述 4 四种典型金属材质接触时，将参与阴极反应，在阴极表面析出，同时穿透性强的卤素离子会破坏钝化膜，加剧金属材质腐蚀，尤其加剧金属点腐蚀。

依据我国相关标准，各类泡沫灭火剂对腐蚀率的要求如表 2.11 所示。

表 2.11　各类型泡沫灭火剂对腐蚀率的要求

类别	样品状态	要求	不合格类型
低倍数泡沫液	温度处理前	Q_{235} 钢片≤15.0mg/(d·dm²) LF_{21} 铝片≤15.0mg/(d·dm²)	B
中、高倍数泡沫液	温度处理前	Q_{235} 钢片≤15.0mg/(d·dm²) LF_{21} 铝片≤15.0mg/(d·dm²)	B
抗溶泡沫液	温度处理前	Q_{235} 钢片≤15.0mg/(d·dm²) LF_{21} 铝片≤15.0mg/(d·dm²)	B
浓缩型灭火器用泡沫灭火剂	温度处理前	Q_{235} 钢片≤15.0mg/(d·dm²) LF_{21} 铝片≤15.0mg/(d·dm²)	B
预混型灭火器用泡沫灭火剂	温度处理前	Q_{235} 钢片≤15.0mg/(d·dm²) LF_{21} 铝片≤15.0mg/(d·dm²)	B
A 类泡沫灭火剂	温度处理前	Q_{235} 钢片≤15.0mg/(d·dm²) LF_{21} 铝片≤15.0mg/(d·dm²)	B

泡沫灭火剂腐蚀性测试需准备精度为 0.1mg 的天平、精度为 0.02mm 的游标卡尺、控温精度为 ±2 ℃ 的电热鼓风干燥箱、250mL 锥形瓶、尺寸为 75mm×15mm×1.5mm 的 Q_{235} 钢片和 LF_{21} 铝片、密度为 1.4g/mL 的硝酸、浓度为 10% 的柠檬酸氢二铵水溶液、磷酸-铬酸水溶液(浓度为 85% 的磷酸 35mL 与无水铬酸 20g 混合后用三级水(符合 GB/T 6682—2008[23])稀释至 1L)、无水乙醇(化学纯)及干燥器。

依据相关标准，试验具体步骤为：取钢片和铝片各四片，用 200 号水砂纸打磨去掉氧化膜，再用 400 号水砂纸磨光(铝片在室温下放入硝酸中泡 2min)，用硬毛刷在自来水中冲刷、洗净，最后用无水乙醇洗涤擦干；将处理好的试片放入 (60±2) ℃ 的电热鼓风干燥箱中干燥 30min，取出放入干燥器中至室温，称量每个试片的质量并编号；用游标卡尺测量每个试片的长、宽、厚，计算每个试片的表面积；将处理好的试片分别放入两个锥形瓶中，倒入泡沫液使试片完全浸入泡沫液中，且试片间不接触，然后密封瓶口；将锥形瓶放在 (38±2) ℃ 的电热鼓风干燥箱中，连续保持 21 d；从锥形瓶中取出试片，分别用硬毛刷在自来水中冲刷腐蚀生成物(若洗不掉，则钢片用 10% 柠檬酸氢二铵水溶液浸泡，铝片用磷酸-铬酸水溶液浸泡)，洗净后用无水乙醇洗涤、擦干，然后放入 (60±2) ℃ 的电热鼓风干燥箱中，干燥 30min，取出放入干燥器内冷至室温，称量每个试片的质量。

试验完成后根据式(2.4)计算腐蚀率，并取四个试片的平均值作为试验结果。

$$C = 1000 \times \frac{m_1 - m_2}{21A} \tag{2.4}$$

式中，C 为腐蚀率，mg/(d·dm^2)；m_1 为每个试片浸泡前的质量，g；m_2 为每个试片浸泡后的质量，g；A 为每个试片的表面积，dm^2。

8) 发泡倍数

发泡倍数是衡量泡沫液发泡能力的指标，它是由一定量的泡沫混合液所产生的泡沫体积与混合液体积的比值。

发泡倍数的高低对泡沫的稳定性和灭火性能有一定影响。对于低倍数泡沫，发泡倍数通常控制在 6~8，当发泡倍数低于 6 时，泡沫稳定性差，且发射时冲击力较大，易于冲击燃烧的液面，使泡沫潜入可燃液体中，夹带较多的可燃液体浮出液面，因而不利于灭火。发泡倍数高于 8 时，虽然泡沫的密度减小，对燃烧液面的冲击力也相应减小，但泡沫的含水量较小，流动性差，灭火效果不佳。用于液下喷射灭火时，则采用发泡倍数为 3~4 的泡沫液，这是由于发泡倍数太大时，泡沫在从油罐底部上升到油面的过程中，易于夹带较多的油品，不利于灭火。

对于中高倍数泡沫，发泡倍数通常大于 20。采用较低的发泡倍数时，泡沫的含水量大，流动性好，适于扑救露天的大面积油类火灾；采用较高的发泡倍数时，单位时间的发泡量大，适于迅速扑救有限空间的火灾。

依据我国相关标准，各类泡沫灭火剂的发泡倍数应符合表 2.12 要求。

表 2.12　各类型泡沫灭火剂发泡倍数要求

类别	样品状态	要求	不合格类型
低倍数泡沫液	温度处理前、后	与特征值的偏差不大于 1.0 或不大于特征值的 20%，按上述两个差值中较大者判定	B
中倍数泡沫液	温度处理前、后适用淡水	≥50	B
	温度处理前、后适用海水	特征值小于 100 时与淡水测试值的偏差不大于 10%；特征值大于等于 100 时，不小于淡水测试值的 0.9 倍且不大于淡水测试值的 1.1 倍	
高倍数泡沫液	温度处理前、后适用淡水	≥201	B
	温度处理前、后适用海水	不小于淡水测试值的 0.9 倍且不大于淡水测试值的 1.1 倍	
抗溶泡沫液	温度处理前、后	与特征值的偏差不大于 1.0 或不大于特征值的 20%，按上述两个差值中较大者判定	B
浓缩型灭火器用泡沫灭火剂	温度处理和储存试验后	蛋白类≥6.0　合成类≥5.0	B
预混型灭火器用泡沫灭火剂	温度处理和储存试验后	蛋白类≥6.0　合成类≥5.0	B
A 类泡沫灭火剂	温度处理前、后	与特征值偏差不大于 20%	B

根据我国相关标准，各类泡沫灭火剂的发泡倍数测定设备及方法并不相同。

(1)低倍数泡沫。低倍数泡沫发泡倍数测定设备包括泡沫产生系统(图2.3)、泡沫枪[如图2.4所示，当用水标定时，在(0.63±0.03)MPa压力下水流量为(11.4±0.4)L/min]、泡沫收集器(如图2.5所示，表面可采用不锈钢、铝、黄铜及塑料材料制作)、析液测定器(如图2.6所示，采用塑料或黄铜制作，用水标定泡沫接收罐的容积，精确至1mL)、分度值为1℃的温度计、分度值为10mL的量筒、精度为±0.5g的天平、分度值为0.1s的秒表。

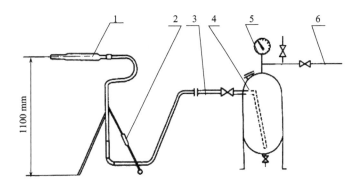

图2.3　泡沫产生系统安装示意图

1-标准泡沫枪；2-可调支架；3-泡沫液输送管；4-耐压储罐；5-压力表；6-进气管

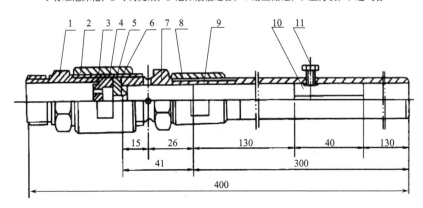

图2.4　标准泡沫枪示意图(图中数据单位为mm)

1-外丝接头；2-内丝接头；3-聚四氟乙烯垫圈；4-三孔孔板；5-单孔孔板；6-聚四氟乙烯垫圈；7-外丝接头；8-内丝接头；9-接管；10-十字头；11-螺栓

发泡倍数测定试验前，调整环境温度为15～25℃，泡沫温度为15～20℃。具体试验步骤为：将温度处理前、后的样品分别按使用浓度用淡水配制泡沫溶液(若泡沫液适用于海水，则应按照1L淡水中加入25.0g氯化钠、11.0g氯化镁、1.6g氯化钙、4.0g硫酸钠配制)，使产生的泡沫温度在15～20℃范围内；启动空气压

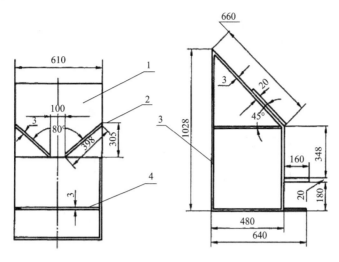

图 2.5　低倍数泡沫收集器示意图(图中数据单位为 mm)

1-泡沫接收器；2-泡沫挡板；3-支架；4-析液测定器支架

缩机，调节泡沫枪入口压力为(0.63±0.03)MPa，确保泡沫枪的流量为(11.4±0.4)L/min；用水润湿泡沫接收罐的内壁，并擦净、称重，记为 m_3；将泡沫枪水平放置在泡沫收集器前，使泡沫枪前端至泡沫收集器顶沿距离为(2.5±0.3)m，喷射泡沫并调节泡沫枪的高度使泡沫打在泡沫收集器中，经过(30±5)s 的喷射达到稳定后，用泡沫接收罐接收泡沫，同时启动秒表，刮平并擦去析液测定器外溢泡沫，称重，记为 m_4。最后，按照式(2.5)计算发泡倍数。

$$E = \frac{\rho V}{m_4 - m_3} \tag{2.5}$$

式中，E 为发泡倍数；ρ 为泡沫溶液的密度，g/mL，取 $\rho=1.0$g/mL；V 为泡沫接收罐的容积，mL；m_4 为析液测定器充满泡沫时的质量，g；m_3 为析液测定器的质量，g。

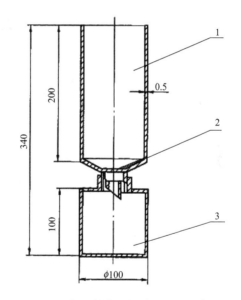

图 2.6　低倍数泡沫析液测定器示意图
(图中数据单位为 mm)

1-泡沫接收罐；2-滤网(孔径 0.125mm)；3-析液接收罐

　　(2)中倍数泡沫。中倍数泡沫发泡倍数测定设备包括泡沫收集器[如图 2.7(a)所示，容积为 200L，容积精度为±2L，底部有 9 个排液孔，可采用不锈钢、塑料等材料制作]、泡沫产生系统(图 2.3)、标准中倍数泡沫产生器[如图 2.8 所示,当泡沫产生器用水标定时,在(0.5±0.01)MPa 压力下,水流量为(3.25±0.15)L/min]、分度值为 1℃的温度计、分度值为 10mL 的量筒、分度值为 0.1s 的秒表及精度为 0.01kg 的台秤。

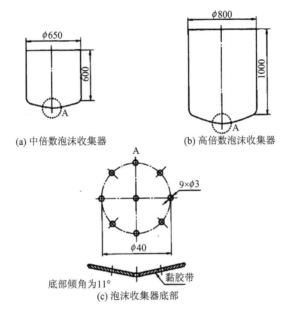

(a) 中倍数泡沫收集器 　　　　　(b) 高倍数泡沫收集器

(c) 泡沫收集器底部

图 2.7　泡沫收集器(图中数据单位为 mm)

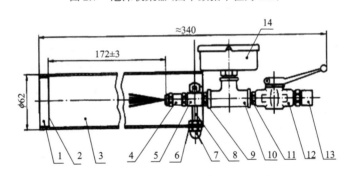

图 2.8　中倍数泡沫产生器(图中数据单位为 mm)

1-压环;2-不锈钢网(丝径 0.4mm,孔径 0.658mm);3-外壳;4-喷嘴;5-套环;6-螺母;7-螺帽;8-螺栓;9-螺纹接头;10-三通接头;11-螺纹接头;12-开关阀;13-连接管;14-压力表

发泡倍数测定试验前,调整环境温度为 15～25℃,泡沫温度为 15～20℃。具体试验步骤为:将温度处理前、后的样品分别按使用浓度用淡水配制泡沫溶液,若泡沫液适用于海水,则应按照 1L 淡水中加入 25.0g 氯化钠、11.0g 氯化镁、1.6g 氯化钙、4.0g 硫酸钠配制标准海水后再制备泡沫溶液;用胶带封堵泡沫收集器底

部的排液孔，润湿泡沫收集器内壁，并擦净、称重，记为 m_1，启动泡沫产生系统，调节泡沫产生器入口压力为 (0.5 ± 0.01) MPa；收集泡沫于收集器中，当泡沫充满收集器一半时启动秒表，当收集器完全充满泡沫时停止收集泡沫，并且沿泡沫收集器上沿刮平泡沫，称量此时收集器质量 m_2。最后，按式(2.6)计算发泡倍数 E。

$$E = \frac{\rho V}{m_2 - m_1} \tag{2.6}$$

式中，E 为发泡倍数；ρ 为泡沫溶液的密度，g/mL，取 $\rho=1.0$g/mL；V 为泡沫收集器的容积，mL；m_2 为析液测定器充满泡沫时的质量，g；m_1 为析液测定器的质量，g。

（3）高倍数泡沫。高倍数泡沫发泡倍数测定设备包括泡沫收集器（容积为 500L，容积精度为 ±5L，底部有 9 个排液孔，可采用不锈钢、塑料等材料制作）、泡沫产生系统、标准高倍数泡沫产生器[如图 2.9 所示，当泡沫产生器用水标定时，在 (0.5 ± 0.01) MPa 压力下，水流量为 (6.1 ± 0.1) L/min]、分度值为 1℃的温度计、分度值为 10mL 的量筒、分度值为 0.1s 的秒表及精度为 0.01kg 的台秤。

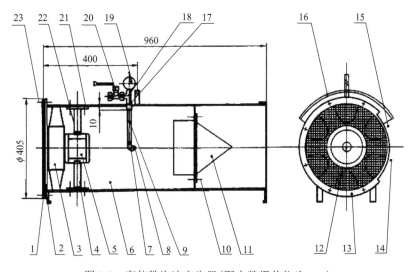

图 2.9　高倍数泡沫产生器(图中数据单位为 mm)

1-压环；2-金属孔板；3-风扇；4-支架；5-电机；6-外壳；7-弯头；8-喷嘴；9-导管；10-螺栓；11-筛网；12-螺母；13-检查盖；14、15-螺栓；16-手柄；17-螺纹接头；18-三通接头；19-压力表；20-开关阀；21、22、23-螺栓

发泡倍数测定试验前，调整环境温度为 15~25℃，泡沫温度为 15~20℃。具体试验步骤为：将温度处理前、后的样品分别按使用浓度用淡水配制泡沫溶液，若泡沫液适用于海水，则应按照 1L 淡水中加入 25.0g 氯化钠、11.0g 氯化镁、1.6g 氯化钙、4.0g 硫酸钠配制标准海水后再制备泡沫溶液；用胶带封堵泡沫收集器底部的排液孔，润湿泡沫收集器内壁，并擦净、称重，记为 m_1，启动泡沫产生系统，

调节泡沫产生器入口压力为(0.5±0.01)MPa；收集泡沫于收集器中，当泡沫充满收集器一半时启动秒表，当收集器完全充满泡沫时停止收集泡沫，并且沿泡沫收集器上沿刮平泡沫，称量此时收集器质量 m_2。最后，按式(2.7)计算发泡倍数 E。

$$E = \frac{\rho V}{m_2 - m_1} \qquad (2.7)$$

式中，E 为发泡倍数；ρ 为泡沫溶液的密度，g/mL，取 $\rho=1.0$g/mL；V 为泡沫收集器的容积，mL；m_2 为析液测定器充满泡沫时的质量，g；m_1 为析液测定器的质量，g。

(4)A 类泡沫。A 类泡沫灭火剂发泡倍数测定设备包括标准压缩空气泡沫系统(如图 2.10 所示，其中气液混合室的构造如图 2.11 所示)、泡沫收集器(如图 2.12 所示，表面可采用不锈钢、铝、黄铜或塑料材料制作)、析液测定器 1(如图 2.13 所示，采用不锈钢、铝或镀锌铁板制作，用水标定泡沫接收罐的容积，精确至 50mL，用于测定发泡倍数特征值大于 20 泡沫溶液的发泡倍数)、析液测定器 2(如图 2.14 所示，采用塑料或黄铜制作，用水标定泡沫接收罐的容积，精确至 1mL，用于测定发泡倍数特征值不大于 20 泡沫溶液的发泡倍数)、分度值为 1℃ 的温度计、分度值为 10mL 的量筒、天平 1(精度±5g，量程不低于 20kg，用于测定发泡

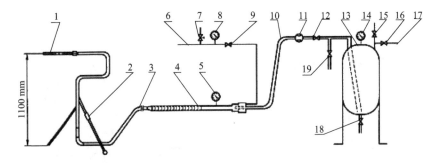

图 2.10　标准压缩空气泡沫系统安装示意图

1-泡沫出口；2-可调支架；3-泡沫输送管；4-气液混合室；5、8、14-压力表；6-进气管；7、15-针型阀；9、12、16、18、19-球形阀；10-泡沫溶液输送管；11-液体流量计；13-耐压储罐；17-进气管

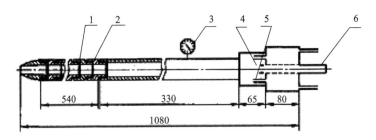

图 2.11　气液混合室安装示意图(图中数据单位为 mm)

1-筛网紧固件(共 16 个)；2-筛网(孔径为 0.425mm)；3-压力表；4-泡沫溶液喷嘴；5-气体喷管(共 6 个)；6-泡沫溶液输送管

倍数特征值大于 20 泡沫溶液的泡沫性能试验)、天平 2(精度±0.5g,量程不低于 2kg,用于测定发泡倍数特征值不大于 20 泡沫溶液的泡沫性能试验)、分度值为 0.1s 的秒表、泡沫出口(长度为 20cm,可采用公称直径为 DN15 和 DN20 的管材制作,根据调整发泡倍数的需要可分别选择 DN15 和 DN20 两种规格的泡沫出口)。

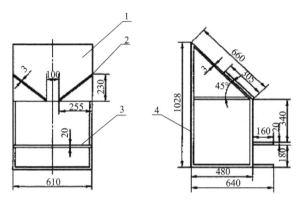

图 2.12　泡沫收集器示意图(图中数据单位为 mm)

1-泡沫收集器;2-泡沫挡板;3-析液测定器支架;4-支架

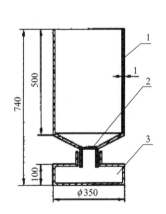
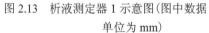

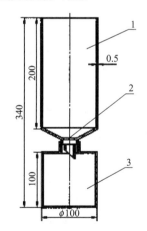

图 2.13　析液测定器 1 示意图(图中数据　　图 2.14　析液测定器 2 示意图(图中数据
单位为 mm)　　　　　　　　　　单位为 mm)

1-泡沫接收罐;2-滤网(孔径为 0.425mm);3-析液接收罐　1-泡沫接收罐;2-滤网(孔径为 0.425mm);3-析液接收罐

　　试验时须控制环境温度为 10~30℃,泡沫温度为 15~20℃,燃料温度为 10~30℃。值得注意的是,灭 A 类火试验应在室内进行,灭非水溶性液体燃料火可在室内或室外(接近油盘处的风速不大于 3m/s)进行。试验具体步骤为:将温度处理前、后的样品分别用淡水(若泡沫液适用于海水,则按照 1L 淡水中加入 25.0g 氯化钠、11.0g 氯化镁、1.6g 氯化钙、4.0g 硫酸钠制备标准海水）按相应混合比特征值配制泡沫溶液，控制泡沫溶液的温度，使产生的泡沫温度在 15～20℃范围内；按照规定启动压缩空气泡沫系统，调节进气管压力和耐压储罐压力，确保泡沫溶液出口流量达到(11.4±0.4) L/min；用水润湿泡沫析液测定器接收罐的内壁、擦净，再对析液测定器称重，记为 m_1，析液测定器 1 使用天平 1 称重，析液测定器 2 使用天平 2 称重；若待测 A 类泡沫灭火剂的泡沫溶液发泡倍数特征值大于 20，则在喷射泡沫并达到稳定后，直接将泡沫出口对准析液测定器 1 的上口接收泡沫；若待测 A 类泡沫灭火剂的泡沫溶液发泡倍数特征值不大于 20，则在喷射泡沫并达到稳定后，将泡沫出口水平放置在泡沫收集器前，使泡沫出口前端至泡沫收集器顶端距离为(2.5±0.3) m，喷射泡沫并调节泡沫出口高度，使泡沫打在泡沫收集器的中心位置，喷射达到稳定后用析液测定器 2 接收泡沫；刮平并擦去析液测定器外溢泡沫并称重，记为 m_2。最后，按式(2.8)计算发泡倍数 E。

$$E = \frac{\rho V}{m_2 - m_1} \tag{2.8}$$

式中，E 为发泡倍数；ρ 为泡沫溶液的密度，g/mL，取 ρ=1.0g/mL；V 为泡沫收集器的容积，mL；m_2 为析液测定器充满泡沫时的质量，g；m_1 为析液测定器的质量，g。

9) 析液时间

泡沫生成后要经历由较小气泡合并成较大气泡的过程，此过程中泡沫逐渐增厚，在重力的作用下，泡沫的部分液体流至气泡下方，逐渐脱离气泡而析出，气泡不断合并过程中液体也不断自泡沫中析出。稳定性好的泡沫，这一过程发展较慢，析液时间长；而稳定性较差的泡沫，这一过程则发展较快，析液时间短。析液时间是衡量泡沫稳定性的重要指标，可分为 25%析液时间和 50%析液时间，前者指从开始生成泡沫到泡沫中析出 1/4 质量液体所需的时间，而后者指的是从开始生成泡沫到泡沫中析出 1/2 质量液体所需的时间。

析液的快慢程度决定了一定时间内燃料表面水分存在的时间长短，也因此决定了泡沫通过其自身对红外波的散射和吸收来阻挡热辐射的长短，以及泡沫自身热扩散的速度和时间，从而对泡沫的保水力和火灾防护能力具有重要意义。

根据我国相关标准，各类泡沫灭火剂的析液时间要求如表 2.13 所示。

表 2.13　各类型泡沫灭火剂析液时间要求

类别	项目	样品状态	要求	不合格类型
低倍数泡沫液	25%析液时间	温度处理前、后	与特征值的偏差不大于 20%	B
中倍数泡沫液	25%析液时间	温度处理前、后	与特征值的偏差不大于 20%	B
	50%析液时间	温度处理前、后	与特征值的偏差不大于 20%	

续表

类别	项目	样品状态	要求	不合格类型
高倍数泡沫液	50%析液时间	温度处理前、后	≥10min，与特征值的偏差不大于 20%	B
抗溶泡沫液	25%析液时间	温度处理前、后	与特征值的偏差不大于 20%	B
浓缩型灭火器用泡沫灭火剂	25%析液时间	温度处理和储存试验后	蛋白类≥90.0s 合成类≥60.0s	B
预混型灭火器用泡沫灭火剂	25%析液时间	温度处理和储存试验后	蛋白类≥90.0s 合成类≥60.0s	B
A 类泡沫灭火剂	25%析液时间	温度处理前、后	与特征值偏差不大于 30%	B

各类泡沫灭火剂析液时间测试试验可与发泡倍数测定试验同时进行。

(1)低倍数泡沫。完成发泡倍数测试试验后，按照式(2.9)计算25%析液质量 m_5。

$$m_5 = \frac{m_4 - m_3}{4} \tag{2.9}$$

式中，m_3 为析液测定器的质量，g；m_4 为析液测定器充满泡沫时的质量，g；m_5 为 25%析液质量，g。

随后，取下析液测定器的析液接收罐并置于天平上，同时将泡沫接收罐放在支架上，注意保持析液中不含泡沫，当析出液体的质量为 m_5 时卡停秒表，记录 25%析液时间。

(2)中、高倍数泡沫。完成发泡倍数测试试验后，按式(2.10)计算 25%析液体积，按式(2.11)计算 50%析液体积(析出泡沫溶液的密度按 1.0kg/L 计)。

$$V_1 = \frac{m_2 - m_1}{4\rho} \tag{2.10}$$

$$V_2 = \frac{m_2 - m_1}{2\rho} \tag{2.11}$$

式中，m_1 为泡沫收集器质量，kg；m_2 为泡沫收集器充满泡沫时质量，kg；V_1 为 25%析液体积，L；V_2 为 50%析液体积，L；ρ 为泡沫溶液的密度，取 $\rho=1.0$kg/L。

随后，将泡沫收集器放在支架上，除去封堵在排液孔上的胶带，将析出的泡沫溶液收集到量筒中，注意保持析液中不含泡沫。当析出的泡沫溶液体积为 V_1 时，秒表所示时间即为 25%析液时间；当析出的泡沫溶液体积为 V_2 时，卡停秒表，记录 50%析液时间。

(3)A 类泡沫。进行发泡倍数测试试验时，在收集泡沫的同时启动用于记录 25%析液时间的秒表，刮平并擦去析液测定器外溢泡沫，称重，记为 m_2，按式(2.12) 计算：

$$m_3 = \frac{m_2 - m_1}{4} \tag{2.12}$$

式中，m_3 为 25%析液质量，g；m_2 为析液测定器充满泡沫时的质量，g；m_1 为析液测定器的质量，g。

随后，取下析液测定器的析液接收罐，放在天平上，同时将泡沫接收罐放在支架上，注意保持析液中不含泡沫，当析出液体的质量为 m_3 时卡停秒表，记录 25%析液时间。

10) 润湿性

A 类泡沫灭火剂的灭火有效组分为水，而其中泡沫对水的灭火能力有"增效"作用，主要原因为在添加剂的作用下水的润湿性增强，更容易渗透至可燃物深层扑灭深位火，同时有效防止复燃。由此可知，A 类泡沫的润湿性能是影响其灭火防护效能的一个关键因素，测试润湿性对灭火效能的影响十分重要。《A 类泡沫灭火剂》(GB 27897—2011)中规定，温度处理前 A 类泡沫在混合比为 1.0%的条件下，润湿时间不大于 20.0s。

润湿性测定试验设备包括容量 1000mL 的烧杯、分度值 1℃的温度计、分度值 0.1s 的秒表、分度值 10mL 的量筒、浸没夹(由直径约 2mm 的不锈钢丝制成，尺寸见图 2.15)、棉布圆片(直径 30mm 的 202 号帆布，且应为未经退浆、煮练和漂白处理的原胚布，为了不使棉布表面沾污脂肪和汗渍而影响测量，应避免用手指触摸棉布)。

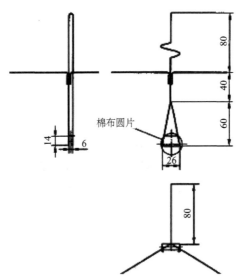

图 2.15　浸没夹(图中数据单位为 mm)

润湿性测试时须保持环境温度为 15～25℃，泡沫溶液温度为 18～22℃。试验具体步骤为：在温度 15~25℃、相对湿度 65% 的条件下调理棉布圆片不小于24h(可在玻璃干燥器隔板下盛放亚硝酸钠饱和溶液作为恒湿器，制备好的棉布圆片置于恒湿器中，于室温下平衡 24h 后使用)；试验前将烧杯用铬酸洗液浸泡过夜，再用三级水冲洗至中性；将温度处理前、后的样品按混合比分别为 0.3%、0.6% 和1.0% 的要求，用三级水配制泡沫溶液 1000mL，控制泡沫溶液的温度在 18~22℃范围内；用量筒取 800mL 待测泡沫溶液转移至 1000mL 烧杯中，并用滤纸除去烧杯内液面的泡沫，在试验过程中应保持溶液温度在 18~22℃ 范围内，试验应在泡沫溶液配制 15min 后至 2h 内进行；试验前用无水乙醇清洗浸没夹，使其保持干净，随后用少量待测泡沫溶液冲洗浸没夹，调节浸没夹柄上平面三叉臂滑动支架的位置，使夹持的棉布圆片中心距液面约 40mm，浸没夹应仅张开约 6mm，以使棉布圆片保持近于垂直；用浸没夹夹住棉布圆片，浸入待测泡沫溶液，当布片下端一接触溶液，立即启动秒表，将同平面三叉臂放在烧杯口上并使浸没夹张开；当布片开始自动下沉时，停止秒表，操作图解如图 2.16 所示；使用同一泡沫溶液连续重复测量，共 10 次，每次测量后弃去用过的棉布圆片，取 10 次测量值的算术平均值作为所测泡沫溶液的润湿时间测量结果。

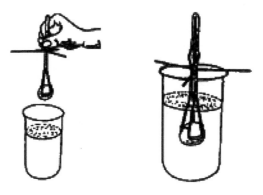

图 2.16　操作图解

11) 灭火性能

灭火性能是对泡沫灭火功效的综合评价，以上提及参数均可影响灭火性能，此外，控火时间、灭火时间及抗烧时间是衡量泡沫灭火剂灭火性能的主要指标。控火时间是指从喷射泡沫开始到指定燃烧面积的火焰被扑灭的时间；灭火时间是指从喷射泡沫开始到火焰全部熄灭的时间；抗烧时间是衡量低倍数泡沫的热稳定性和抵抗火焰辐射能力的一个指标，它是指覆盖于油盘油面上的一定厚度的泡沫层，在规定的火焰辐射作用下，泡沫被全部破坏并且整个油盘内布满火焰，达到自由燃烧所需的时间。值得注意的是，鉴于灭火性能试验颇费财力和时间，通常安排在泡沫灭火剂性能测试最后进行，如前文所检项目已判定样品不合格，灭火性能测定试验可不进行。

根据相关标准，低倍数泡沫液对非水溶性液体燃料的灭火性能应符合表 2.14 和表 2.15 的要求。

表 2.14　低倍数泡沫液应达到的最低灭火性能级别

泡沫液类型	灭火性能级别	抗烧水平	不合格类型	成膜性
AFFF	I	D	A	成膜型
AFFF/AR	I	A	A	成膜型
FFFP	I	B	A	成膜型
FFFP/AR	I	A	A	成膜型
FP	II	B	A	非成膜型
FP/AR	II	A	A	非成膜型
P	III	B	A	非成膜型
P/AR	III	B	A	非成膜型
S	III	D	A	非成膜型
S/AR	III	C	A	非成膜型

表 2.15　各灭火性能级别对应的灭火时间和抗烧时间

灭火性能级别	抗烧水平	缓释放		强释放	
		灭火时间/min	抗烧时间/min	灭火时间/min	抗烧时间/min
I	A	不要求		≤3	≥10
	B	≤5	≥15	≤3	
	C	≤5	≥10	≤3	不要求
	D	≤5	≥5	≤3	
II	A	不要求		≤4	≥10
	B	≤5	≥15	≤4	
	C	≤5	≥10	≤4	不要求
	D	≤5	≥5	≤4	
III	B	≤5	≥15		
	C	≤5	≥10	不要求	
	D	≤5	≥5		

中、高倍数泡沫液的灭火性能应符合表 2.16 的要求。

抗醇泡沫液对非水溶性液体燃料的灭火性能应符合表 2.14 和表 2.15 的要求，对水溶性液体燃料的灭火性能应符合表 2.17 和表 2.18 的要求。

表 2.16　中、高倍数泡沫液的性能要求

类别	项目	样品状态	要求	不合格类型
中倍数泡沫灭火剂	灭火时间/s	温度处理前、后	≤120	A
	1%抗烧时间/s	温度处理前、后	≥30	A
高倍数泡沫灭火剂	灭火时间/s	温度处理前、后	≤150	A

表 2.17　抗醇泡沫液应达到的最低灭火性能级别

泡沫液类型	灭火性能级别	抗烧水平	不合格类型	成膜性
AFFF/AR	AR I	B	A	成膜型
FFFP/AR	AR I	B	A	成膜型
FP/AR	AR II	B	A	非成膜型
P/AR	AR II	B	A	非成膜型
S/AR	AR I	B	A	非成膜型

表 2.18　各灭火性能级别对应的灭火时间和抗烧时间

灭火性能级别	抗烧水平	灭火时间/min	抗烧时间/min
AR I	A	≤3	≥15
	B	≤3	≥10
AR II	A	≤5	≥15
	B	≤5	≥10

灭火器用泡沫灭火剂的灭火性能应符合表 2.19 的要求。

表 2.19　灭火器用泡沫灭火剂的灭火性能

灭火器规格	灭火剂类别	样品状态	燃料类别	灭火级别	不合格类型
6L	AFFF、AFFF/AR、FFFP、FFFP/AR	温度处理和储存试验后	橡胶工业用溶剂油	≥12B	A
	AFFF/AR、FFFP/AR	温度处理和储存试验后	99%丙酮	≥4B	A
	P、P/AR、FP、FP/AR	温度处理和储存试验后	橡胶工业用溶剂油	≥4B	A
	FP/AR、S/AR、P/AR	温度处理和储存试验后	99%丙酮	≥5B	A
	S、S/AR	温度处理和储存试验后	橡胶工业用溶剂油	≥8B	A
	AFFF、AFFF/AR、FFFP、FFFP/AR、P、P/AR、FP、FP/AR、S、S/AR	温度处理和储存试验后	木垛	≥1B	A

A 类泡沫灭火剂泡沫液的灭火性能应符合表 2.20 及表 2.21 的要求。

表 2.20 A 类泡沫灭火剂泡沫液的性能要求

类别	项目	样品状态	要求	不合格类型
A 类泡沫灭火剂	灭 A 类火性能	温度处理前或后	在混合比为 H_A、发泡倍数与特征值 F_A 偏差不大于 20% 的条件下，灭火时间 $\leqslant$90.0s，且抗复燃时间 $\geqslant$10.0min	A
MJABP 型 A 类泡沫灭火剂	灭非水溶性液体火性能	温度处理前或后	在混合比为 H_B、发泡倍数与特征值 F_B 偏差不大于 20% 的条件下，灭火性能级别 $\geqslant$ⅢD	A

表 2.21 MJABP 型 A 类泡沫灭火剂灭非水溶性液体火的灭火性能级别划分

灭火性能级别	抗烧水平	缓释放		强释放	
		灭火时间/min	25%抗烧时间/min	灭火时间/min	25%抗烧时间/min
Ⅰ	A	不要求		$\leqslant$3	$\geqslant$10
	B	$\leqslant$5	$\geqslant$15	$\leqslant$3	
	C	$\leqslant$5	$\geqslant$10	$\leqslant$3	不要求
	D	$\leqslant$5	$\geqslant$5	$\leqslant$3	
Ⅱ	A	不要求		$\leqslant$4	$\geqslant$10
	B	$\leqslant$5	B	$\leqslant$4	
	C	$\leqslant$5	C	$\leqslant$4	不要求
	D	$\leqslant$5	D	$\leqslant$4	
Ⅲ	B	$\leqslant$5	$\geqslant$15		
	C	$\leqslant$5	$\geqslant$10	不要求	
	D	$\leqslant$5	$\geqslant$5		

测试试验须保持环境温度为 10~30℃，泡沫温度为 15~20℃，燃料温度为 10~30℃，接近油盘处风速不大于 3m/s。试验过程中应记录试验位置、环境温度、泡沫温度、风速、90%控火时间、99%控火时间、灭火时间、25%抗烧时间、1%抗烧时间(仅适用于中倍数泡沫液)。

对于温度敏感性泡沫液，应使用温度处理后的样品进行灭火性能试验；对非温度敏感性泡沫液，可使用温度处理前样品进行灭火性能试验。对不适于海水的泡沫液，使用淡水配制泡沫溶液并按供应商声明的灭火等级进行三次试验，两次成功即为合格，如果前两次试验全部成功或失败，可免做第三次试验。对适于海水的泡沫液，前两次试验中第一次试验用淡水配制泡沫溶液，第二次试验用符合标准的海水(在 1L 淡水中加入 25.0g 氯化钠、11.0g 氯化镁、1.6g 氯化钙、4.0g 硫酸钠)配制泡沫溶液，如果两次试验全部成功或失败则终止试验，如果一次失败则重复该试验，如果第一次重复试验成功则进行第二次重复试验，否则终止试验。此外，前两次试验都成功或前两次试验只有一次成功且两次重复试验都成功均可判断为泡沫液灭火性能成功。

（1）低倍数泡沫液灭非水溶性液体燃料火试验。进行缓释放灭火试验所需设备、材料包括钢质油盘（面积约为 4.52m²，内径 2400mm，深度 200mm，壁厚 2.5mm）、钢质挡板（长 1000mm，宽 1000mm）、低倍数泡沫枪和泡沫产生系统、钢质抗烧罐（内径 300mm，深度 250mm，壁厚 2.5mm）、精度为 0.1m/s 的风速仪、分度值为 0.1s 的秒表、燃料（橡胶工业用溶剂油，符合 SH 0004—1990 的要求）。

具体试验步骤为：将油盘放在地面上并保持水平，使油盘在泡沫枪的下风向，加入 90L 淡水将盘底全部覆盖，泡沫枪水平放置并高出燃料面(1±0.05)m，使泡沫射流的中心打到挡板中心轴线上并高出燃料面(0.5±0.1)m；加入(144±5)L 燃料使自由盘壁高度为 150mm，加入燃料在 5min 内点燃油盘，预燃(60±5)s 后开始供泡并记录灭火时间（对Ⅲ级泡沫液，所有火焰全部熄灭可认为灭火成功；对Ⅰ级和Ⅱ级泡沫液，残焰减少到只有一个或在盘边 0.1m 范围内有几个闪焰，其高度不超过油盘上沿 0.15m，而且在抗烧试验前的等待时段内火焰强度不再增加可认为灭火成功）；供泡(300±2)s 后停止供泡，等待(300±10)s，将装有(2±0.1)L 燃料的抗烧罐放在油盘中央并点燃，当油盘 25% 的燃料面积被引燃时，记录 25% 抗烧时间。

进行强施放灭火试验时所需设备、材料，除油盘不带钢质挡板外，与缓施放灭火试验相同。试验时，同样将油盘放在泡沫枪的下风向，泡沫枪的位置应使泡沫的中心射流落在距远端盘壁(1±0.1)m 处的燃料表面上；加入燃料在 5min 之内点燃，预燃(60±5)s 后开始供泡，供泡(180±2)s 后停止供泡，如果火被完全扑灭则记录灭火时间，如果火焰仍未被扑灭则等待观察残焰是否全部熄灭并记录灭火时间；停止供泡后，等待(300±10)s，将装有(2±0.1)L 燃料的抗烧罐置于油盘中心并点燃，记录自点燃抗烧罐至油盘 25% 的燃料面积被引燃的时间，即 25% 抗烧时间。

（2）中倍数泡沫液。进行试验所需设备、材料包括钢质油盘（面积约为 1.73m²，直径 1480mm，深度 150mm，壁厚 2.5mm）、中倍数泡沫枪和泡沫产生系统、钢质抗烧罐（内径 150mm，深度 150mm，壁厚 2.5mm，带一个支架能使其直接挂在油盘的边缘的外侧）、精度为 0.1m/s 的风速仪、分度值 1℃的温度计、分度值为 0.1s 的秒表、燃料（120#橡胶工业用溶剂油）。

具体试验步骤为：将油盘放置在地面上并保持水平，加入 30L 水及(55±2)L 燃料，使自由盘壁的高度为 100mm，将装有(0.9±0.1)L 燃料的抗烧罐挂在油盘的下风侧，如图 2.17 所示，安装中倍数泡沫产生器并水平放置在油盘上风侧，在施加燃料的 5min 内点燃油盘，当整个燃料表面布满火焰不少于 45s 后，安装好泡沫产生器；当预燃时间达到(60±5)s 开始供泡，供泡时间为(120±2)s；记录从开始

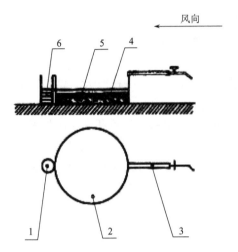

图 2.17 中倍数泡沫灭火试验示意图

1-抗烧罐；2-油盘；3-中倍数泡沫产生器；4,6-燃料；5-水

供泡至火焰熄灭的时间间隔即为灭火时间；供泡结束后，抗烧罐内火焰应继续燃烧，直到油盘内泡沫层上出现悬浮火焰，记录该时间间隔为1%抗烧时间；如果在供泡过程中由于泡沫外溢而使抗烧罐内火焰熄灭，应立即重新点燃。

(3)高倍数泡沫液。进行试验所需设备包括高倍数泡沫枪和泡沫产生系统及泡沫拦网(由 5 目不锈钢网构成)，此外，油盘、风速计、温度计、秒表及燃料均与中倍数泡沫液试验相同。

具体试验步骤为：将油盘放置在地面上并保持水平，加入 30L 水及(55±2)L 燃料使自由盘壁的高度为 100mm，按图 2.18 在油盘周围布置泡沫拦网和高倍数泡沫产生器，高倍数泡沫产生器水平放置在油盘上风侧并在施加燃料的 5min 内点燃油盘，当预燃时间(从整个燃料表面布满火焰开始计时)达到 45s 时，在距油盘一定距离处打开泡沫产生器产生泡

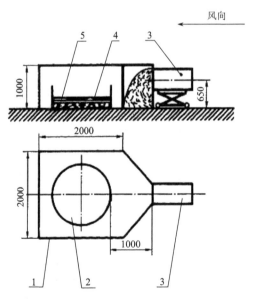

图 2.18 高倍数泡沫灭火试验示意图(图中数据单位为 mm)

1-泡沫拦网；2-油盘；3-高倍数泡沫产生器；4-燃料；5-水

沫；当预燃时间达到(60±5)s 时将泡沫产生器对准拦网开口开始供泡，供泡时间为(120±2)s；记录从开始供泡至火焰熄灭的时间间隔即为灭火时间。

(4)抗溶型泡沫液。灭水溶性液体燃料火试验所需设备、材料及步骤与低倍数泡沫液灭非水溶性液体燃料火试验相同。

灭水溶性液体燃料火试验所需设备、材料包括钢质油盘(面积 1.73m²，内径 1480mm，深度 150mm，壁厚 2.5mm)、钢质挡板(长 1000mm，宽 1000mm，壁厚 2.5mm)、抗烧罐(内径 300mm，深度 250mm，壁厚 2.5mm)、燃料(符合 GB/T 6026—2013[24]标准且纯度不小于 99%的工业丙酮)，其他设备与低倍数泡沫液灭非水溶性液体燃料火的缓释放试验相同。具体试验步骤为：将油盘放在地面上并保持水平，使油盘在泡沫枪的下风向，将泡沫枪水平放置并高出燃料面(1±0.05)m，使泡沫射流的中心打到挡板中心轴并高出燃料面(0.5±0.1)m；加入(125±5)L 燃料，使自由盘壁高度约为 78mm，加入燃料在 5min 内点燃油盘，预燃(120±5)s 后开始供泡并记录灭火时间；供泡(180±2)s(灭火性能级别为 I 级的泡沫液)或(300±2)s(灭火性能级别为 II 级的泡沫液)，停止供泡等待(300±10)s 后将装有(2±0.1)L 燃料的抗烧罐放在油盘中央并点燃，记录 25%抗烧时间。

(5)灭火器用泡沫液。本试验所需设备包括分度值为 0.1s 的秒表、精度为 1g 的天平、分度值为 10mL 的量筒、MJPZ6 型标准手提式机械泡沫灭火器(容积 8L，桶体高度 510mm，桶体外径 150mm，喷射管内径 12mm，喷射管长度 420mm，喷嘴见图 2.19，灭火剂充装量 6L，充入氮气压力 1.2MPa)，值得注意的是，试验前须将经温度处理后的预混液充装灭火器内，充压后在 15～35℃环境条件存放 90 d。

A 类火试验模型由整齐堆放在金属支架上[支架高为(400±10)mm]的木条(横截面为正方形，边长(39±1)mm，木材长度的尺寸偏差为±10mm)和正方形金属制的引燃盘构成。木条应经过干燥处理(干燥时温度不应高于 105℃)以保证其含水率为 10%～14%，木材的密度在含水率 12%时应为 0.45～0.55g/cm³，木条应分层均匀堆放且上下层木条成直角排列，边缘木条应固定在一起，以防止试验时被灭火剂冲散。试验模型的木条长度、根数、层数、引燃盘的相应尺寸和燃油量应符合表 2.22 的规定。

A 类火灭火试验应在室内进行，试验室应具有足够的空间，通风条件应满足木垛自由燃烧的要求。具体步骤为：在引燃盘内先倒入深度为 30mm 清水，再加入规定量的车用汽油。将引燃盘放入木垛的正下方；点燃汽油，当汽油烧尽可将引燃盘从木垛下抽出使木垛自由燃烧，当木垛燃烧至其质量减少到原来量的 53%～57%时则预燃结束；预燃结束后使用灭火器从木垛正面(距木垛不小于 1.8m)开始喷射，随后逐渐接近木垛并向顶部、底部、侧面等喷射，但不能在木垛的背面喷射，灭火时应使灭火器保持最大开启状态并连续喷射；火焰熄灭后

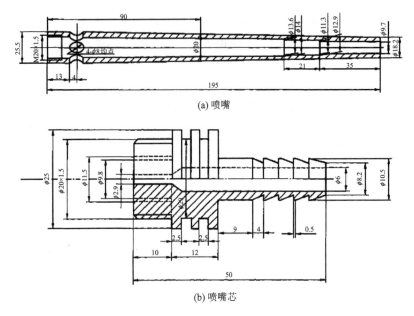

图 2.19 喷嘴(图中数据单位为 mm)

表 2.22 A 类火试验模型规定

级别代号	木条数量/根	木条长度/mm	木条排列	引燃盘尺寸/(mm×mm×mm)	燃油量/L
1A	72	500	12 层每层 6 根	400×400×100	1.1
2A	112	635	16 层每层 7 根	535×535×100	2.0
3A	144	735	18 层每层 8 根	635×635×100	2.8
4A	180	800	20 层每层 9 根	700×700×100	3.4
6A	230	925	23 层每层 10 根	825×825×100	4.8
10A	324	1100	27 层每层 12 根	1000×1000×1000	7.0

10min 内没有可见的火焰(10min 内出现不持续的火焰可不计)即为灭火成功,灭火试验应进行 3 次,其中有 2 次灭火成功,则该灭火器达到此灭火级别,若连续 2 次灭火成功,第 3 次可以免做。

　　B 类灭火试验中橡胶工业用溶剂油灭火试验模型由圆形盘内放入橡胶工业用溶剂构成,模型尺寸见表 2.23 的规定。

　　B 类火灭火试验可在室外进行,但风速不应大于 3.0m/s,当下雨、下雪或下冰雹时不可进行试验,当油盘底部有加强筋时,须使油盘底部不暴露于大气中。试验具体步骤为:按表 2.23 中规定加入适量的水以便底部全部被水覆盖,但盘内水深不应大于 50mm,不应小于 15mm;点燃汽油预燃 60s;预燃结束后即开始灭

表 2.23　B 类火试验模型规定

灭火级别	灭火器的最小喷射时间/s	燃油体积/L	试验油盘尺寸			
			直径/mm	内部深度/mm	最小壁厚/mm	近似面积/m²
8B	—	8	570±10	150±5	2.0	0.25
13B	—	13	720±10	150±5	2.0	0.41
21B	8	21	920±10	150±5	2.0	0.66
34B	8	34	1170±10	150±5	2.5	1.07
55B	9	55	1480±15	150±5	2.5	1.73
(70B)	9	70	1670±15	(150)±5	(2.5)	(2.20)
89B	9	89	1890±20	200±5	2.5	2.80
(113B)	12	113	2130±20	(200)±5	(2.5)	(3.55)
144B	15	144	2400±25	200±5	2.5	4.52
(183B)	15	183	2710±25	(200)±5	(2.5)	(5.75)
233B	15	233	3000±30	200±5	2.5	7.32

注：表中不带括号的每一项等于前两项的和，带括号的级别与前一项的比值约为 $\sqrt{1.62}$，对更大的试验油盘，可以按这个几何级数规则生成。

火，灭火器可以连续喷射或间歇喷射，但操作者不得踏上或踏入油盘进行灭火；火焰熄灭后 1min 内不出现复燃，且盘内还有剩余汽油则灭火成功，灭火试验应进行 3 次，其中 2 次灭火成功，则该灭火器达到此灭火级别，若连续 2 次灭火成功，第 3 次可以免试。

B 类灭火试验中丙酮灭火试验模型的圆形油盘用钢板制造(钢板厚度 2～3mm，油盘深度不大于 200mm，盘沿口加强边宽度不大于 50mm)，燃料为 99%丙酮，燃料层厚度不小于 50mm，不得加入清水，灭火试验的预燃时间为(120±5)s。具体操作方法与橡胶工业用溶剂油灭火试验相同。

(6)A 类泡沫液。A 类泡沫灭火剂灭火性能试验条件、序列与低倍数泡沫液灭火性能试验相同，试验过程中需记录试验环境(室内或室外)、试验环境温度、泡沫温度、试验环境风速、灭火时间、灭 A 类火时的抗复燃时间、灭非水溶性液体燃料火时的 25%抗烧时间、试验压力参数。

对于 A 类火灭火性能试验，所需主要设备、材料包括泡沫产生系统(标准压缩空气泡沫系统)、木垛(规格为 2A，符合表 2.22 中规定)及引燃盘(规格为535mm×535mm×100mm)。具体试验步骤为：首先将标准空气泡沫系统中的泡沫出口和可调支架卸下，启动压缩空气泡沫系统并调节进气管压力和耐压储罐压力，确保泡沫溶液出口流量达到确定的试验条件，调整相应发泡倍数，使其与特征值的偏差不大于 20%，同时应视泡沫喷射距离而相应调整泡沫出口管径，确保泡沫喷射距离不小于 3m；在引燃盘内先倒入深度为 30mm 的清水，再加入 2L 符合要求的橡胶工业用溶剂油,将引燃盘放入木垛的正下方;点燃橡胶工业用溶剂油,引燃 2min 后将油盘从木垛下抽出,调节进气管压力和耐压储罐压力,并确保泡沫溶液出口流量达到(11.4±0.4)L/min,当木垛自由燃烧至其质量减少到原来量的53%~57%时结束预燃;预燃结束后即开始灭火,从木垛正面(距木垛不小于1.8m处)开始喷射,然后接近木垛(操作者和灭火设备的任何部位不应触及木垛),并向木垛正面、顶部、底部和两个侧面等喷射,但不能在木垛的背面喷射,灭火时应保证流量为(11.4±0.4)L/min,可见火焰全部熄灭后停止施加泡沫并记录灭火时间;灭火时间不大于90s,且停止施加泡沫 10min 内没有可见的火焰(但 10min 内出现不持续的火焰可不计)即为灭 A 类火成功,如灭火试验中木垛倒塌,则此次试验为无效,应重新进行。

对于非水溶性液体燃料火的缓释放灭火试验,所需主要设备、材料包括钢质油盘(油盘面积为 4.52m^2,内径 2400mm,深度 200mm,壁厚 2.5mm)、钢质挡板(长 1000mm,高 1000mm)、泡沫产生系统(标准压缩空气泡沫系统)、钢质抗烧罐(内径 300mm,深度 250mm,壁厚 2.5mm)、精度 0.1m/s 的风速仪、分度值 0.1s 的秒表及燃料(橡胶工业用溶剂油)。具体试验步骤为:首先调节进气管压力和耐压储罐压力,确保泡沫溶液出口流量达到(11.4±0.4)L/min,并按确定的试验条件调整相应发泡倍数,使其与特征值偏差不大于 20%;将油盘放在地面上并保持水平,使油盘在泡沫出口的下风向,加入 90L 淡水将盘底全部覆盖,将泡沫出口放置高出燃料面(1±0.05)m,使泡沫射流的中心打到挡板中心轴线上并高出燃料面(0.5±0.1)m;加入(144±5)L 燃料使自由盘壁高度为 150mm 并在 5min 内点燃油盘,同时启动压缩空气泡沫系统;预燃(60±5)s 后开始供泡,供泡(300±2)s 后停止供泡;如果火被完全扑灭,则记录灭火时间,如果火焰仍未被扑灭,等待观察残焰是否全部熄灭并记录灭火时间;停止供泡后等待(300±10)s,将装有(2±0.1)L 燃料的抗烧罐放在油盘中央并点燃,记录 25%抗烧时间。

对于非水溶性液体燃料火的强释放灭火试验,所需主要设备、材料除油盘不带钢质挡板外均与缓释放灭火试验相同。试验步骤为:首先启动压缩空气泡沫系统,调节进气管压力和耐压储罐压力,确保泡沫溶液出口流量达到(11.4±0.4)L/min,并按确定的试验条件调整相应发泡倍数,使其与特征值的偏差不大于 20%;将油盘放在泡沫出口的下风向,泡沫出口的位置应使泡沫的中心射流落在距远端盘壁(1±0.1)m 处的燃料表面上,加入(144±5)L 燃料使自由盘壁高度为 150mm 并在 5min 内点燃油盘,同时启动压缩空气泡沫系统;预燃(60±5)s 后开始供泡,供泡(180±2)s 后停止供泡;如果火被完全扑灭,则记录灭火时间,如果火焰仍未被扑灭,等待观察残焰是否全部熄灭并记录灭火时间,停止供泡后等待(300±10)s,将装有(2±0.1)L 燃料的抗烧罐放在油盘中央并点燃,记录 25%抗烧时间。

2.4　泡沫灭火剂生产及组分

泡沫灭火剂的生产过程主要包括混合、发泡、稳定、包装等步骤。具体工艺流程包括：混合阶段，指将发泡剂、助泡剂、乳化剂等物料按一定比例加入反应釜中进行混合；发泡阶段，指将混合好的物料进行加热，加入一定的液体碳酸后，启动搅拌装置促使反应剂快速反应，产生大量的气泡；稳定阶段，指将发泡后的液体放置一段时间，使泡沫更加稳定地生成；包装阶段，指将稳定好的泡沫液倒入包装容器中，并为其标注相关信息。

泡沫灭火剂的生产工艺大同小异，但是要求生产厂家在生产过程中需要精确控制各种原材料比例，并进行各项操作指标的严格把控。有鉴于此，本节主要阐述各类型泡沫灭火剂原液的组分配制。

2.4.1　蛋白泡沫灭火剂

蛋白泡沫灭火剂是以动植物蛋白的水解产物为发泡剂，加入稳定剂、防冻剂、缓冲剂、防腐剂和黏度控制剂等添加剂而制成的泡沫浓缩液。蛋白泡沫灭火剂与水按一定的比例混合，被加压后通过泡沫产生器并吸入空气而产生泡沫[25]。

水解蛋白是泡沫灭火剂的发泡剂，其主要成分是多肽，多肽是一种高分子型的两性表面活性剂，在同一分子中既有呈阴离子性的羟基，又含呈阳离子性的氨基，因此水解蛋白每个分子所含有的肽键数目不同，所以水解蛋白的各个分子的大小或分子量也不同，分布在一个宽广的范围内。近年的一些研究表明，分子量在 0.5 万～1 万的水解蛋白分子具有最好的发泡性能和泡沫稳定性能。

仅靠水解蛋白的发泡性能，无法达到实际应用中的泡沫稳定性和抗烧、耐热等性能的要求，因此需要添加稳定剂来提高泡沫的常温稳定性和热稳定性。二价铁离子、锌离子、钙离子和镁离子等都具有提高水解蛋白泡沫稳定性的功能，其中二价铁离子、锌离子效果最好。

蛋白泡沫灭火剂中的盐类添加剂一般为无机盐，主要是由泡沫灭火剂的制造原料和生产工艺引入的。无机盐的种类和含量可因水解时使用的水解剂(碱)和中和时使用的酸的种类不同而不同，其可起到降低泡沫液流动点的作用，但是具有腐蚀作用的阴离子会增加泡沫液对金属的腐蚀作用。

非寒冷地区使用的蛋白泡沫灭火剂，由于泡沫液所含的无机盐能使泡沫液抗冻结性满足要求，一般不需要添加抗冻剂，而高寒地区使用的蛋白泡沫液需要添加抗冻剂。此外，为了防止蛋白泡沫液中水解蛋白在储存过程中发生腐败变质，还需要添加防腐剂。

2.4.2　氟蛋白泡沫灭火剂

氟蛋白泡沫灭火剂是以蛋白泡沫为基料，添加少量氟碳表面活性剂制成的低倍数泡沫灭火剂。主要由水解蛋白、氟碳表面活性剂、碳氢表面活性剂、溶剂以及必要的抗冻剂等成分组成[26]。

水解蛋白是氟蛋白泡沫灭火剂的主要发泡剂，能够为氟蛋白泡沫灭火剂提供良好的发泡能力和泡沫稳定性以及耐热性，可直接选用蛋白泡沫灭火剂成品。

氟碳表面活性剂是氟蛋白泡沫灭火剂中主要的增效剂，其主要作用是大幅度降低泡沫灭火剂或其与水混合液的表面张力，提高泡沫液的疏油能力和流动性。氟碳表面活性剂虽然也有一定的发泡能力，但由于在泡沫液中的含量很少，其发泡能力在泡沫液中不占主导地位。

氟蛋白泡沫灭火剂中加入适量的碳氢表面活性剂的作用是辅助氟碳表面活性剂发挥更好的界面性能。它不仅可以进一步降低氟蛋白泡沫灭火剂混合液与烃类液体之间的界面张力，适当提高泡沫混合液对燃料的乳化作用；还可以进一步降低氟蛋白泡沫灭火剂的剪切应力，改进泡沫的流动性能。

由氟碳表面活性剂预制液引入的溶剂量很小，一般不超过 1%，此外无需另加溶剂。为了降低氟蛋白泡沫灭火剂的流动点，可以添加适量的抗冻剂，氟蛋白泡沫液的抗冻剂与蛋白泡沫液的抗冻剂基本相同。

2.4.3　水成膜泡沫灭火剂

水成膜泡沫灭火剂是一类新型高效泡沫灭火剂。它以合成表面活性剂为发泡剂，辅以稳定剂及其他助剂组成，可将泡沫表面张力降低到 18mN/m 以下，从而使水能在密度较低的烃类燃料表面上形成一层能够抑制燃料蒸发的水膜，依靠泡沫和水膜的双重作用迅速灭火[27]。泡沫在油品火表面流动异常迅速，灭火后水膜在泡沫消失后可在油品表面停留一段时间，有很好的封闭和抗复燃性能，且性能稳定，储存期可达 8~15 年，是泡沫灭火剂中灭火性能最好的产品。

氟碳表面活性剂是水成膜泡沫灭火剂的关键组分。其作用是降低灭火剂及其与水形成的混合液的表面张力，提高泡沫的疏油能力，并与碳氢表面活性剂相结合，使灭火剂的混合液能够在烃类燃料表面上形成水成膜。用于制造水成膜泡沫灭火剂的氟碳表面活性剂和用于制造氟蛋白泡沫灭火剂的氟碳表面活性剂在分子结构上是相似的，主要包括疏水疏油基、疏水(亲油)基和亲水基三部分，所不同的是，水成膜泡沫灭火剂中的氟碳表面活性剂具有更强的降低其水溶液表面张力和疏油的能力。一种水成膜泡沫灭火剂中可以含有一种氟碳表面活性剂，也可以含有两种或两种以上。试验表明，通过适当的选择把两种或两种以上的氟碳表面活性剂搭配起来使用，可以得到很好的协效作用，使表面张力比单一的氟碳表面活性剂的都要低。虽然氟碳表面活性剂也具有一定的起泡性，但因其在泡沫液中的含量很低，对发泡性能的影响不大。

碳氢表面活性剂的种类繁多，它们被用作水成膜泡沫灭火剂添加剂的基本前提是具有水溶性，而且其亲水基的离子性质必须能够和与之配用的氟碳表面活性剂相容。碳氢表面活性剂的作用主要是与氟碳表面活性剂相配合，使水成膜泡沫混合液对烃类燃料具有适当的乳化能力，降低混合液与烃类燃料之间的界面张力，使之易于在烃类表面上形成水膜，并以较快的速度扩散；另一次要作用是提高混合液的发泡能力和泡沫稳定性。碳氢表面活性剂在水中的溶解度不应低于0.2%(25℃)，同时在烃类燃料中的溶解度也应与此相当，如在烃类燃料中不溶解或溶解甚微时则不利于膜的扩散。反之，如果在烃类燃料中的溶解度高于其在水中的溶解度，混合液或泡沫中的碳氢表面活性剂就会被烃类燃料抽取出来，导致水成膜很快被破坏。

稳定剂的作用是增强水膜和泡沫的稳定性。水成膜泡沫灭火是靠泡沫析液形成水膜，因而对泡沫的稳定性要求不高，而对膜的稳定性要求较高。仅仅以氟碳表面活性剂和碳氢表面活性剂制备的水溶液，虽然能在烃类燃料上成膜、扩散，但水膜不够稳定，不耐热，不耐烧，稳定剂恰恰可以弥补这一缺点。此外，稳定剂还能适当提高泡沫的稳定性，不仅可使产生的泡沫气泡大小均匀，还可增加泡沫的弹性。同时，作为很好的溶剂，还有助于氟碳表面活性剂和碳氢表面活性剂的溶解。改性水解蛋白是水成膜泡沫灭火剂的主要稳定剂，它是由含有活性基的氟化物与水解蛋白分子中的氨基反应生成的高分子化合物，由于水解蛋白中引入了少量的氟碳化合物，水解蛋白与氟碳表面活性剂的相容性增强，增加了其疏油能力和耐液性能。其他高分子型的稳定剂均为具有增黏作用的化合物，它们的水溶液一般都具有很高的黏度，在水成膜泡沫灭火剂中的作用是适当地提高泡沫的黏度、强度以及泡沫持水性能，降低泡沫和水膜的透气性。由于高分子稳定剂的作用，燃料蒸气更难穿透泡沫或水膜，从而提高泡沫和水膜的封闭性和抗烧性。

为了提高水成膜泡沫灭火剂在低温条件下的使用性能，泡沫液中往往还要添加抗冻剂。低级的一元醇虽然具有很好的抗冻性能，但由于其水溶液的闪点较低（一般低于60℃），因而很少使用。最常用的抗冻剂为乙二醇、丙三醇、二甘醇等多元醇，其添加剂视所需达到的流动点的要求而定。

此外，为使泡沫液保持一定的 pH 范围，有时在泡沫液中还要添加少量的缓冲剂，最常用的缓冲剂是烷基胺和有机酸。

2.4.4　抗溶型泡沫灭火剂

与油类火灾不同，大多数亲水性易燃液体，如醇、酯、醚、酮、醛类等大多数呈现极性并具有强烈的吸水趋势。常规性泡沫灭火剂施放到此类燃料表面时，泡沫离水破裂瞬间即逝而不能灭火，因此对于极性液体火灾应使用抗溶型泡沫灭火剂。按其使用的原料和性能特点，抗溶型泡沫灭火剂可分为如下类型。

1) 金属皂型抗溶泡沫灭火剂

金属皂型抗溶泡沫灭火剂是在普通蛋白泡沫液中添加了有机酸金属盐(皂)和三乙醇胺的络合物。当泡沫浓缩液与水混合后络合状态被破坏，在泡沫液膜中析出金属皂的固体颗粒可保护泡沫免遭极性溶剂的破坏，通过泡沫的覆盖和隔离作用达到灭火的目的[28]。

水解蛋白在金属皂型抗溶泡沫灭火剂中的作用是发泡剂，它以蹄角粒或猪毛等为原料，经水解、过滤、脱钙、过滤、中和、浓缩而制成。

辛酸锌胺络合皂又称为金属皂，由辛酸、氯化锌、乙醇胺和氨水按一定的比例配制而成。辛酸锌的作用是提高抗溶泡沫的耐液性能，但是它不溶于水，水溶液中锌离子和辛酸根不能共存，两者一经混合就会产生辛酸锌而沉淀。

2) 凝胶型抗溶泡沫灭火剂

该类泡沫灭火剂主要包括合成型抗溶泡沫灭火剂(抗溶水成膜泡沫灭火剂)以及蛋白型抗溶泡沫灭火剂(抗溶氟蛋白泡沫灭火剂、抗溶成膜氟蛋白泡沫灭火剂)[29]。

触变性多糖是凝胶型抗溶泡沫灭火剂的关键组分，最常用的有黄单胞细菌多糖(也称黄原胶)、菌核葡聚糖、杂多糖等。它们是由含糖原料在特定的细菌作用下经发酵制取的生物胶，易分散于水，但不溶于醇、脂、醚等极性溶剂。多糖用于抗溶泡沫灭火剂的制造主要是因为它具有水合性、凝聚性、增稠性以及触变性等特性。

碳氢表面活性剂是凝胶型抗溶泡沫灭火剂的发泡剂，最常用的是阴离子型表面活性剂和两性型表面活性剂，试验证明采用复合表面活性剂在性能上可以互相补益，效果更好。在碳氢和氟碳两类表面活性剂的共同作用下，泡沫混合液在非极性燃料表面上的扩散系数大于零而形成水膜。此外，也可以采用6201或OBS等降低表面张力能力稍差的氟碳表面活性剂，虽然不能使泡沫在非极性燃料表面形成水膜，但它们具有很强的疏油能力，同样可以使泡沫具有很好的防止油类污染的能力和优良的流动性能，使泡沫的灭火效力相当于氟蛋白泡沫。

降黏剂的作用是可适当降低泡沫液的黏度，提高泡沫液的流动性，常用的降黏剂为N-甲基吡咯烷酮。3%型的抗溶水成膜泡沫灭火剂中由于除添加了与6%型相同量的黄原胶外，还添加了一种具有疏水性的降黏剂，可以较大幅度地降低黄原胶的使用量，从而使黏度大大降低。

多糖本身可使所产生的泡沫具有足够的稳定性。在某些情况下，为进一步提高泡沫的稳定性和抗复燃作用，还需添加适当的泡沫稳定剂，一般为合成的水溶性树脂。

3）氟蛋白型抗溶泡沫灭火剂

此类泡沫灭火剂主要包括抗溶氟蛋白泡沫灭火剂以及抗溶成膜氟蛋白泡沫灭火剂，主要由表面活性剂、耐液性添加剂、蛋白泡沫灭火剂、胶化防止剂及溶剂组成[30]。

氨基酸型氟表面活性剂是氟蛋白型抗溶泡沫灭火剂的关键组分，可由氟碳化合物与水解蛋白或水溶性蛋白反应生成。它既属于含氟表面活性剂，又可以定义为用氟碳化合物改性的水解蛋白。适合于制造氨基酸型氟表面活性剂的氟化物有多种类型，其主链是含有三个碳原子以上的氟碳化合物，可以是直链型的，也可以是分支型的，其端基必须含有可以与水解蛋白分子中的氨基或羟基进行反应的活泼基团。氨基酸型氟表面活性剂的另一个反应原料可以是经部分水解的蛋白或水溶性蛋白。水解蛋白最好是由骨胶水解得到的产物，用它得到的反应产物具有较浅的色泽，而且其化学性质要比由水解蹄角粒所得到的产品好，其物理性质和灭火性质具有非常好的再现性。蛋清蛋白或单细胞合成蛋白也可以用作合成氨基酸型氟表面活性剂的合成原料。试验表明，使用以蹄角蛋白为原料，在较低的碱浓度和加压情况下水解得到的蛋白泡沫灭火剂与含氟磺酰氯反应，得到的产物也具有较好的性能。

试验表明用于合成氨基酸的水解蛋白的分子量越大，抗溶效果越显著。为此，要多选用分子量较大的水解蛋白；但另一方面，水解蛋白分子量越大，发泡倍数越低。为了克服这一缺点，需添加适量的碳氢表面活性剂来提高发泡性能，一般为阴离子型或非离子型表面活性剂。

为了降低泡沫液的表面张力和界面张力，提高泡沫的流动性能以及其在非极性液体燃料表面上的成膜性能，在泡沫液中还需添加氟碳表面活性剂，所添加的氟碳表面活性剂可以是 OBS 和在成膜氟蛋白泡沫灭火剂中使用的氟碳表面活性剂。

耐液性添加剂的作用是与氨基酸型氟表面活性剂协效，使所形成的泡沫更具有柔韧性，具有更好的抗溶性能，最常用的耐液性添加剂是聚氧乙烯与聚氧丙烯的嵌段聚合物或具有触变性的多糖。

蛋白泡沫灭火剂是抗溶成膜氟蛋白泡沫灭火剂的重要组分之一，它可为泡沫液提供一定的发泡性能，同时还使所形成的泡沫具有很好的稳定性、耐热性和抗烧性能，尤其是对非极性液体燃料火，其抗烧性能是水成膜泡沫不能比拟的。抗溶成膜氟蛋白泡沫灭火剂中所添加的蛋白泡沫灭火剂以由骨胶水制取的蛋白泡沫液（不加铁盐）最好，其他蛋白泡沫灭火剂也可。

由于泡沫液中含有较多的水解蛋白，在长期储存过程中，有可能发生胶化作用。为防止其在储存过程中发生胶凝作用而产生沉淀，需加入胶化防止剂，最常用的胶化防止剂为尿素和硫脲。这两种物质不必特意添加，因为在制备氨基酸型氟表面活性剂时，需添加尿素和硫脲使水解蛋白变性，使之易于与氟化物反应，反应引入的尿素和硫脲足以作为泡沫液的胶化防止剂。

泡沫液中的溶剂为水和有机溶剂，有机溶剂多为低级的一元醇，主要由氨基酸型表面活性剂的制备工艺中引入，不必另加。有机溶剂除为氨基酸型表面活性剂的制备工艺提供反应介质外，还可适当降低泡沫液黏度和流动点，改进泡沫的稳定性。

2.4.5　高倍数泡沫灭火剂

高倍数泡沫灭火剂是以合成表面活性剂为基料，通过高倍数泡沫产生器产生的发泡倍数大于 200 的泡沫灭火剂。它通过大量泡沫迅速充满被保护的区域和空间，隔绝燃烧所需的氧(空气)而实施灭火。适用于扑救有限空间大面积的油类火灾，具有灭火迅速、水渍损失小、灭火后恢复工作容易等特点。高倍数泡沫灭火剂有两种类型，一种是淡水型，另一种是海水型。淡水型仅适用于以淡水制备混合液；海水型既适用于海水，又适用于淡水[31]。

高倍数泡沫灭火剂中的发泡剂一般为具有较大起泡性的阴离子和非离子性表面活性剂，常用的是脂肪醇硫酸盐和脂肪醇聚氧乙烯醚硫酸盐。

仅仅靠发泡剂的作用产生的泡沫是很不稳定的，单纯的表面活性剂水溶液形成的泡沫具有很低的表面黏度，透气性较强，泡沫不稳定，析液快；加入泡沫稳定剂后，泡沫的表面黏度增大，可形成比较致密的表面层，降低了泡沫的透气性，大大提高了泡沫的稳定性。以脂肪醇硫酸盐或脂肪醇聚氧乙烯醚硫酸盐为发泡剂时，最常用的泡沫稳定剂为脂肪醇。它们可以单独使用，也可以混合使用。

高倍数泡沫灭火剂中最常用的溶剂为溶纤剂、卡必醇、道氏醇等，它们都是由低级的一元醇与二元醇或二醇醚形成的醚，可以与多数液体混合，大大提高表面活性剂在低温下的溶解性能。这类物质之所以具有广泛的溶解能力，是因为在其分子中有羟基、醚基和烷基的存在，一些低级的醇类、酮类化合物也可以作为溶剂或抗冻剂应用。

2.4.6　A 类泡沫灭火剂

A 类泡沫灭火剂通常用于灭 A 类火灾，这种火灾主要由可燃固体物质引起，如木材、纸张、织物、塑料和一些固体燃料，它主要由水、发泡剂、表面活性剂、稳定剂和压力剂组成[32]。

A 类泡沫灭火剂的主要成分是水。水是一种常见的灭火介质，其灭火效果主要是通过吸热蒸发和降温的方式来达到的，当水与火焰接触时，它会吸收火焰的热量，并迅速蒸发为水蒸气，将周围温度降低，从而达到灭火的效果。

发泡剂是 A 类泡沫灭火剂中的重要成分。发泡剂可以使水形成泡沫状，增加水的覆盖面积，从而更好地与火焰接触，泡沫能够有效地隔离空气和火源之间的接触，阻断火焰的供氧，降低燃烧反应的速度。同时，泡沫还能够吸附火焰中的热量，进一步降低火焰温度，使其无法持续燃烧。

表面活性剂也是 A 类泡沫灭火剂中的重要组成部分。表面活性剂能够降低水的表面张力，使其更容易形成稳定的泡沫，表面活性剂还能够将水分子与火焰表面的有机物质结合起来，形成一层保护膜，阻止火焰的进一步蔓延。此外，表面活性剂还能够增加水与固体表面的接触，提高灭火效果。

稳定剂能够增加泡沫的稳定性，防止其迅速分解。稳定剂可以使泡沫在火场上更长时间地存在，延长灭火时间，提高灭火效果。

压力剂能够将水和其他成分推出灭火器，使其形成喷雾状或泡沫状，压力剂一般采用压缩气体或推进剂来提供推动力，使灭火剂能够迅速喷射出来，对火焰进行灭火。

2.5　泡沫灭火剂应用范围及选择原则

2.5.1　泡沫灭火剂应用范围

泡沫灭火剂主要适于扑救非水溶性可燃、易燃液体火灾和一般固体物质火灾（如从油罐流淌到防火堤以内的火灾或从旋转机械中漏出的可燃液体的火灾等），以及仓库、飞机库、地下室、地下道、矿井、船舶等有限空间的火灾，然而，不同泡沫灭火剂适用情况并不相同。

1）普通蛋白泡沫灭火剂

普通蛋白泡沫灭火剂主要用于扑救 A 类火灾，也适用于扑救 B 类火灾，但不可扑救遇水反应的固体物质的火灾，也不能用于扑救带电设备的火灾。

A 类火灾中，蛋白泡沫灭火剂适用于扑救木材、纸、棉、麻以及合成纤维等一般固体可燃物火灾。对于一般固体可燃物的表面火灾，蛋白泡沫具有较好的黏附和覆盖作用，可以封闭燃烧面，同时具有较好的冷却作用和一定的润湿作用，可使灭火的用水量大大降低。近年来的研究试验表明，蛋白泡沫用于扑救森林火灾和防止蔓延也是非常有效的[33]。

B 类火灾中，蛋白泡沫灭火剂能用来扑救各种烃类液体的火灾，以及动物性和植物性油脂的火灾，但不能用于扑救醇、醛、酮、羟酸等极性液体的火灾，对于加醇汽油，汽油中的醇含量超过 10%时，也不适宜用蛋白泡沫灭火剂扑救[34]。

在其他方面，根据蛋白泡沫稳定性好的特点，它也被广泛地用于防止火灾的发生和蔓延方面，如输油管道、油罐或生产装置的石油产品发生泄漏或溢流时，可以用蛋白泡沫覆盖，首先防止火灾发生，再采取其他措施。飞机由于起落架失控不能伸开而又必须迫降时，在跑道上喷洒一层蛋白泡沫，可以防止机身遇地面因强烈摩擦作用着火。此外，蛋白泡沫灭火剂还是制备其他泡沫灭火剂的重要原材料。

2) 氟蛋白泡沫灭火剂

氟蛋白泡沫适用的火灾范围与蛋白泡沫完全相同，但氟蛋白泡沫以液下喷射的方式灭火时将受到以下限制。

扑灭种类的限制。液下喷射不能应用于扑救闪点低于 22.8℃并且沸点低于37.8℃的液态烃类储罐的火灾，也不适用于扑救醇、酯、醚、醛、酮和有机酸类以及加乙醇汽油等液体储罐的火灾。

油罐种类的限制。对于敞口浮顶罐和加盖的内浮顶油罐，采用液下喷射灭火并不适宜，这是由于浮顶的存在妨碍了泡沫在燃料表面的均匀分布。

应注意控制油品沸溢。对于原油、燃料油、渣油等沸溢性油品，经过长时间燃烧后，由于热波的作用会在油面下方形成一个热油层，热油层的温度可高达200℃左右。采用氟蛋白泡沫液下喷射灭火系统扑救上述燃料储罐火灾时，需要明确油品的燃烧时间、油品的类型、可能形成的热油层厚度与温度等数据，根据情况进行施救。对于燃烧时间很短(如 30min 以内)的油罐火，所形成的热油层很薄，不足以引起沸溢，可以按原设计的供给强度直接灭火；对于燃烧时间较长的油罐，在燃烧的表面以下已经形成了较厚的热油层(厚度在数十厘米以上)，当大量泡沫通过热油层时会立即汽化，与油品混合形成大量的油泡而从罐顶中沸溢出来。因此对长时间燃烧的储有沸溢性燃料的油罐火，应在充分做好因沸溢造成人员、设备伤害的预防措施以后，首先采用小强度向罐内间歇喷射氟蛋白泡沫，通过泡沫浮升造成的油品循环作用使底部的冷油与上部的热油层进行热交换，破坏上部油层的热区。如经过小强度的间歇喷射后，仍未发生沸溢，可逐渐加大混合液的供给强度，直至将火扑灭。

3) 水成膜泡沫灭火剂

对于液体燃料火灾，水成膜泡沫主要适用于非水溶性的可燃、易燃液体的火灾，它既可用于灭火，也可以作为蒸发抑制剂，保护可燃、易燃液体在一段时间内不被引燃[35]。由于水成膜泡沫良好的流动性能和封闭性能，它不仅对静止的平面火非常有效，而且对流动着的流淌火也非常有效。对于醇、酯、醚等极性液体的火灾，水成膜泡沫仅适用于扑救一些极性较小的液体浅层火，而且需要很大供给强度才能奏效。对于极性液体的深层火，则需要抗溶性的水成膜泡沫或其他类型的抗溶型泡沫来扑救。

对于固体物质火灾，由于水成膜泡沫混合液具有很低的表面张力和优良的扩散性能与渗透性，不论是以泡沫的形式还是以混合液喷雾的形式，对一般固体物质的火灾都具有很好的灭火效果。对于如橡胶、塑料以及其他聚合物材料在火灾时被熔化，而形成 A、B 类火灾共存的情况，使用水成膜泡沫扑救可以得到较理想的结果。需要注意的是，水成膜泡沫不能用于扑救碱金属、轻金属以及其他遇水反应物质的火灾。

水成膜泡沫不能用于扑救常温、常压下以气态形式存在的物质的火灾，用高倍数泡沫产生器产生的高倍数水成膜泡沫扑救液化石油气火灾时，虽然对液化石油气的蒸发有一定的抑制作用，但不能灭火。此外，水成膜泡沫灭火剂不能用于扑救带电设备的火灾。

4) 抗溶型泡沫灭火剂

抗溶型泡沫灭火剂按其使用的原料和性能特点可分为三种类型，即金属皂型抗溶泡沫灭火剂、凝胶型抗溶泡沫灭火剂、氟蛋白型抗溶泡沫灭火剂[36]。

金属皂型抗溶泡沫灭火剂主要是通过泡沫上的金属皂来达到抗溶性，是由发泡剂与金属皂的络合物组成，不可用于扑救像乙酸和有机胺类极性液体火灾，且与其他泡沫一样，也不能用于扑救 C 类火灾、遇水反应物质的火灾和带电设备的火灾。

凝胶型抗溶泡沫灭火剂中添加的高分子化合物一般为具有触变性的多糖，如菌核葡聚糖、杂多糖-7、黄单胞细菌多糖等。其水溶液具有触变性或摇溶性，即随着剪切速率的增加，水溶液的黏度降低。触变性多糖水溶液遇到极性液体时，可形成不溶性凝胶膜，抵制极性液体对泡沫层的破坏作用。凝胶型抗溶泡沫既可用于扑救极性液体燃料的火灾，又可用于扑救非极性液体燃料的火灾，还可以喷雾水的方式扑救 A 类火灾。由于泡沫液中含有氟碳表面活性剂，泡沫混合液对一般固体物质的润湿性和渗透性都远比水高，多糖可使混合液具有比水高得多的黏度，可使水黏附于固体物质表面，提高水的灭火效力。此外，凝胶型抗溶泡沫可以与干粉灭火剂联用，以获得更好的灭火效果，也可以以液下喷射的方式扑救非极性液体燃料储罐的火灾。与其他泡沫一样，凝胶型抗溶泡沫不能用于扑救 C 类、D 类火灾、遇水反应物质的火灾以及带电设备的火灾。

氟蛋白型抗溶泡沫灭火剂主要包括抗溶氟蛋白泡沫灭火剂以及抗溶成膜氟蛋白泡沫灭火剂，其适用范围与凝胶型抗溶泡沫灭火剂完全相同。

5) 高倍数泡沫灭火剂

高倍数泡沫灭火剂是以合成表面活性剂为基料，通过高倍数泡沫产生器产生的发泡倍数大于 200 的泡沫灭火剂。高倍数泡沫主要适用于扑救 A 类火灾和 B 类火灾中的烃类液体火灾，特别适用于扑救有限空间内的火灾和地面大面积的石油产品火灾。除灭火作用以外，高倍数泡沫还具有很好的排烟功能，在通风不良的建筑物内发生火灾后，烟气很难排出，当高倍数泡沫沿地面向火场流动时，烟雾被驱逐到泡沫上方并通过建筑物的空隙排出火场，被高倍数泡沫带入的大量新鲜空气进入火场，有助于消防人员进入火场或防止火场人员被烟雾窒息[37]。

然而，使用高倍数泡沫灭火同样会受到一定限制：不适用于扑救 B 类火灾中的极性液体火灾，大量或大面积的极性液体会使泡沫迅速破坏而不能形成覆盖层，但对储有少量极性液体的室内火灾或小面积的浅层极性液体泄漏火灾，可用高倍数泡沫或中倍数泡沫扑救；不能用于扑救地上油罐火灾，这是因为油罐着火时上空的热气流速很大，泡沫会被热气流带走而不能覆盖油面；不能用于扑救引燃固体火灾、遇水反应物质的火灾、气体火灾和带电设备的火灾。

6）A 类泡沫灭火剂

A 类泡沫灭火剂是主要适用于扑救 A 类火灾的泡沫灭火剂，具有很强的灭火适应性，它改进了对水的渗透性能，降低了水的表面张力，能使水渗透到一般可燃物质的内部深处而不至于在物质的表面被流淌掉，因此 A 类泡沫液能够有效扑灭可燃物质的深部位的火灾，既能迅速灭火又能节约消防用水，还会发挥水在火场中吸热的效能以防复燃。A 类泡沫灭火剂可以低配比浓度与清水、盐碱水或海水混合使用，不仅可以用于扑救 A 类火灾及建筑物的隔热防护，还可以用于扑救非水溶性液体火灾，适用于建筑物、纺织物、灌丛和草场、垃圾填埋场、轮胎、谷仓、纸张、车辆内装、地铁、隧道等的灭火[38]。

2.5.2 泡沫灭火剂的选择原则

泡沫灭火剂按灭火性能可分为三类，而按照抗烧性能又可分为四个不同的级别。级别不同，灭火的速度、抗复燃性能有很大的区别，因此，泡沫灭火剂的选型不仅要满足国标要求的物化性能的指标，更重要的是要从泡沫灭火剂的灭火效率、需要保护的燃料、所处的地区、环境保护等方面考虑，不同类型的火灾需要相应类型的泡沫灭火剂。

针对非水溶性甲、乙、丙类液体储罐固定式低倍数泡沫灭火系统，应选用 3%型氟蛋白或水成膜泡沫液；邻近生态保护红线、饮用水源地、永久基本农田等环境敏感地区，应选用不含强酸强碱盐的 3%型氟蛋白泡沫液；当选用水成膜泡沫液时，泡沫液的抗烧水平不应低于 C 级。

针对非水溶性液体的泡沫-水喷淋系统、泡沫枪系统、泡沫炮系统，当采用吸气型泡沫产生装置时，可选用 3%型氟蛋白、水成膜泡沫液；当采用非吸气型喷射装置时，应选用 3%型水成膜泡沫液。

针对水溶性甲、乙、丙类液体及其他对普通泡沫有破坏作用的甲、乙、丙类液体，必须选用抗溶水成膜、抗溶氟蛋白或低黏度抗溶氟蛋白泡沫液。

当保护场所同时储存水溶性液体和非水溶性液体时，若储罐区储罐的单罐容量均小于或等于 10000m³ 时，可选用抗溶水成膜、抗溶氟蛋白或低黏度抗溶氟蛋白泡沫液；若储罐区存在单罐容量大于 10000m³ 的储罐时，应按规定对水溶性液体储罐和非水溶性液体储罐分别选取相应的泡沫液；当保护场所采用泡沫-水喷淋系统时，应选用抗溶水成膜、抗溶氟蛋白泡沫液。

固定式中倍数或高倍数泡沫灭火系统应选用 3%型泡沫液。当采用海水作为系统水源时，必须选择适用于海水的泡沫液。

参 考 文 献

[1] 高阳. 压缩空气泡沫灭火性能及机理研究[J]. 消防科学与技术, 2016, 35(4): 532-536.

[2] 徐学军. 压缩空气泡沫管网输运特性及其在超高层建筑中应用研究[D]. 合肥: 中国科学技术大学, 2020.

[3] Xu Z S, Guo X, Yan L, et al. Fire-extinguishing performance and mechanism of aqueous film-forming foam in diesel pool fire[J]. Case Studies in Thermal Engineering, 2020, 17: 100578.

[4] 康文东. 环保型高效泡沫灭火剂的设计制备、性能及机理研究[D]. 长沙: 中南大学, 2022.

[5] 刘慧敏, 庄爽, 孙贺. 泡沫灭火剂产品灭火性能发展状况评估[J]. 消防科学与技术, 2017, 36(4): 515-518.

[6] Lattimer B Y, Trelles J. Foam spread over a liquid pool[J]. Fire Safety Journal, 2007, 42(4): 249-264.

[7] 中华人民共和国国家质量监督检验检疫总局, 中国国家标准化管理委员会. 泡沫灭火剂: GB 15308—2006[S]. 北京: 中国标准出版社, 2006.

[8] 许立冬. 新型环保泡沫灭火剂的制备研究[D]. 上海: 上海应用技术大学, 2023.

[9] Tian C, Zhao J L, Yang J H, et al. Preparation and characterization of fire-extinguishing efficiency of novel gel-protein foam for liquid pool fires[J]. Energy, 2023, 263: 125949.

[10] Hill C, Eastoe J. Foams: From nature to industry[J]. Advances in Colloid and Interface Science, 2017, 247: 496-513.

[11] Magrabi S A, Dlugogorski B Z, Jameson G J. A comparative study of drainage characteristics in AFFF and FFFP compressed-air fire-fighting foams[J]. Fire Safety Journal, 2002, 37(1): 21-52.

[12] Jia X H, Bo H D, He Y H. Synthesis and characterization of a novel surfactant used for aqueous film-forming foam extinguishing agent[J]. Chemical Papers, 2019, 73(7): 1777-1784.

[13] 谈龙妹, 吴京峰, 张红星, 等. A 类泡沫灭火剂稳定性研究[J]. 安全、健康和环境, 2013, 13(10): 32-35.

[14] 韩郁翀, 秦俊. 泡沫灭火剂的发展与应用现状[J]. 火灾科学, 2011, 20(4): 235-240.

[15] Bao Y Q, Zhi H Q, Wang L. Rheological behavior of alcohol-resistant foam concentrates and its impact on pipe flows[J]. Fire Safety Journal, 2021, 121: 103829.

[16] 中华人民共和国国家质量监督检验检疫总局, 中国国家标准化管理委员会. A 类泡沫灭火剂: GB 27897—2011[S]. 北京: 中国标准出版社, 2011.

[17] National Fire Protection Association. Standard on foam chemicals for fires in class A fuels: NFPA 1150-2022[S]. 2022.

[18] International Organization for Standardization. Fire extinguishing media—Foam concentrates—Part 1: Specification for low-expansion foam concentrates for top application to water-immiscible liquids: ISO 7203-1: 2019[S]. 2019.

[19] International Organization for Standardization. Fire extiuishing media—Foam concentrates—Part 2: Specification for medium and high expansion foam concentrates for top application to water-immiscible liquids: ISO 7203-2: 2019[S]. 2019.

[20] International Organization for Standardization. Fire extinguishing media—Foam concentrates—Part 3: Specification for low-expansion foam concentrates for top application to water-miscible liquids: ISO 7203-3: 2019[S]. 2019.

[21] International Organization for Standardization. Fire extinguishing media—Foam concentrates—Part 4: Specification for Class A foam concentrates for application on Class A fires: ISO 7203-4: 2022[S]. 2019.

[22] 傅思博, 蔡惊雷, 许萍, 等. 中外泡沫灭火剂标准对比[J]. 工业用水与废水, 2020, 49(2): 82-87.

[23] 中华人民共和国国家质量监督检验检疫总局, 中国国家标准化管理委员会. 分析实验室用水规格和试验方法: GB/T 6682—2008[S]. 北京: 中国标准出版社, 2008.

[24] 中华人民共和国国家质量监督检验检疫总局, 中国国家标准化管理委员会. 工业用丙酮: GB/T 6026—2013[S]. 北京: 中国标准出版社, 2013.

[25] 周甜. 蛋白型泡沫灭火剂类型及蛋白原料提取工艺研究进展[C]//李凤, 兰彬, 张泽江. 2015 年中国消防协会防火材料分会与建筑防火专业委员会学术会议论文集. 成都: 西南交通大学出版社, 2015: 308-312.

[26] 张宪忠, 包志明, 靖立帅, 等. 蛋白泡沫灭火剂及其组分的生物降解试验[J]. 安全与环境学报, 2017, 17(4): 1428-1431.

[27] 黄芮. 水成膜泡沫灭火剂发泡机理及其灭火性能研究[D]. 广汉: 中国民用航空飞行学院, 2022.

[28] 包志明, 张宪忠, 靖立帅, 等. 抗溶泡沫灭火剂灭水溶性液体火的对比试验研究[J]. 工业安全与环保, 2019, 45(11): 14-17+21.

[29] 安娜, 乔建江. 高效抗溶型泡沫灭火剂的研究[J]. 华东理工大学学报(自然科学版), 2018, 44(1): 75-81.

[30] 吴京峰, 谈龙妹, 周日峰, 等. 常用消防泡沫抑蒸性能的试验研究[J]. 消防科学与技术, 2019, 38(10): 1451-1454.

[31] 周榕, 赵远征, 王五成. 高倍泡沫灭火系统在船舶机舱中的应用分析[J]. 船海工程, 2011, 40(2): 81-83.

[32] 张宪忠, 柯鑫, 赵婷婷, 等. A 类泡沫灭火剂的水生生物毒性试验研究[J]. 消防科学与技术, 2022, 41(4): 516-519.

[33] 许萍, 陈如丹, 王梓琛. 蛋白类泡沫灭火剂的降解与处理[J]. 消防科学与技术, 2020, 39(5): 679-681.

[34] 韩宝玲, 姜雪洁, 毛婷, 等. 针对油类火灾的新型灭火剂性能研究[J]. 廊坊师范学院学报

（自然科学版），2012, 12(1): 47-48+53.

[35] Sheng Y J, Jiang N, Sun X X, et al. Experimental study on effect of foam stabilizers on aqueous film-forming foam[J]. Fire Technology, 2018, 54(1): 211-228.

[36] Shi Q L, Qin B T. Experimental research on gel-stabilized foam designed to prevent and control spontaneous combustion of coal[J]. Fuel, 2019, 254: 115558.

[37] 张亦翔, 朱建鲁, 彭友梅, 等. 高倍泡沫抑制低温液体泄漏扩散试验研究[J]. 中国安全科学学报, 2022, 32(11): 121-125.

[38] Rappsilber T, Krüger S. Design fires with mixed-material burning cribs to determine the extinguishing effects of compressed air foams[J]. Fire Safety Journal, 2018, 98: 3-14.

第3章 压缩空气泡沫灭火系统

泡沫灭火系统是指由一整套设备和程序组成的灭火措施。传统泡沫灭火系统大多利用文丘里结构通过吸气产生泡沫，存在混合效果差、泡沫尺寸分布不均等缺陷；而压缩空气泡沫灭火系统的组成不同于传统负压吸入式泡沫灭火系统，正压发泡的方式使其具有较高的灭火效率。随着压缩空气泡沫灭火系统逐步推广，各类型产品得到了进一步发展，我国也出台了相应的技术规范，对各类系统的设计、性能及操控提出了明确的要求。

3.1 泡沫灭火系统技术难点

虽然泡沫灭火系统已经过多年的发展，但仍然具有一定不可避免的缺陷及技术难点，易影响泡沫灭火性能。压缩空气泡沫灭火系统因其特殊的发泡形式，较传统负压式泡沫灭火系统具有较大的优势，可有效解决已知缺陷[1]。

3.1.1 传统泡沫灭火系统的缺陷

(1)泡沫混合比不匹配。泡沫灭火剂有许多种类，泡沫灭火剂的类型不同，制备方法也就不同，泡沫混合液可由水和泡沫液经过不同比例混合而成，每种泡沫灭火剂的混合比大不相同。我国消防部队所使用的泡沫灭火剂的混合比大多为0.1%~9%，但使用过程中并不易精准控制，当工作人员在混合时未按照标准比例对混合器进行调整时，会使效果大大降低，同时也造成了一定程度的浪费。此外，泡沫比例混合器有许多种类，如管线式、环泵式、压力式等，还有手动和自动两种方法，其中，手动泡沫比例混合器的要求很高，需要对水和泡沫液的混合比以及出泡沫液量的大小进行及时的比对及分析再进行操作，如泡沫混合器 PH32C 使用要求很高，混合器上的数字要及时变更调整。

(2)压力过大或过小。按照空气泡沫的产生原理，从泡沫原液到空气泡沫需经两道程序，即水和泡沫液先经比例混合器混合，再经泡沫产生器发泡。消防部队配备的泡沫消防车上的泡沫比例混合器和移动式泡沫比例混合器大多为环泵式负压泡沫比例混合器和管线式泡沫比例混合器。环泵式负压泡沫比例混合器的工作原理是当水泵的压力水通过喷嘴时产生负压，吸入泡沫原液，水和泡沫液在扩散管前喉管内混合，混合液通过扩散管后压力逐步上升，最后进入水泵进一步混合并输出；管线式泡沫比例混合器也同样利用这一原理，压力水通过喷嘴产生负压，吸入泡沫原液。压力过小会导致比例混合器吸不上泡沫原液,压力过大会导致压差过大而泡沫混合比过大。因此,这类负压式比例混合器进出压力保持在 0.6~1.2MPa 时才能按设计比例吸入泡沫原液,满足灭火需要。另外,由于空气泡沫的工作原理是泡沫混合液通过孔板产生负压吸入空气,因此泡沫产生器也需要在一定的工作压力下才能产生足够的负压将空气与泡沫混合液进行混合。目前,我国现有的空气泡沫炮工作压力大部分在 0.8MPa 以上,空气泡沫枪、泡沫钩管工作压力在 0.5MPa 以上,而中倍数、高倍数泡沫发生器的工作压力在 0.3~1.0MPa。压力过低产生的负压不足,发泡效果不好,而压力过高会导致消防员把持不住移动泡沫喷射器具或泡沫喷射器具超过耐压极限而损坏。

(3)泡沫炮筒缺失。根据泡沫产生的原理,压缩空气泡沫在由喷射器具喷出前已经与空气提前混合,其他泡沫混合液则由喷嘴产生负压吸入空气,然后经过筒体降压稳流与空气充分混合,形成空气泡沫,再经筒体以集中射流形式形成密集射流射出。虽然一些水成膜泡沫混合液通过水炮或多功能水枪喷射也可以形成部分空气泡沫,但是经过对比发现,其发泡倍数和射程不如加装泡沫炮筒和泡沫枪管的效果好。

(4)泡沫射流流速和方向问题。泡沫灭火剂的灭火效果通常都会受到泡沫的流动性、稳定性、抗烧性和发泡倍数等因素影响,而流动性和发泡倍数受泡沫流速和方向的影响。当流速过大时,会使泡沫与油进行混合形成湍流从而降低稳定性与抗烧性,因此,并非所有的蛋白泡沫都能进行高流速喷射,当进行液下喷射时应按照泡沫液的类型和油类的特点来控制喷射的流速。此外,喷射油面时,为了不让泡沫被高温环境和机械环境所破坏,泡沫的流动性应该要增强,强释放方式用于流淌火时不能进行集中喷射,进行缓释放方式时,也要与高温的内壁保持距离,不要接触。确定泡沫射流的速度和方向后,应保持射流状态,使泡沫自行流动覆盖油面灭火,切忌频繁调整方向。

(5)多种泡沫灭火剂联用问题。部分常用泡沫灭火剂通过加入表面活性剂增强流动性和铺展性,而抗溶型泡沫采用加入有机酸金属盐生成疏水膜,从而保护泡沫,同时,为了更好地储存泡沫灭火剂,会添加各种化学添加剂。虽然泡沫灭火剂中添加各类添加剂可提高其灭火性能或有效期,但也可能造成不同泡沫灭火剂联用时灭火效果降低。产生此现象的原因为,各种添加剂的性质不同,如带正电离子与带负电离子混合后易发生反应,或者降低灭火剂的活性;干粉灭火剂中的防潮剂会破坏泡沫液,所以干粉必须和特制的泡沫液联用。因此,在选择泡沫灭火剂时要多加注意,避免相互反应或相互抑制的情况发生,尽量筛选同种极性的灭火剂。

(6)泡沫液加装问题。在实际火灾作战中,会使用大量泡沫灭火剂,补充液由消防员将泡沫液桶运到消防车顶通过泡沫液罐顶部进行灌注,当泡沫液在倒入罐时，机械撞击作用会使罐中充斥着泡沫，最后出现不能装满的情况。此外，大量注入泡沫液时，罐中的呼吸阀很容易被堵住，导致泡沫液无法有效吸入泡沫发生器。

（7）水质影响。在灭火时可能会使用海水，由于海水和泡沫会发生作用而破坏泡沫，只有添加了硬水软化剂的泡沫灭火剂才可抵抗此作用。所以在使用海水灭火时，应该判断该灭火器是不是可以在海水中使用。

（8）环境污染问题。常用的蛋白类泡沫液均由水、泡沫灭火剂及其他多种化学助剂组成，使用后会进入地表水、土壤等环境介质中对自然环境及生物健康产生危害。当大量蛋白泡沫灭火剂进入水体时，水体中的好氧微生物会将其分解并消耗大量溶解氧，溶解氧含量大幅下降会导致水体水质恶化；另外，蛋白质中一般含有硫元素，在碱性条件下水解会生成无机硫化物和含硫残基，进而产生恶臭味，影响周围环境。合成类泡沫灭火剂通常使用氟碳表面活性剂，其衍生出的 PFOS 与 PFOA 对植物、水生生物、哺乳动物等都具有危害性[2]。

3.1.2　压缩空气泡沫灭火系统的优势

压缩空气泡沫灭火系统的定义为：水、泡沫液、带压力的空气或氮气，在一个独立混合室中混合后产生的大剂量的均匀带压泡沫，通过一套管路系统以及多个喷射装置喷射出压缩空气泡沫灭火剂[3]。与传统泡沫灭火系统相比，压缩空气泡沫技术主要具有以下优点。

（1）泡沫稳定性高，用水量少[4]。各灭火方式用水量比较如图 3.1 所示，可以看出，压缩空气泡沫用水量最低。此外，由于在独立的混合室内进行搅拌混合，压缩空气泡沫系统产生的泡沫尺度更加均匀，发泡效率更高，泡沫更加稳定；具

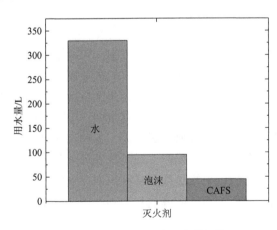

图 3.1　三种灭火方式用水量比较

有优异的保水性能，大大减少了用水量，降低了水对建筑物的破坏作用，有助于减轻灭火人员的负重，增强系统的机动性；用水量的减少降低了水蒸气的产生，增加可见性，有利于火场人员的逃生和灭火人员的扑救工作。

(2)泡沫初始动量大，灭火距离远[5]。压缩空气的引入致使泡沫动量增强，大大提高了灭火介质的喷射距离与穿透能力，在内部灭火不可行的情况下(人员少、光线昏暗、火灾条件良好)，可从建筑外部进行灭火，从而提高人员安全性(尤其是有坍塌可能的建筑)。此外，由于泡沫中存在大量的压缩空气，在同等流量下较纯水和泡沫混合液的质量轻，而大量微细泡沫的存在使压缩空气泡沫与管道内壁间的摩擦力大大减小，在很大程度上降低了压缩空气泡沫在管道中的压力损失，因此压缩空气泡沫可以输送更远的距离，扑灭更远距离的火灾。

(3)良好的附着性和热辐射阻隔能力[6]。泡沫在物体表面的附着性与它的流动性成反比，流动性强则附着性弱。传统泡沫灭火系统由于发泡技术限制导致发泡不完全，残留泡沫液使其具有较强的流动性而附着性较差；而压缩空气泡沫灭火系统中气液可在混合室内充分混合，发泡完全，因此泡沫附着性良好。压缩空气泡沫在众多抗水材料如乙烯基壁板、玻璃和油漆表面附着时间较长，能够在可燃物表面形成保护覆盖层，一方面可阻挡外部热辐射对可燃物表面的作用，延缓表面材料的受热裂解过程，降低热释放速率；另一方面，灭火后可有效维持可燃物的熄灭状态，阻止复燃现象发生。

(4)良好的湿润性[6]。压缩空气泡沫在固体可燃物表面良好的附着性使渗透了泡沫水溶液的可燃物湿度大大增加，阻碍了其热解产生可燃蒸气的过程，能有效地防止轰燃。

(5)膨胀比范围易于调节[7]。压缩空气泡沫灭火系统可通过调整空气及泡沫混合液的供给流量来调节泡沫膨胀比，从而得到不同类型的泡沫。压缩空气泡沫大体上可以分为干泡沫和湿泡沫，湿泡沫的气液比在 5：1～6：1，该类型的泡沫灭火效率较高；而干泡沫的气液比通常大于 10：1，由于其较轻难以穿透火焰到达燃料表层，主要用于防火分隔。

压缩空气泡沫根据干湿程度可分为湿泡沫、中等泡沫(中等湿泡沫和中等干泡沫)、干泡沫，如图 3.2 及表 3.1 所示。泡沫的干湿程度主要取决于水和空气的比例，一般情况下系统的空气流量是设定好的(空气流量不变)，当水流量加大时，泡沫就相对变湿，反之亦然。此外，当水流量不变时，空气流量加大泡沫变干，减小则泡沫变湿。干泡沫含水量为 8%～10%，湿泡沫含水量为 30%～50%，中等泡沫根据需要调节，含水量介于两者之间。

图 3.2　各类压缩空气泡沫示意图

表 3.1　各类压缩空气泡沫特点及使用场所

泡沫种类	泡沫比例/%	泡沫状态	适用场合
湿泡沫	0.3	在垂直表面流动，无法形成厚度	普通灭火、阴燃火灾、室外火灾
中等湿泡沫	0.3	有流动性，可成型，可在垂直表面停留较短时间	框架火灾、填充空隙、室外防火隔离带
中等干泡沫	0.3～0.7	略有流动性，可成型，可在垂直表面停留一定时间	防火保护、B类火灾
用中等泡沫发生器打中等干泡沫	0.5～1.0	干且蓬松，随风流动，可在垂直表面停留一定时间	地下室和封闭火灾、流淌火覆盖、室外防火隔离带
干泡沫	0.3～1.0	干且蓬松，成型非常好，可在垂直表面停留较长时间	玻璃和树脂等表面的防火、严密的防火保护、高层火灾

3.2　压缩空气泡沫灭火系统组成

压缩空气泡沫灭火系统作为一项涉及机械、自动控制、流体力学、液压等多学科的复杂灭火系统，牵扯到水、泡沫液、压缩空气的三元两相混合，其中气液平衡要求高，同时对泡沫液与水的混合比、压缩混合液与压缩空气的混合比提出了要求[8]。

压缩空气泡沫灭火系统通过机械方式将空气泡沫液混合形成泡沫，系统主要由压缩空气泡沫产生装置、压缩空气泡沫释放装置、控制装置、阀门和管道等组成。压缩空气泡沫产生装置包括预混型压缩空气泡沫产生装置和非预混型压缩空气泡沫产生装置，预混型压缩空气泡沫产生装置主要包括泡沫预混液储罐、泡沫预混液动力单元、供气装置、气液混合装置、控制单元(适用时)、管路等；非预混型压缩空气泡沫产生装置主要包括供水装置、供气装置、泡沫液储罐、泡沫比例混合装置、气液混合装置、控制单元(适用时)、管路等[9]。灭火系统启动后，压力水和泡沫液通过泡沫比例混合系统按照一定比例进行混合，形成泡沫混合液，再通过气液混合装置向泡沫混合液中正压注入一定比例的压缩空气，形成一定发泡倍数的压缩空气泡沫，最后经泡沫管道充分混合后输送至末端释放装置进行喷放灭火，如图 3.3 所示。

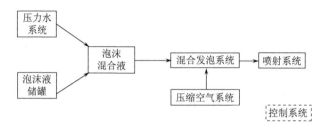

图 3.3　压缩空气泡沫系统组成示意图

3.2.1　压力水系统

　　压力水系统主要由消防水泵组成，大多数消防水源提供的消防用水都需要消防水泵进行加压，以满足灭火时对水压和水量的要求，若水泵由于设置、维护不当产生故障势必影响灭火救援，造成不必要的损失。消防规范要求消防水泵和稳压水泵应采用离心式水泵，离心式水泵具有结构简单而紧凑、同一输送量下占用面积小、质量轻且材料耗用较少、基础要求低于往复泵、制造安装费用少等优点[10]。此外，离心式水泵可高速运行，适于输送悬浮液，特殊设计后还能输送大块固体的悬浮液；若使用耐化学腐蚀的材料制造泵体，可输送腐蚀溶液并且排液均匀，无脉冲现象。

　　离心式水泵组成如图 3.4 所示。叶轮安装在泵壳内并紧固在泵轴上，泵轴由电机直接带动。泵壳中央由液体吸入口与吸入管连接，液体可经底阀和吸入管进入泵内，泵壳上的液体排出口与排出管连接。

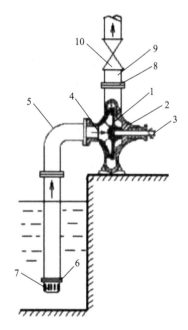

图 3.4　离心式水泵组成

1-叶轮；2-泵壳；3-泵轴；4-吸入口；
5-吸入管；6-单向底阀；7-滤网；
8-排出口；9-排出管；10-调节阀

在离心泵启动前，泵壳内灌满被输送的液体；启动后，叶轮由泵轴带动高速转动，叶片间的液体也随着转动。在离心力的作用下，液体从叶轮中心被抛向外缘并获得能量，以高速离开叶轮外缘进入蜗形泵壳，在蜗壳中的液体由于流道的逐渐扩大而减速，又将部分动能转变为静压能，最后以较高的压力流入排出管道，送至需要场所。液体由叶轮中心流向外缘时，在叶轮中心形成了一定的真空度，由于储槽液面上方的压力大于泵入口处的压力，液体便被连续压入叶轮中，叶轮通过持续转动使液体不断地被吸入和排出。

3.2.2　压力平衡装置

压缩空气泡沫系统需使通入系统的压缩空气与系统内的液体在流量和压力上维持一定关系，即通过压力平衡系统的控制与调节，使压缩空气供气量和气压跟随水泵的供水量和水压变化，从而产生湿泡沫、中等泡沫或干泡沫[11]。若气液压力不能平衡，则会导致气液混合不均匀、憋压等问题，进而使泡沫液不能良好发泡，影响灭火效率。空气压缩机气量调节方法分为变转速调节和节流调节，而在实际系统中空气压缩机与水泵一起转动，不可能单独调节空气压缩机转速，因此采用进气节流法进行气量控制。

压力平衡装置包括进气调节阀、压力平衡阀及空气压缩机。进气调节阀连接在压缩空气泡沫系统的集气口与空气压缩机之间，主要组件包括阀体外壳及设于阀体外壳内部且可上下活动的活塞，活塞通过上下移动控制进入空气压缩机的气流量；进气调节阀与压力平衡阀之间通过一根气管道相连，压力平衡阀由阀体外壳及设于阀体外壳内且可上下移动的刚体活塞组成，通过机械式的压力平衡阀能够有效调节系统气压。

压力平衡装置工作原理如图 3.5 所示。压缩空气系统由空气压缩机将外界空气由进气阀吸入，经过压缩后排入储气罐，储气罐出口处管路连接至空气流量计及空压传感器，最后压缩空气经空气注入口与泡沫液混合发泡。同时，储气罐其余两处气体出口之一与放空电磁阀连接，当系统控制单元检测到储气罐气体压力大于水压时，为了防止高压空气通入低压水路造成剧烈震动，系统控制单元打开放空电磁阀进行放气；储气罐另外一路出口分出带有一定压力的信号空气，该信号空气经过电气比例阀调压后，控制空气压缩机进气阀开度。进气阀开度对应着进入空气压缩机的空气量，空气平衡装置以此方式可实现对空气流量的实时调节。

3.2.3　压缩空气系统

压缩空气系统的主体为空气压缩机或压缩空气储气罐，其作用为增加流体能量，输送气体介质并提高其压力能。

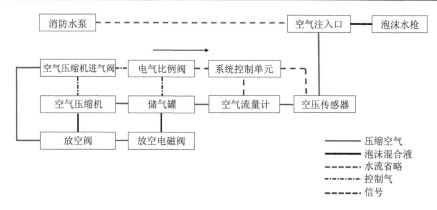

图 3.5　压力平衡装置工作原理

目前系统中可供选用的空气压缩机主要为活塞式和螺杆式空气压缩机。

活塞式空气压缩机由于能耗低、适应性和灵活性好，目前应用最为普遍，适合于试验系统使用[12]，见图 3.6。活塞的往复运动是由电动机带动曲柄滑块机构的旋转运动转换形成的，其工作原理是在当活塞向右移动时，气缸内活塞左腔的压力低于大气压力，吸气阀开启，外界空气吸入缸内呈现压缩过程；当缸内压力高于输出空气管道内压力后，排气阀打开将压缩空气送至输气管内，呈现排气过程。需要指出的是，活塞式空气压缩机在排气过程结束时总有剩余容积存在，在下一次吸气时

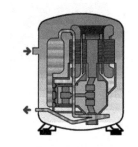

图 3.6　活塞式空气压缩机

剩余容积内的压缩空气膨胀而减少了吸入的空气量，降低了效率，增加了压缩功；且由于剩余容积的存在，当压缩比增大时，温度急剧升高。因此当输出压力较高时，应采取分级压缩，进而降低排气温度，节省压缩功，提高容积率。

螺杆式空气压缩机由于结构简单、体积小、工作可靠、效率高等特点而普遍应用于车载式压缩空气泡沫系统中(图 3.7)，具有可靠性高、操作维护方便、动力平衡好、适应性强、多相混输等优点[13]。螺杆式空气压缩机是容积式压缩机中的一种，空气的压缩依靠置于机壳内互相平行啮合的阴阳转子的齿槽容积变化而实现。转子副在与它精密配合的机壳内转动，使转子齿槽之间的气体不断地产生周期性的容积变化而沿着转子轴线由吸入侧推向排出侧，完成吸入、压缩、排气三个工作过程。螺杆式空气压缩机的工作过程分为吸气、密封及输送、压缩、排气四个过程。螺杆式空气压缩机的工作原理为，首先通过过滤器吸入周围的空气，使之进入压缩主机内，阴阳转子通过啮合运动来改变主机内的容积，同时腔内不断喷油、润滑和冷却螺杆，由此产生了受热后的油气混合物；升温升压后的油气混合物通过排气单向阀进入油气分离器，主机腔内大多数的油在油气分离器内与

压缩空气进行分离，然后经冷却后回到主机循环利用；当油气分离器内空气达到所需最低压力时最小压力阀开启，高温的压缩空气进入冷却器冷却后，即得到了所需的压缩空气。

在不宜使用空气压缩机的场所，通常使用压缩空气储气罐代替[14]，如图 3.8 所示。压缩空气储气罐是一种专门用于储存压缩空气的压力容器，其作用是用于存气或缓冲，避免空气压缩机频繁加卸载和除掉大部分的液态水，主要与空气压缩机、冷冻式干燥机、过滤器等设备配套使用，组成工业生产上的动力源即压缩空气站。

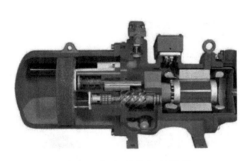 

图 3.7　螺杆式空气压缩机　　　　　　图 3.8　压缩空气储气罐

3.2.4　泡沫液储罐

在压缩空气泡沫系统中，泡沫液储罐多为移动式或半固定式，该储罐中部分设备为固定式，可及时启动；另一部分为移动式，发生火灾时可进入现场与固定设备组成灭火系统灭火。泡沫液储罐是主要由胶囊(将泡沫液与水分隔储存)、罐体(主要为卧式和立式罐体)、比例混合器(非预混式需要)、压力表及安全阀、排气阀、单向阀、排水阀、进水管路、排污阀等各类控制阀管通道组成的混合装置[15]。

泡沫液储罐可分为普通型泡沫罐及隔膜式储罐泡沫罐，如图 3.9 所示。普通型泡沫罐的溢水环安装在罐体内的最上方，沿进水管路流入罐内的压力水能从罐内上方缓缓流出，水与泡沫液不会快速搅拌，可保持密度大的泡沫液始终在水的下方，以满足比例混合器按比例使泡沫液与水混合的要求。隔膜式储罐泡沫罐由于储罐内带有高强度橡胶膜，在使用过程中所储存的泡沫液原液不与水接触，每次使用后所剩的泡沫原液不会失效。泡沫液储罐工作原理为，当消防水泵的压力水沿供水管道进入比例混合器时，一小部分压力水流经进水管道流入泡沫液储罐，将罐内(或隔膜内)的泡沫液压出，泡沫液通过出液管道进入压力式比例混合器，在混合器中与水按规定的比例形成混合液流出混合器，再通过混合液管被送入泡沫产生设备，喷射泡沫进行灭火。

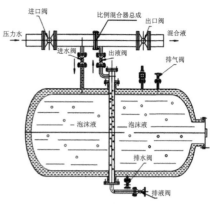

图 3.9 泡沫液储罐

3.2.5 泡沫比例混合器

根据结构和工作原理的不同，泡沫比例混合器可分为管线式、环泵式、压力式、平衡式、计量注入式、机械泵入式等。

1）管线式

管线式泡沫比例混合器由混合器本体、喷嘴、扩散管、吸液管、底阀、调节阀、过滤器等组成[16]，其结构见图 3.10。其设计基于文丘里管原理，当压力水以很高的速度经喷嘴射入真空室时，由于射流质点的横向紊动扩散作用，室内形成负压，储罐中的泡沫液在大气压的作用下通过吸液管进入真空室。两股流体在扩散管前喉管内混合并进行能量交换，水流速度减小，被吸入液体的速度增加，在喉管出口处二者趋近一致，压力逐渐增加。混合液通过扩散管后，大部分动能转换为压力能，使混合液出口压力进一步提高。此外，进入混合器内的另一小部分

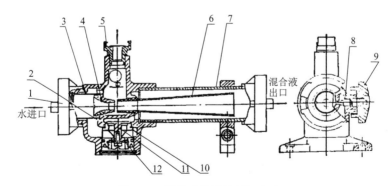

图 3.10 管线式泡沫比例混合器

1-管牙接口；2-混合器本体；3-过滤器；4-喷嘴；5-吸液管接口；6-扩散管；7-外接管；8-底阀座；9-底阀芯；10-橡胶膜片；11-调节阀芯；12-调节手柄

压力水经滤网和阀芯进入真空室外侧，调节阀芯控制由小孔进入真空室的水量，以达到所要求的3%或6%的混合比。

2）环泵式

环泵式泡沫比例混合器与管线式类似，都是基于文丘里管原理设计，都属于负压式泡沫混合器，由调节手柄、指示牌、阀体、调节球阀、喷嘴、混合室和扩散管等部分组成[17]，其结构及工作原理如图3.11所示。环泵式泡沫比例混合器安装在水泵的旁路上，进口接泵的出口、出口接泵的进口，泵工作时大股液流流向系统终端，小股液流通过比例混合器回流到泵的进口。回流液流时在其腔内形成一定的负压，泡沫液储罐内的泡沫液在大气压力作用下被吸到腔内与水混合，再流到泵进口与水进一步混合后抽到泵的出口，如此循环往复一定时间后其泡沫混合液的混合比达到规定值。依据其工作原理可知，消防泵进出口压力、泡沫液储罐液面与比例混合器的高差是影响其泡沫混合液混合比的两方面因素。消防泵进口压力由泵轴心与水池、水罐等储水设施液面的高差决定，进口压力越小，在一定范围内混合比越大，反之混合比越小，零压或负压较理想；进口压力一定时出口压力越高，在一定范围内混合比越高，反之越小；在重力的作用下，泡沫液储罐液面越高，混合比越高，反之越小。

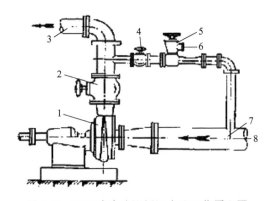

图3.11　环泵式泡沫比例混合器工作原理图

1-固定消防泵；2-出水总阀门；3-出水管；4-闸阀；5-比例混合器；6-吸入空气泡沫液；7-进水管；8-无压水源

3）压力式

压力式泡沫比例混合器主要由混合器本体、压力储罐、管路、减压孔板和相应阀门构成，根据结构形式的不同可以分为标准式和囊式[18]。压力式泡沫比例混合器工作原理为：从喷嘴（或孔板）的前、后分别向泡沫液储罐内引入两根支管，用文丘里管或孔板在比例混合器内制造流体动压差，同时使用两根支管产生压差；系统工作时，压力高的支管向泡沫液储罐内液面充水，泡沫液通过压力低的支管和支管孔板进入比例混合器，即用水置换泡沫液的方式实现泡沫液与水混合。通过控制文丘里管的喷嘴(或孔板)与支管孔板流通截面积的比例,可达到规定的混合比。泡沫混合液的混合比的切换(3%与6%之间的切换)靠更换支管孔板来调整。

标准压力比例混合装置如图 3.12 所示。适用于密度较大的蛋白类泡沫液(其密度一般在 1.1g/cm³ 以上),工作时将压力水直接充到储罐内的泡沫液的液面上,利用水在短时间内可漂浮于泡沫液之上,能在两者之间形成较稳定的分界面,将下层的泡沫液压入混合器中。不适用于高倍数泡沫液、水成膜泡沫液等密度较小的合成类泡沫液。由于该比例混合装置工作时泡沫液与水直接接触,泡沫系统一经启动,储罐内的剩余泡沫液就不能再用,所以不便于系统调试及日常试验等。

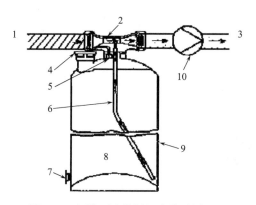

图 3.12　标准压力比例混合装置原理图

1-水;2-比例混合器;3-混合液;4-充装阀;5-充水管;6-吸液管;7-排泄口;8-泡沫液;9-泡沫液储罐;10-逆止阀

囊式压力比例混合装置如图 3.13 所示,它克服了标准压力比例混合装置的缺点,利用胶囊将泡沫液与水隔开,系统工作时泡沫液与水不直接接触,泡沫液一次未使用完可再次使用,便于调试、日常试验等。

4)平衡式

平衡式比例混合装置通常由泡沫液储罐、泡沫液泵、比例混合器、平衡阀、压力传感器、阀门、过滤器、控制柜以及管道等组成,其中,泡沫液泵、平衡阀和比例混合器是平衡式比例混合装置的关键部件[19]。

泡沫液泵的作用是向比例混合器输送泡沫液,由不锈钢等耐腐蚀材料制作,泡沫液泵的动力源一般为电力或消防水驱动,其扬程应保证在比例混合器处的泡沫液压力大于消防水的压力,并保证泡沫液的流量大于泡沫灭火系统所需最大混合液流量所对应的泡沫液流量。

比例混合器在结构上与压力比例混合装置类似,一般是一个带支管的文丘里管,也可以是一个带有孔板的 T 形管。文丘里管的喷嘴(或 T 形管干管的孔板)与支管孔板的面积按比例设计(94:6 或 97:3),在水压与泡沫液压力相等的情况下可以保证它们按设定的流量比进行混合。

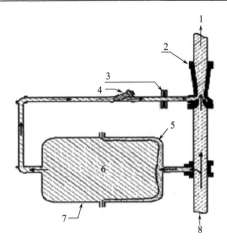

图 3.13　囊式压力比例混合装置原理图

1-混合液；2-比例混合器；3-孔板；4-过滤器；5-胶囊；6-泡沫液；7-泡沫液储罐；8-水

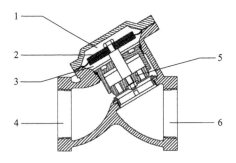

图 3.14　平衡阀结构示意图

1-上腔体；2-平衡膜板；3-下腔体；
4-泡沫液出口；5-阀芯；6-泡沫液进口

平衡阀由隔膜腔、阀杆和节流阀组成。隔膜腔被平衡膜板(带有托盘的波纹膜片或橡胶膜片)分成上下两部分,上下部分各设一个导压管接口。平衡阀的作用是通过平衡膜板的上下运动带动阀杆、阀芯的运动,改变节流阀的流通面积,调节泡沫液流量,保持泡沫液压力与消防水压力之间的平衡,并使泡沫液按规定的压力输入比例混合器中。按照平衡阀的应用方式,平衡阀分为溢流式平衡阀和直接泵入式平衡阀;按照平衡阀与比例混合器的组合形式,又分为分体式平衡阀和一体式平衡阀。以上两种平衡阀的工作原理基本相同,一体式平衡阀是将平衡阀与比例混合器合为一体的平衡阀。图 3.14 是一种溢流式平衡阀(分体式)的结构示意图。

溢流式平衡阀适用于泡沫液用量在 5000L 以上的大、中型泡沫灭火系统,是目前国内最常用的平衡阀装置,如图 3.15 所示。直接泵入式平衡阀适用于保护对象要求混合液流量范围很宽的大、中型泡沫灭火系统,如图 3.16 所示。

以溢流式工作流程为例,对平衡式比例混合装置的工作原理进行介绍。泡沫液从泡沫液泵输出后,分成两路,一路通过泡沫液主管道进入比例混合器;另一路通过泡沫液回流管道经平衡阀返回泡沫液储罐。比例混合器的泡沫液入口压力 (P_2) 通过导管传送到平衡阀隔膜腔下部;比例混合器消防水入口的压力 (P_1) 通过导管传送到隔膜腔的上部。系统正常运行(即在与比例混合器相适宜的混合液流量

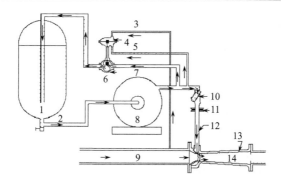

图 3.15　溢流式平衡式比例混合装置流程示意图

1-泡沫液储罐；2-泡沫液；3-水导管；4-隔膜腔；5-泡沫液导管；6-平衡阀的节流阀；7-泡沫液旁路；8-泡沫液泵；
9-压力水；10-过滤器；11-孔板；12-泡沫液；13-比例混合器；14-泡沫混合液

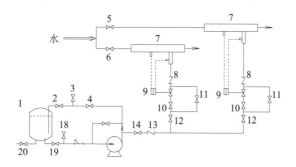

图 3.16　直接泵入式平衡式比例混合装置流程示意图

1-泡沫液储罐；2、12、19-自动阀；3、18-冲洗接扣阀；4、10、14、20-闸阀；5、6-水管路闸阀；7-比例混合器；
8、13-单向阀；9-平衡阀；11-辅助调节阀

范围内运行）时，P_1 和 P_2 处于平衡状态（$P_1=P_2$），平衡阀中的节流阀保持一定的开度，使多余的泡沫液返回泡沫液储罐中，混合液保持要求的混合比。当消防水的压力升高时，由于 $P_1>P_2$，导致平衡阀平衡膜板向下移动，并通过阀杆带动节流阀的阀芯向下移动，减小流通面积，使泡沫液的回流流量减少，从而使进入比例混合器的泡沫液的流量和压力上升，使 P_1 和 P_2 达到新的平衡。同理，当系统的消防水压力 P_1 下降时，节流阀增大流通面积，增加泡沫液的回流流量，降低 P_2，使 P_1 和 P_2 再次达到新的平衡。由于平衡阀可随时调节 P_1 或 P_2 并使它们保持平衡，加之比例混合器的水孔板和泡沫液孔板的流通面积有固定的比例，从而使平衡式比例混合装置在其规定的流量范围内具有很好的比例混合精度。上述的 $P_1=P_2$ 是一种理想状态，在实际应用中，为了保证泡沫液能够有效地进入比例混合器，并在较大的流量范围内有很好的比例混合精度，一般要使 P_2 高于 P_1 约 0.1MPa，令它们在这个压差下维持平衡。配有压力传感器、电磁阀、信号阀和控制柜等设备的平衡压力式比例混合装置可实现自动控制。

5）计量注入式

计量注入式泡沫比例混合器最大的特点是依靠信息化、自动化和领先化的监测与控制技术来实现混合比的调控，克服了其他类型泡沫混合装置流量范围小、混合比调节不准确和难以实现在线补液等缺点。计量注入式比例混合装置有若干种型式，图 3.17 是其中一种典型的计量注入式比例混合装置流程图。该比例混合装置由美国开发，主要用于消防车，在固定系统上应用极少。计量注入式比例混合装置结构复杂，对设计、安装、调试、维护管理人员的技术能力要求较高，在我国固定式系统中很难推广使用[20]。

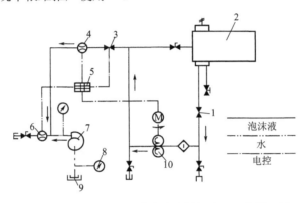

图 3.17　典型计量注入式泡沫比例混合器工作原理图

1-截止阀；2-泡沫液储罐；3-电动计量阀；4-流量计；5-电控器；6-流量计；7-水泵；8-压力表；9-水源；10-泡沫液泵

6）机械泵入式

机械泵入式比例混合装置是一种新型的比例混合装置，主要由水轮机、泡沫液泵、联轴器、控制阀门、单向阀、安全阀及混合管路等组成，见图 3.18。其工作原理为：利用主管道上的水轮机通过联轴器带动泡沫液泵抽吸泡沫液，泡沫液直接进入混合管路在水轮机处和消防水混合，形成预定比例的混合液[21]。

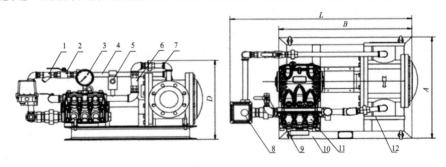

图 3.18　典型机械泵入式比例混合装置工作原理图

1-过滤器；2-球阀；3-压力表；4-进水管；5-安全阀；6-止回阀；7-出泡沫液管；8-电动三通球阀；9-调试阀；10-型钢底撬；11-泡沫液泵；12-水轮机

3.2.6　气液混合装置

使空气与泡沫混合液混合并产生一定发泡倍数的空气泡沫的设备称为气液混合装置。压缩空气泡沫灭火系统中的气液混合装置主要由喷嘴、发泡筒、发泡网、风叶等组成。其工作原理为：具有一定压力的泡沫混合液通过喷嘴以雾化形式均匀喷向发泡网，由于混合液具有较低的表面张力和很好的润湿性，在网的内表面上形成一层混合液薄膜，由风叶送来的气流将混合液薄膜吹胀成大量的气泡，连续不断地产生一定倍数的泡沫[22]。

气液混合装置根据结构与形式可分为横式(图 3.19)和立式两种(图 3.20)。横式泡沫产生器由壳体组、泡沫喷管组、密封玻璃和导流板组成。其中，泡沫喷管的作用是使空气泡沫通过泡沫喷管进入储罐内；密封玻璃的作用是隔离油气；导流板的作用是空气泡沫沿罐壁流下，覆盖在燃烧的油面上。立式泡沫产生器由缓冲器、导流罩、管道、发生器组成，各部件功能同横式泡沫产生器功能相同，只是安装结构不同。

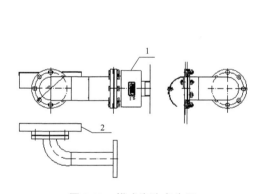

图 3.19　横式泡沫产生器

1-空气泡沫产生器；2-导流板

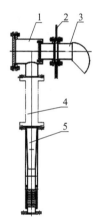

图 3.20　立式泡沫产生器

1-缓冲器；2-储罐壁；3-导流罩；4-管道；5-发生器

3.2.7　泡沫释放装置

泡沫释放装置是指用于将压缩空气泡沫按照预定模式释放到防护区的装置，如压缩空气泡沫喷头、压缩空气泡沫喷淋管、压缩空气泡沫炮、压缩空气泡沫枪等[23]，如图 3.21 所示。

由于压缩空气泡沫不同于低倍数泡沫，是已均匀混合空气的发泡状态，使用传统泡沫释放装置的泡沫状态并不良好。压缩空气泡沫系统中，泡沫产生在前端主机部分，释放装置只起分配泡沫的作用，而无需泡沫产生功能，克服了传统泡

(a)压缩空气泡沫喷头 　　　　　　(b)压缩空气泡沫喷淋管

(c)压缩空气泡沫炮 　　　　　　(d)压缩空气泡沫枪

图 3.21　典型泡沫释放装置

沫灭火系统易因吸入泡沫产生装置周围的高温烟尘而降低泡沫质量的问题，泡沫产生及泡沫性能受火灾、高温、烟气、爆炸等因素影响小，因此保证了系统的高效性和可靠性。

3.3　压缩空气泡沫灭火系统分类

按照压缩空气泡沫灭火系统应用方式的不同，可将其分为固定式压缩空气泡沫灭火系统及移动式压缩空气泡沫灭火系统。固定式压缩空气泡沫灭火系统的典型应用主要为储罐区压缩空气泡沫灭火系统、高层(超高层)建筑物压缩空气泡沫灭火系统、压缩空气泡沫喷淋系统，而移动式压缩空气泡沫灭火系统的典型应用为压缩空气泡沫消防车、压缩空气泡沫消防炮系统、推车移动式压缩空气泡沫灭火装置、背负式压缩空气泡沫灭火装置[24]。

3.3.1　固定式压缩空气泡沫灭火系统

固定式压缩空气泡沫灭火系统是将水、压缩空气和泡沫灭火剂按适当的比例混合，经固定管网输送至特殊喷头释放，从而实现灭火的系统[25]。系统的管网可使用传统喷淋系统或泡沫系统的管网,为了将泡沫均匀地喷洒至受保护区域,需要使用一种特殊泡沫喷头或泡沫喷淋管。

1. 储罐区压缩空气泡沫灭火系统

根据泡沫释放位置的不同,储罐区压缩空气泡沫灭火系统可分为油罐液上喷射系统和油罐液下喷射系统[26,27]。

1)液上喷射系统

液上喷射系统是指泡沫产生装置安装在储罐顶部,将泡沫从燃液上方喷放至罐内的泡沫系统,根据泡沫释放装置安装位置的不同,又可分为罐壁式和浮盘边缘式,该类型系统适用于各类非水溶性甲、乙、丙类液体储罐和水溶性甲、乙、丙类液体的固定顶、外浮顶、内浮顶储罐。

(1)罐壁式。罐壁式泡沫灭火系统是我国各类储罐常用的消防系统,可用于扑救全面积火灾和密封圈火灾[28]。该系统的特点为泡沫输送管线安装在储罐外壁,在罐壁顶部安装有泡沫发生装置及泡沫喷嘴,系统示意图如图 3.22 所示。当灭火系统启动后,灭火泡沫由储罐顶部的泡沫喷嘴喷出,沿储罐内壁流下并覆盖在失火油面。然而,该系统存在着明显的不足:泡沫输送距离长,不能快速进入密封圈处,操作不当易延误最佳灭火时机;由于泡沫喷嘴安装位置较高,泡沫极易受外部风载、火场热气流的干扰,导致泡沫利用率降低。

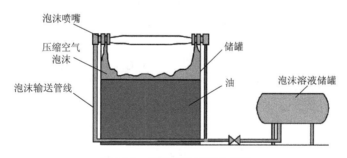

图 3.22　罐壁式泡沫灭火系统

(2)浮盘边缘式。浮盘边缘式泡沫灭火系统(图 3.23)主要用于扑救浮顶储罐的密封圈火灾,该系统的特点为灭火泡沫通过安装在浮盘上的泡沫输送管线到达浮盘边缘的泡沫喷嘴,从而喷射在密封圈失火处。其中,泡沫可以由储罐外部或是安装在浮顶上的泡沫发生装置供应,泡沫喷嘴可以安装在密封圈外部,也可安装在密封圈内部。相对于罐壁式泡沫灭火系统,该系统大大减小了外部环境的干扰。但当消防泡沫由外部供应时,泡沫输送柔性管需在储罐内部,泡沫通过罐内柔性管输送到浮顶中央的泡沫分配器,再输送到各个喷嘴。由于输送管线的密封性能不能得到很好的保证,加上维修保养费用较高,浮盘边缘式泡沫灭火系统在我国的推广受到了限制[29]。

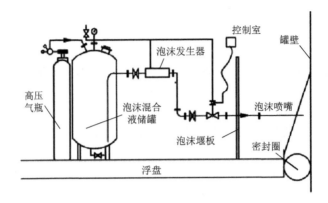

图 3.23　浮盘边缘式泡沫灭火系统

2) 液下喷射系统

液下喷射系统是将压缩空气泡沫通过泡沫喷射口从液面下喷射到储罐内，泡沫在初始动能和浮力的推动下到达燃烧液面实施灭火的泡沫系统，如图 3.24 所示。整个系统采用外部供应压缩空气泡沫，泡沫通过安装在储罐底部的泡沫导入筒释放到油液内，穿过油液在油面上形成泡沫层，适用于部分非水溶性甲、乙、丙类液体常压固定顶储罐，不适用于内、外浮顶储罐，因为浮顶阻碍了泡沫的流动，使之难以到达预定的着火处。由于液下喷射关键在于泡沫需要经过油液到达失火处，而泡沫溶液混合比、发泡倍数这些参数都影响着泡沫穿过油液时泡沫膜表面所携带油量的多少，直接影响灭火效率。泡沫流量太大，会造成油面剧烈波动，增大火焰与可燃液体的接触面积，造成火势增大；泡沫流量太小，灭火效率低，延误最佳扑救时机[30]。

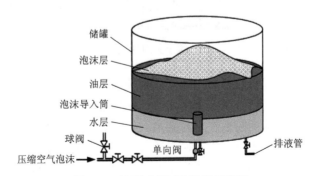

图 3.24　液下喷射试验装置示意图

2. 高层(超高层)建筑物压缩空气泡沫灭火系统

高层(超高层)建筑物压缩空气泡沫灭火系统是指布置在高层或超高层建筑物内部的固定式灭火系统，该系统可有效提升高层建筑的火灾防控水平，实现泡沫固定管网和释放装置与消防部队移动式灭火救援装备联用，能够充分发挥"固移结合"协同灭火作战的优势。

应急管理部天津消防研究所的陈涛等设计了一种适用于超高层建筑的压缩空气泡沫灭火系统[31]，如图 3.25 所示。该系统主要包括高压压缩空气泡沫产生装置、高压消防立管、组合式压缩空气泡沫释放装置、分区阀、泡沫流量分配阀、系统

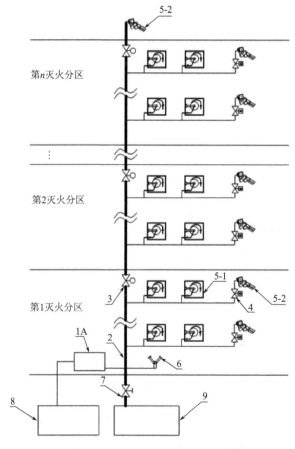

图 3.25　固定式压缩空气泡沫灭火系统示意图

1A-固定式高压压缩空气泡沫产生装置；2-高压消防立管；3-分区阀；4-泡沫流量分配阀；5-1-压缩空气泡沫栓箱；
5-2-压缩空气泡沫电控智能炮；6-高压水泵接合器；7-泄放阀；8-消防水池；9-污水井

控制器等组件。高压压缩空气泡沫产生装置设置中央控制器,可控制泡沫的气液比随供泡时间延长逐渐递增;高压消防立管与高压压缩空气泡沫产生装置连通,高压消防立管垂直立设于超高层建筑外墙上或者超高层建筑内,并通过设置分区阀划分为若干灭火分区,每个楼层内设置一套组合式压缩空气泡沫释放装置,系统控制器设置在超高层建筑消防控制中心,远程控制各分区阀的启闭以及泡沫流量分配阀的启闭和开度。

　　高压压缩空气泡沫产生装置为固定模块,主要包括消防水箱、泡沫液罐、高压泡沫液泵、高压空气压缩机、高压缓冲气罐、气液混合器、相应调节阀及管路、中央控制器。其中,气液混合器进行气液混合并连接泡沫输出口,通过泡沫输出口与高压消防立管连通,向高压消防立管提供高压压缩空气泡沫;中央控制器线路连接并控制泡沫液管路的高压泡沫液泵、泡沫液流量计、泡沫混合液管路的泡沫混合液流量计、液体调节阀,以及高压供气管路的高压气体流量计、高压气体流量调节阀,可根据各管路背压,自动调整流量至设定流量,通过自适应控制,保证输入高压消防立管的泡沫流量稳定并调节泡沫干湿程度。组合式压缩空气泡沫释放装置采用压缩空气泡沫栓箱与压缩空气泡沫电控智能炮或压缩空气泡沫喷淋装置的组合方式。压缩空气泡沫栓箱和压缩空气泡沫电控智能炮的流量大小由泡沫流量分配阀自动预设,并通过手动或电动调控。压缩空气泡沫栓箱箱体内安装有一套压缩空气泡沫栓,包括活动铰接头、泡沫支管、消防软管卷盘、启闭阀、消防软管、压缩空气泡沫枪。其中,消防软管卷盘通过活动铰接头固定在箱体内,消防软管卷盘上设有消防软管;消防软管的一端连接泡沫枪,另一端通过启闭阀与固定在箱体上的泡沫支管出口连接,泡沫支管入口伸出箱体外与所述高压消防立管连通;高压消防立管底部设置卸放阀,通过卸放阀排放超压泡沫或者管道残余液体至污水井。

　　当超高层建筑发生火灾时,由现场人员启动高压压缩空气泡沫产生装置向高压消防立管供泡,开始从位于楼顶灭火分区的组合式压缩空气泡沫释放装置中的压缩空气泡沫电控智能炮或压缩空气泡沫喷淋装置进行排气;系统控制器接收到具体楼层火灾报警信号后,立即迅速打开对应楼层的泡沫流量分配阀至预设位Ⅰ,阀门全开,开始从组合式压缩空气泡沫释放装置中的压缩空气泡沫电控智能炮进行排气,确保在消防人员未使用压缩空气泡沫栓箱时,管道内的气体与泡沫能够及时从压缩空气泡沫电控智能炮喷射释放,最大限度降低憋压或限流导致的泡沫中液体沉积、流量减小现象;同时快速关闭火灾楼层所对应灭火分区的分区阀,以缩短泡沫输送响应时间,最大限度提升出泡速度。

　　当火灾位于低楼层时,高压压缩空气泡沫产生装置按照设定流量和气液比稳定输出泡沫至高压消防立管,再输送至组合式压缩空气泡沫释放装置进行喷射;当火灾位于高楼层时,高压压缩空气泡沫产生装置根据泡沫输出管道的背压大小,通过中央控制器自动通过调节阀开度和泡沫泵转速来调整流量和气液比至设定值，并保持按照设定参数持续稳定输出高质量泡沫至高压消防立管，克服垂直长距离高背压后，再输送至组合式压缩空气泡沫释放装置进行喷射；通过中央控制器控制泡沫的气液比随供泡时间延长逐渐递增。

当压缩空气泡沫电控智能炮喷放泡沫覆盖到火源时，采用远程或现场调控压缩空气泡沫电控智能炮喷泡灭火；当压缩空气泡沫电控智能炮无法喷放泡沫覆盖到火源时，由消防人员使用组合式压缩空气泡沫释放装置中的压缩空气泡沫栓箱的泡沫枪进行灭火，首先打开压缩空气泡沫栓箱的启闭阀，然后将泡沫流量分配阀通过远程或现场调整到预设位 II，开度 5%～80%，通过调控流向压缩空气泡沫栓箱和压缩空气泡沫电控智能炮的流通通径比例，自动控制分配二者泡沫流量，同时可通过自动或手动调控阀门开度，实时调节压缩空气泡沫栓箱的泡沫枪的实际压力与流量大小。

3.3.2　移动式压缩空气泡沫灭火系统

移动式压缩空气泡沫灭火系统是指火灾发生时可由存放地点移至火场的泡沫灭火设备所组成的灭火系统，此系统主要由水源（室外消火栓、消防水池或天然水源）、移动式泡沫产生装置、泡沫释放装置等组成。移动式压缩空气泡沫灭火系统的特点是布置灵活，尤其是当固定式压缩空气泡沫灭火系统受到甲、乙、丙类液体储罐局部爆炸破坏时，可充分发挥可移动的优势，常用于发生火灾位置难以确定或人员难以接近的场所、流淌的 B 类火灾场所及火灾时需要排除有害气体的封闭空间。值得注意的是，地下空间中移动式压缩空气泡沫灭火装置需与导泡筒配合使用。

1. 压缩空气泡沫消防车

压缩空气泡沫消防车指配备有压缩空气泡沫灭火系统的消防车，是最常见的移动式压缩空气泡沫灭火设备之一，也是国内外消防装备生产企业致力开发的代表 21 世纪发展方向的重要消防产品[32]，如图 3.26 所示。

压缩空气泡沫消防车主要由底盘、乘员室、容罐、泵及管路、功率输出及传动装置、附加电器、消防器材及固定装置、压缩空气泡沫灭火系统、操控系统等组成，其典型结构如图 3.27 所示。

压缩空气泡沫消防车系统中，供水系统主要由离心式消防泵组成，是提供压力水源的主要部件；供液系统主要由电动吸液泵组成，是提供泡沫液的主要部件；压缩空气系统主要由空气压缩机组成，是提供压缩空气的主要部件；混合发泡系统主要由比例混合器组成，是提供压缩空气泡沫混合的主要部件；控制系统主要由各种电路板、控制软件等组成，是整个压缩空气泡沫系统的中枢。

图 3.26 压缩空气泡沫消防车[33]

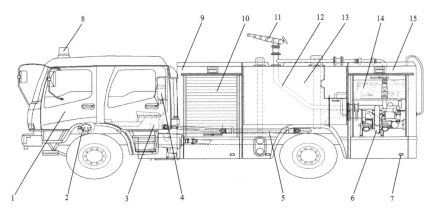

图 3.27 压缩空气泡沫消防车结构示意图

1-汽车底盘；2-冷却器；3-取力器；4-座椅及空呼器架；5-传动轴；6-消防泵；7-照明和信号装置；8-警灯警报器；9-前车厢；10-消防器材；11-消防炮；12-管路系统；13-液罐总成；14-自动压缩空气泡沫系统；15-后车厢

　　启动装备时，水通过消防泵进入泡沫比例混合系统，泡沫原液通过电动泡沫泵进入泡沫比例混合系统，空气压缩机将空气加压后送入泡沫比例混合系统，水、泡沫原液和压缩空气在比例混合系统内充分混合后，直接产生压缩空气泡沫，运行流程如图 3.28 所示。同时，通过控制系统对水、泡沫和压缩空气流量进行精确控制后，可以实现三者的最佳配比，产生理想的干、湿压缩空气泡沫。与传统泡沫消防车相比，压缩空气泡沫消防车具有用水量小、泡沫灭火渗透力强、复燃性极小、灭火效率高、泡沫射程远等特点，在扑救高层建筑、油类和其他火灾中都具有较强的实用性。

　　目前，市场中压缩空气泡沫消防车种类较多，部分为整车进口，而部分国产压缩空气泡沫消防车多以底盘改造方式生产，其压缩空气泡沫系统仍以集成式进

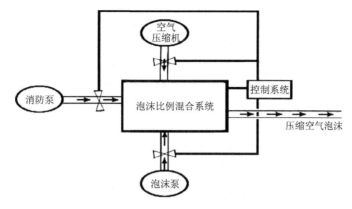

图 3.28　压缩空气泡沫消防车运行流程图

口为主，缺少统一标准。针对此情况，我国以"Fire-Fighting—Positive-Pressure Proportioning Systems（PPPS）and Compressed-Air Foam Systems（CAFS）"（BS EN 16327: 2014）[34]、"Fire Protection—Foam Fire Extinguishing Systems—Part 5: Fixed Compressed Air Foam Equipment"（ISO 7076-5: 2014）[35]及"Fire Protection—Foam Fire Extinguishing Systems—Part 6: Vehicle Mounted Compressed Air Foam Systems"（ISO 7076-6: 2016）[36]为蓝本，推出了《消防车第 6 部分：压缩空气泡沫消防车》（GB 7956.6—2015）[37]，提出了强制或推荐性要求。

1）整车要求

（1）燃油箱容量应满足压缩空气泡沫车行驶 100km 后在消防泵额定流量和出口压力下连续工作 2h。

（2）压缩空气泡沫车的控制面板应符合以下要求：控制面板上的操作按钮、开关附近应有中文用途标牌和开关位置标牌，标牌上的字高不应低于 10mm；操作按钮及开关应至少包括泡沫混合比调节功能、水和压缩空气泡沫转换功能、干湿泡沫转换功能、发动机转速控制功能、管路冲洗控制功能、紧急停机功能；控制面板应设置水、泡沫和压缩空气的管路系统简图，并应标明适用的泡沫液类型，控制面板无法设置管路系统简图的,可设置在同侧便于操作人员观察的合适位置；控制面板应设置中文操作说明（包括开启和关闭顺序、阀门开启和关闭的要求、可能具有微毒性或破坏环境的警告、允许工作的温度范围），字高不应低于 7mm，应保证操作人员能够正确操作压缩空气泡沫系统；控制面板上应列出压缩空气泡沫系统额定工况时的出口压力和喷射干、湿泡沫时的比例范围。

（3）压缩空气泡沫车上采用的图形标识应是普遍认同的标识,否则应直接标注中文标识。

（4）消防泵进、出口应设置压力测试用接口，接口规格为 M10×1.5 的外螺纹，螺纹长度不小于 15mm，接口位置应便于外接压力表的安装，并标注标识。

(5)当压缩空气泡沫车设置压缩空气外输出口时,该输出口应采用快插式连接方式,当压缩空气泡沫系统工作时,该输出口应能停止向外输出压缩空气。

(6)各操作机构应灵便可靠,自动控制系统中各阀门应有手动应急装置。

(7)压缩空气泡沫车配置的吸水管,配置的滤水器过流面积不应降低消防泵的额定压力和流量。

2)底盘改制要求

(1)底盘改制前,消防车用的底盘在停车状态驱动大功率负载时,其发动机的冷却系统应加装附加冷却系统,附加冷却系统的冷却介质与发动机冷却水不能相混,并在最低处有放尽冷却介质的装置;附加冷却系统应保证在消防车设计的各种工况下都能将发动机温度控制在符合要求的范围内。

(2)底盘改制前,对需要有动力输出要求的消防车底盘应安装功率输出装置,若驱动的负载大于发动机额定输出功率的60%以上时,应安装夹心式功率输出装置或断轴式功率输出装置;夹心式功率输出装置或断轴式功率输出装置宜加装强制冷却器,强制冷却器的液体冷却介质不应与功率输出装置的润滑油相混,冷却介质的流量应能调节,并在最低处有放尽冷却介质的装置;功率输出装置的操纵按钮旁应有中文指示和工作指示灯,断轴式功率输出装置的操纵按钮在驱动消防泵的位置应有防止误操作机构;功率输出装置在额定负载工况下持续工作时间不应小于6h,最高油温不应大于100℃。

(3)底盘改制前,加装夹心式功率输出装置后,离合器接合应平稳,分离彻底,工作时不应有异响、抖动或不正常打滑现象。

(4)底盘改制前,加装夹心式功率输出装置后,变速器的操作应平稳可靠,无卡阻、跳挡、脱挡现象;运行中应无异响,换挡杆及其传动杆件不应与其他部件干涉。

(5)底盘改制前,若加装功率输出装置对行驶驱动传动轴进行了改制,应对传动轴动平衡进行校核,校核结果符合底盘的动平衡的要求;功率输出装置与负载相连的传动轴应校核动平衡,保证运行平稳,不发生抖动和异响。

(6)底盘改制前,排气系统的排气口不应朝着操作人员或消防车右侧;排气管不应布置在可能导致车辆部件或消防装置过热的地方;排气管应安装消声器;在排气系统暴露的地方应设置保护装置以防止可能对操作人员带来的伤害。

(7)底盘改制前,空气制动系统的压缩空气不能用于顶升气垫、气动工具等抢险救援设备;当消防车使用底盘空气制动系统的压缩空气作为气动阀等部件的气源时,应从底盘制造厂规定的取气部位取气,并在取气管路中安装控制阀和过滤器,管路材料应与底盘制动系统管路相同而颜色不同;制动管路及用气部件的气管路不应与车架的刃边、撑杆、螺栓头或支架等接触,若无法避免,应采取护圈、波形管或橡胶夹片等保护措施;制动管路及用气部件的气管路应采用紧固措施与车架固定，紧固措施的间距不大于 600mm；制动管路及用气部件的气管路与排气管等发热部件的距离若小于 300mm，应采用隔热措施保护管路；制动管路及用气部件气管路应避免接触蓄电池酸性液体等有害液体，尼龙管路不应涂漆；经改制后的空气制动系统或液压制动系统不应漏气或漏油。

(8)底盘改制前，燃料系统的燃料箱及燃料管路应坚固并固定牢靠，不会因震动和冲击而发生损坏和漏油现象，燃料箱的加油口及通气口应保证车辆晃动时不漏油；燃料箱的加油口和通气口不应对着排气管的开口方向，且应距排气管的任一部位 300mm 以上，否则应设置有效的隔热装置，燃料箱的加油口和通气口应距裸露的电气接头及外部可能产生火花的电气开关 200mm 以上；燃料箱的加油口和通气口不应设置在有乘员的车厢内，改装不应影响燃油箱中输油管的拆装。

(9)底盘改制前，车架需要开孔时，应对所开之孔进行防腐处理；与车架连接的所有上装部件应采用铆接或螺栓连接，不应焊接；底盘车架上平面如有铆钉头或螺栓头，改制时不应对铆钉头或螺栓头进行打磨或其他有损其连接强度的加工；底盘改制时可以接长后悬，但不应接长前悬，接长的后悬不应超过轴距的 65%，并且不应大于 3.5m。

(10)底盘改制前，牵引钩底盘前端应设置拖钩，后端应设置牵引钩。

(11)底盘改制后，对定型生产的底盘进行了一些不影响整车主要技术性能的局部改动时(如蓄电池、储气桶移位，增加乘员室等)应进行 5000km 可靠性行驶试验，可靠性行驶试验后底盘各功能应正常，不应有部件损坏、位移、断裂、接触不良、漏油、漏水和漏气等现象，动力性能不应低于可靠性行驶试验前性能。

(12)当罐体直接安装在底盘上时，应保证罐体与底盘弹性连接且不与底盘直接接触。

3)压缩空气泡沫系统通用要求

(1)压缩空气泡沫系统应能实现干泡沫和湿泡沫的喷射，并应能确保至少同时使用 2 支 A 类泡沫专用枪。

(2)压缩空气泡沫系统在额定出口压力下喷射湿泡沫时，消防炮喷射的混合液流量不应低于 8L/s，除消防炮外每个喷射出口的混合液流量不应低于 3L/s；压缩空气泡沫系统在额定出口压力下喷射干泡沫时，除消防炮外每个喷射出口的混合液流量不应低于 1.5L/s。

(3)压缩空气泡沫系统运行时不应采用调整末端出口阀门开度的方式来切换干、湿状态以及调节系统的出口压力。

(4)压缩空气泡沫系统应具有压力自动平衡功能,在整个工作范围内能自动将压缩空气系统的出口压力和消防泵的压力差值控制在 15% 范围内。

(5)压缩空气泡沫系统应设置系统停止运行后释放残余压力的装置,该装置应设置在便于操作的位置。

(6)压缩空气泡沫系统应具备清洗功能,能自动完成泡沫比例混合系统和管路的清洗,并应避免管路内残液在清洗过程中流向泡沫液罐或水罐,清洗操作开关应设在控制面板上。

(7)压缩空气泡沫系统在最大允许工作压力和流量的工况下运行时,不应出现渗漏现象。

(8)压缩空气泡沫系统的管路应设置防止水、压缩空气、泡沫液倒流的装置。

(9)压缩空气泡沫系统的管路应用不同颜色区分。压缩空气管路应为黑色,消防泵进水管路及水罐至消防泵的输水管路应为 G05 深绿色,消防泵的出水管路应为 R03 大红色,泡沫液罐至泡沫液泵的输液管路应为 Y08 深黄色。

4)压缩空气泡沫系统性能要求

(1)压缩空气泡沫系统在所有设定工况运行时,压缩空气系统应能满足相应工况下需要的供气量,且压缩空气系统的出口压力与消防泵出口压力差值不大于15%。

(2)压缩空气泡沫系统喷射泡沫时,系统工作应稳定,不应出现脉冲或间歇喷射等异常现象。

(3)压缩空气泡沫系统的 A 类泡沫喷射性能应符合表 3.2 的要求。

表 3.2　压缩空气泡沫喷射性能

喷射装置	泡沫状态	额定喷射压力/MPa	混合液流量/(L/s)	发泡倍数	射程/m	25%析液时间/min
A 类泡沫专用枪	湿泡沫(泡沫混合比 0.3%)	制造商公布值	制造商公布值×(1%±8%)	≥5	≥20	—
	干泡沫(泡沫混合比 0.7%)			≥10	≥12	≥3.5
消防炮	湿泡沫(泡沫混合比 0.3%)			≥5	≥40	—

(4)干泡沫附着性能。压缩空气泡沫系统应进行干泡沫附着试验,喷射的干泡沫应能附着在垂直墙面上保持 10min,10min 后覆盖面积不应低于原覆盖面积的70%。

5)压缩空气系统要求

(1)压缩空气系统在额定出口压力下,额定流量不应低于喷射干泡沫时各出口混合液流量之和的 12 倍,且不应低于喷射湿泡沫时各出口混合液流量之和的 6 倍。

(2)压缩空气系统应设置安全阀。安全阀的动作压力应为压缩空气系统额定出口压力的 1.1~1.15 倍;安全阀应能在压力恢复正常后自动复位;压缩空气系统的空气压缩机储油罐应进行爆破试验,爆破压力不应低于空气压缩机最大出口压力的 3.5 倍,破裂不应产生碎片,爆破口不应发生在封头上、纵焊缝及其熔合线上、环焊缝上(垂直于环焊缝除外)。

(3)压缩空气系统应进行可靠性试验,试验时系统应工作正常,不应出现空气压缩机过热报警等现象。

(4)当压缩空气系统装有热交换器时,热交换器的安装位置应保证不会造成正常操作人员的烫伤,否则应安装隔热装置,压缩空气系统正常工作时隔热装置的表面温度不应大于 60℃。

6)泡沫比例混合系统要求

(1)与泡沫液直接接触的零部件应采用铜合金或具有同等耐腐蚀性能的材料制造。

(2)当泡沫比例混合系统的比例可调时,A 类泡沫比例应能按 0.1%步长调整,调整范围为 0.2%~1.0%,当系统同时具有 B 类泡沫液混合功能时,还应能满足所选用 B 类泡沫液的混合比要求。

(3)泡沫比例混合系统的混合比精度应符合表 3.3 的要求。

表 3.3 混合比精度要求

泡沫类型	0.2%~1%型	3%型	6%型
精度要求	设定值×(100%~140%)	3.0%~4.0%	6.0%~7.0%

(4)泡沫液泵进行可靠性试验时,不应出现泡沫液泵流量降低、异常温升、异常噪声、部件损坏等现象。

(5)当泡沫液罐内泡沫液剩余量低于标称容量的 5%时,泡沫液泵应能自动停机。

(6)泡沫比例混合系统应设置外吸泡沫液接口和吸液管,拆装应方便。

7)消防泵要求

(1)压缩空气泡沫消防车配备的消防泵应符合相关要求。

(2)消防泵放余水装置应操作方便,并应直接将余水排至车外。

(3)在大气压力为 101kPa 下,消防泵引水装置所能形成的最大真空度不应小于 85kPa;引水装置的密封性在最大真空度条件下,1min 内真空度的降低数值不应大于 2.6kPa。

(4)在大气压力 101kPa、水温 20℃时,消防泵的最大吸深不应小于 7m,引水时间应符合表 3.4 的要求。

(5)在最大吸深时,消防泵的流量和出口压力应满足表 3.5 的规定。

(6)消防泵连续运转性能应满足以下要求:在连续运转试验过程中,发动机转速不应超过额定转速;发动机无异响、过度震动、漏水、漏油、漏气等异常现象;

表 3.4　引水时间要求

额定流量/(L/s)	≤80	>80
引水时间/s	≤60	≤100

表 3.5　最大吸深时泵的性能

消防泵形式	流量	出口压力
低压、中低压、高低压消防泵	低压额定值的 50%	≥低压额定值
中压消防泵	额定值的 50%	≥额定值
高压消防泵		

发动机水温应小于 90℃；发动机机油温度应小于 95℃；变速器及功率输出装置的润滑油温度应小于 100℃；功率输出装置的输出轴轴承座温度应小于 100℃。

(7)消防泵应进行超负荷运转试验,发动机和消防泵应工作正常,无过度震动、漏油等现象。

8)消防炮要求

(1)消防炮装车后的俯角不应小于 7°。

(2)车顶炮的进水管路应设置控制启闭的阀门。

(3)车顶炮应设置锁紧机构和支撑机构,车前炮应有锁紧机构,锁紧机构应能在消防炮喷射时将其锁止在任何俯仰、回转角度位置;支撑机构在压缩空气泡沫车行驶时能够可靠支撑消防炮。

(4)当消防炮为无线遥控时,消防炮的遥控信号不应对消防车其他控制系统和通信系统的工作造成干扰。

9)进水管路要求

(1)当消防泵进水口设置在侧面时,应在消防车两侧均设置进水口,单侧进水口应满足压缩空气泡沫车额定压力和流量的要求。

(2)消防泵额定流量不小于 100L/s 的压缩空气泡沫车进水管路应设置阀门。

(3)进水管路应保证 45s 内能够放尽管路内的余水。

(4)消防泵的每个进水口和吸水管之间应安装抗腐蚀滤网,滤网的过流面积不应降低消防泵的额定压力和流量。对于额定流量不大于 30L/s(大于 30L/s)的消防泵,滤网上的孔不应通过大于或等于 8mm(13mm)的颗粒。

(5)进水管路在 0.8MPa 静水压下不应出现管路漏水、冒汗、密封件渗漏等现象,在 1.2MPa 静水压下不应破裂,不应产生影响正常使用的永久变形。

(6)压缩空气泡沫车应配置吸水管,每辆车携带的吸水管长度不应小于 8m。

10)出水管路要求

(1)出水管路的通径和数量应保证压缩空气泡沫车在额定工况下的出水流量。

（2）出水管路最低处应设置能保证 45s 内放尽出水管路内余水的装置,操作应简便。

（3）当出水口中心离地高度大于 1.2m 时,出水口应向下倾斜,且离操作踏板上平面的高度不应大于 1.2m。

（4）出水管路和消防泵之间应设置止回阀。

（5）出水管路应经静水压密封试验,试验压力为出水管路承受的最大工作压力值的 1.1 倍,试验后管路及各连接处不应出现渗漏。

（6）出水管路应经静水压强度试验,试验压力为出水管路承受的最大工作压力值的 1.5 倍,试验后不应出现明显变形和结构破坏。

（7）在出水管路最大工作压力下,手动启闭出水阀门的操作力均不应大于 200N,非手动启闭的出水阀门按正常操作方法应能正常启闭;当出水管路没有压力时,手动启闭出水阀门的操作力均不应大于 50N。

（8）出水阀门应设置指示启闭方向的标牌,在操作位置可见处应设置"缓慢打开出水阀"的警示标牌,出水阀门应从结构上保证开启至最大开度的时间大于 5s。

11）水罐至消防泵的输水管路要求

（1）水罐至消防泵的输水管路上应设置阀门,阀门应操作方便,当消防泵额定流量大于 60L/s 时,不应采用手动方式。

（2）当水罐内的输水管路进口设置在排污孔邻近部位时,应采取措施防止污物进入消防泵内。

（3）输水管路进口应设置滤网,并应满足消防泵额定工况的要求。

（4）消防泵额定流量不大于 100L/s 的压缩空气泡沫车,水罐至消防泵的输水管路应能保证吸取罐容量 90% 以上的水;消防泵额定流量大于 100L/s 的压缩空气泡沫车,水罐至消防泵的输水管路应能保证吸取罐容量 85% 以上的水。

12）泡沫液罐至泡沫液泵的输液管路要求

（1）泡沫液罐至泡沫液泵的输液管路应能吸取罐容量 95% 以上的泡沫液。

（2）输液管路进口应设置滤网,并应满足泡沫液泵以及泡沫比例混合器的最大流量要求。

（3）在大气压力为 101kPa 下,承受 85kPa 真空 5min,输液管路不应出现渗漏和肉眼可见的变形。

13）液罐罐体要求

（1）水罐、B 类泡沫液罐和阀门应采用耐腐蚀材料制造或经过防腐处理,A 类泡沫液罐应使用不锈钢材料或其他耐腐蚀材料制造。

（2）泡沫液罐应设置呼吸装置,呼吸装置应保证压缩空气泡沫车工作时泡沫液的正常输送。

（3）压缩空气泡沫车罐体容积大于或等于 12m³ 时,容积误差不应大于 ±2%;

容积小于 12m³ 且不小于 1m³ 时，每减少 1m³，其误差绝对值增加 0.1%；容积小于 1m³ 时，容积误差不应大于 10%。

(4) 当罐体容积大于 2m³ 时，罐内应设置防荡板；当罐体容积大于 3m³ 时，罐内应设置纵向防荡板，防荡板隔出的单腔容积不应大于 2m³。

(5) 容积大于 1m³ 的罐体顶部应设置可供人员进出的人孔及人孔盖，人孔直径不应小于 0.4m，水罐人孔盖在罐内压力超过 0.1MPa 时应自动卸压。

(6) 水罐和泡沫液罐最低处应设置排污孔，排出的污物不应接触车身或底盘零部件。

(7) 水罐和泡沫液罐应设置液位或液量的指示装置。

(8) 水罐和泡沫液罐应能承受 0.1MPa 的静水压力，经 0.1MPa 静水压强度试验，罐体两侧面不应出现明显残余变形，相连接的管路、阀门均不应出现渗漏。

14) 液罐注液装置要求

(1) 消防泵至水罐的注水管路应设置阀门，阀门应操作方便；注水管路通径不应小于 65mm，注水完毕后管路不应有积水。

(2) 从外部向水罐注水的管路通径不应小于 65mm，注水完毕后管路不应有积水，罐内水不应出现倒流，同时外部注水口应加装防护盖。

(3) 泡沫液泵至泡沫液罐间的注液管路应设置阀门，阀门应操作方便，并采用耐腐蚀材料制成，注液管路通径不应小于 40mm。

(4) 泡沫液罐注液口应加装保护盖。

15) 液罐溢水装置要求

(1) 压缩空气泡沫车水罐内应设置与大气相通的溢水管路，直径不小于水罐至消防泵输水管路直径的 30%。

(2) 溢水管路应高出罐顶。

16) 仪器、仪表及随车文件

(1) 压缩空气泡沫车的仪器、仪表应至少包括以下技术指标的指示或显示：消防泵进口压力显示、消防泵出口压力显示、消防泵转速显示及累计工作时间显示、水罐和泡沫液罐的液位显示、发动机水温显示、发动机机油温度显示、压缩空气系统出口压力指示、压缩空气系统累计工作时间显示。

(2) 压缩空气泡沫车的真空表应选用压力真空联用表。

(3) 当消防泵出水管路安装有流量计用于监测压缩空气泡沫系统的水流量时，出水管路应能承受压缩空气泡沫系统额定工况运行时消防泵出口压力的 1.5 倍静水压。

(4) 压缩空气泡沫车交付用户时除应交付车辆注册所需资料外，还应随车交付用户以下中文资料：底盘操作手册、底盘维修手册及零部件目录、底盘质量保证书和售后服务说明书、底盘合格证或相关证明、底盘随车工具清单、压缩空气泡沫车电气原理图、压缩空气泡沫车使用说明书、压缩空气泡沫车维修保养手册及零部件采购目录、压缩空气泡沫车合格证、质量保证和售后服务承诺、压缩空气泡沫车随车工具及易损件清单、所配总成及附件的合格证和使用说明书。

（5）压缩空气泡沫车除随车配置底盘工具外，还应随车配置消防装置的专用工具。

（6）压缩空气泡沫车应随车配置空气压缩机传动皮带、消防泵密封件、全套消防装备电路保险丝等易损件。

17）标志、包装、运输和储存

（1）压缩空气泡沫车的标志应符合通用要求。

（2）压缩空气泡沫车出厂采用裸装，随车文件用防潮材料包装；所有车门、工具箱均应关闭锁紧；外露镀铬件应涂防锈油，车外照明灯、警灯应用塑料薄膜包扎；采用铁（水）路运输时，发动机不得有余水，燃料箱不得有余油，蓄电池应断开正负极接头。

（3）采用行驶运输时，应遵守使用说明书相关新车行驶的规定；采用铁（水）路运输时，应执行铁（水）路运输的相关规定。

（4）压缩空气泡沫车需长期储存时，应将燃油和水放尽，切断电路，停放在防雨、防潮、防晒、无腐蚀气体侵害及通风良好的场所，并按产品使用说明书的规定进行维护和保养。

2. 压缩空气泡沫消防炮灭火系统

压缩空气泡沫消防炮灭火系统主要由压缩空气泡沫产生装置、管道、阀门、消防炮及与之配套的火灾探测设备和控制设备组成，具有射程远、扑灭早期火灾更迅速、可远程控制等优点[38]，通常应用于压缩空气泡沫消防车中，也可作为固定式压缩空气泡沫灭火系统使用。

消防炮是该系统的泡沫释放装置也是核心部件（图 3.29），通常安装在一个高架或支架上，可以在一定范围内进行 360°水平旋转和垂直调整角度，通过连接压缩空气泡沫系统并释放泡沫或高压水流扑灭火灾。消防炮通常具有自动和手动两种操作模式，根据火灾的情况可以由消防人员进行控制。

压缩空气泡沫消防炮灭火系统还包括控制与监测系统，用于监测和控制消防炮的运行。控制与监测系统通常由控制面板、传感器和报警器组成。控制面板用于设定消防炮的工作参数，传感器用于检测火灾的存在和程度，报警器用于发出警报信号。

图 3.29　压缩空气泡沫消防炮实物图

压缩空气泡沫消防炮灭火系统的工作原理为：当火灾发生时，传感器会检测到火灾的存在，并向控制面板发送信号；控制面板接收到信号后，会启动压缩空气泡沫系统，并将消防炮调整到适当的角度；消防炮开始喷射泡沫至火灾现场，在消防炮工作过程中，可通过控制面板控制泡沫干湿程度及流量；当火灾得到有效控制或消除后，系统可以手动或自动停止工作。

3. 推车移动式压缩空气泡沫灭火装置

目前，固定式压缩空气泡沫灭火系统越来越多地应用到国网换流站和交流站内，但固定式压缩空气泡沫灭火系统存在保护空间数量有限、成本高等局限性；同时，随着城市的发展，城市人口的密集度越来越大，私家车辆越来越多，公共区域停满车辆易导致常规消防车无法自由出入[39]。针对此情况，新疆消防救援总队的晁跃川等[40]研发了一种移动推车式压缩空气泡沫灭火装置，期望解决现有泡沫灭火装置使用局限性高、无法自由出入火源地等问题。

该装置主要由水箱、泡沫原液箱、高压气瓶、减压器、混合泡沫发生器、泡沫比例调节阀、大隔膜气泵、小隔膜气泵、气源调节阀、含轮车架、水枪、水带等组成，可推行或搭载在小型车辆的后备箱内，操作简单，灵活机动，其外观结构如图3.30所示。该装置中，移动轮固定安装于支撑座下侧面四角位置；水箱以及泡沫原液箱固定连接于支撑座上侧，泡沫原液箱上侧设置有高压气瓶，高压气瓶通过气管分别与小隔膜气泵、大隔膜气泵以及气源调节阀相连接。水箱通过管道与大隔膜气泵相连接后与泡沫发生器相连，泡沫原液箱通过管道与小隔膜气泵相连接后与泡沫比例调节阀相连。泡沫比例调节阀以及气源调节阀分别设置在泡沫发生器两侧，而泡沫发生器通过水带与喷枪相连接。其中，泡沫比例调节阀与泡沫发生器之间连接有干湿调节阀，泡沫比例调节阀的调节比例分别为 0.8%、1%、2%、3%、6%。

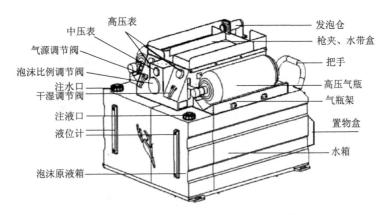

图 3.30　推车移动式压缩空气泡沫灭火装置

灭火作战中，打开高压气瓶，其内部空气可通过三路进行输送，通过减压器将压力 30MPa 减压至 0.8MPa 后，驱动大隔膜气泵从水箱抽出水；同时驱动小隔膜气泵从泡沫原液箱抽出泡沫原液，经泡沫比例调节后与水混合进入到泡沫发生器；第三路气源经过气源调节阀后流经单向阀进入泡沫发生器与泡沫预混液混合、发泡并进入水带，由喷枪喷射灭火。此外，使用人员可握持并推动把手操控移动轮对水箱以及泡沫原液箱进行移动，实现移动灭火的目的。经试验验证，该推车移动式压缩空气泡沫灭火装置技术参数为：净重 180kg，水充装量 240L，泡沫原液充装量 28L，工作压力 0.8MPa，连续喷射时间 ≥200s，射程 ≥20m，发泡倍数 ≥4（B 类）、发泡倍数 ≥6（A 类），灭火等级为 20A、297B。

4. 背负式压缩空气泡沫灭火装置

近年来，市场上出现了背负式压缩空气泡沫灭火装置，在一定程度上打破了传统灭火器的笨重使用模式[41]。背负式压缩空气泡沫灭火装置不受使用空间、时间及使用条件的限制，适用于燃料库、炼油厂、机场、军事基地、博物馆、图书馆及艺术馆、矿井、港口等场所的初期火灾或小规模火灾扑救。

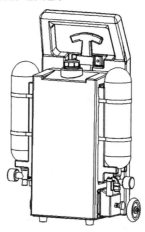

图 3.31　背负式压缩空气泡沫灭火装置示意图

中科永安科技有限公司的陶文飞等[42]研发了一种背负式预混合压缩空气泡沫灭火装置，主要包括背架、泡沫箱、第一钢瓶和第二钢瓶、阀门、减压器、泡沫枪、拉杆、箱盖、固定绑带等组件，如图 3.31 所示。

该装置通过螺钉将背带固定在背架上，可实现整体装置背负且背带采用可调结构设计，使用方便，实用性强，适用于大部分的火灾，尤其是高层火灾和楼道、相对狭窄的空间及过道。同时，拉杆设有把手，与车轮配合使用可对整体装置进行推拉，减轻消防人员在施救和扑灭火灾过程中的强度。

钢瓶为此装置中的核心设备。第一钢瓶充装的气体经第一高压瓶阀与第一减压器将压力调整至合适的值后，连接到呼吸面罩提供消防人员所需的空气或氧气，保证消防人员的生命安全。第二钢瓶充装的气体经第二高压瓶阀与第二减压器将压力调整至合适的值后，压缩空气分两路被分别送至混合器以及气泵中；第二钢瓶输出的压力将泡沫箱中的泡沫混合液经管路送至混合器中，并在混合器的混合腔内与经第二钢瓶送来的压缩空气充分混合形成合格的泡沫后喷射出去进行灭火操作。根据火灾的类型以及火势的实时发展状况，通过调整开关阀，可分别提供湿式或干式灭火泡沫，从而可根据不同的场景喷出相应的泡沫，易于转换、节约救援时间。

3.3.3 压缩空气泡沫喷淋系统

压缩空气泡沫喷淋系统是一种压缩空气泡沫与水的联用灭火系统，其泡沫稳定性强、灭火效能高[43]。压缩空气泡沫喷淋系统主要包括压缩空气泡沫产生装置、压缩空气装置、管道网络、控制装置、泡沫喷淋管或压缩空气泡沫喷头等，如图 3.32 所示。其中，压缩空气泡沫产生装置负责将水和泡沫剂混合并生成泡沫；压缩空气装置是压缩泡沫灭火系统使用压缩空气或氮气作为泡沫喷射的推动力，这些气体被压缩并储存在专用的压力容器或储罐中，以确保在火灾发生时能够迅速喷射泡沫；系统中的管道网络将压缩空气泡沫产生装置与需要保护的区域连接起来，可以由金属或塑料制成；压缩空气泡沫灭火系统通常配备有一套自动控制系统，以便在火灾发生时自动触发灭火过程并调节混合比；泡沫喷淋管或泡沫喷头为泡沫释放装置，将泡沫施加至火源，使泡沫或水覆盖燃烧物或将保护对象淹没从而实现灭火。

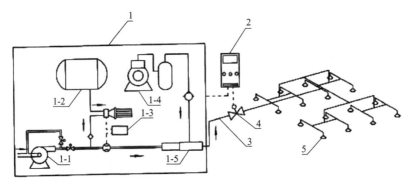

图 3.32　压缩空气泡沫灭火系统工作流程

1-压缩空气泡沫产生装置(1-1-消防水泵；1-2-泡沫液储罐；1-3-泡沫比例混合装置；1-4-供气设施；1-5-气液混合装置)；2-控制装置；3-管道；4-阀门；5-压缩空气泡沫释放装置

灭火系统启动后，压力水和泡沫液通过泡沫比例混合系统按照一定比例进行混合，形成泡沫混合液，再通过气液混合装置向泡沫混合液中正压注入一定比例的压缩空气，形成一定发泡倍数的压缩空气泡沫，最后经泡沫管道充分混合后输送至末端释放装置进行喷放灭火。

3.4　压缩空气泡沫灭火系统技术要求

依据《泡沫灭火系统技术标准》（GB 50151—2021）[16]、《泡沫灭火系统及部件通用技术条件》(GB 20031—2005)[44]、《压缩空气泡沫灭火系统技术规程》(T/CECS 748—2020)[24]、《固定消防炮灭火系统设计规范》(GB 50338—2003)[45]及《低倍数、中倍数和高倍数泡沫灭火系统标准》(NFPA 11-2021)[46]，压缩空气泡沫灭火系统技术要求可总结为系统设计要求、系统性能要求及系统操作与控制要求。

3.4.1　压缩空气泡沫灭火系统设计要求

1) 通用要求

(1) 压缩空气泡沫灭火系统各组件外观应该按规定涂色：消防水泵、泡沫混合液管道、泡沫管道涂 R03 红色；给水管道涂 G05 深绿色；供气管道涂 PB01 深蓝色；泡沫液管道涂 Y08 深黄色；当管道较多，系统管道与工艺管道涂色有矛盾时，可涂相应的色带或色环。

(2) 压缩空气泡沫灭火系统的供水应符合下列规定：水源的水质应与泡沫液的要求相适宜，且水源的水温宜为 4～35℃；配制泡沫混合液的用水不得含有影响泡沫性能的物质；供水方式可采用消防管网直接供水或设置缓冲水箱供水。

(3) 压缩空气泡沫产生装置、控制装置及远程控制柜等的使用环境应符合下列规定：应放置于不受恶劣天气、机械、化学或其他损坏条件影响的位置；应满足产品正常工作的环境温度和相对湿度要求。

2) 系统组成要求

压缩空气泡沫灭火系统由压缩空气泡沫产生装置、压缩空气泡沫释放装置、控制装置、阀门和管道等组成，能在发生火灾时向防护区施加。

(1) 压缩空气泡沫产生装置应符合如下规定：装置的泡沫混合液流量工作范围不应低于灭火系统设计流量范围；装置的泡沫混合比类型应与所选用的泡沫液一致，且在规定的泡沫混合液流量工作范围内混合比不应超出允许值范围；在规定的泡沫混合液流量工作范围内，装置的气液比不应超出允许值范围；装置的工作压力应在标定的工作压力范围内；供水管道、供泡沫液管道应设置管道过滤器；泡沫液管道上应设冲洗及放空设施；与泡沫液或泡沫混合液长期接触的部件应采用耐腐蚀材质制作；进气管道和进泡沫液管道上应设置止回阀；压力容器应符合现行《压力容器》(GB 150.1～150.4—2011)的规定[47]，其公称工作压力不应小于最高环境温度下所承受的工作压力；压力容器及集流管应设置压力监测装置和安全泄压装置。

(2) 压缩空气泡沫释放装置应符合如下规定：压缩空气泡沫释放装置应采用非吸气式结构；压缩空气泡沫释放装置的流量、泡沫混合液供给强度、覆盖范围、射程、发泡倍数及 25%析液时间等性能应符合设计要求；压缩空气泡沫喷淋管的入口工作压力不宜大于 0.20MPa；压缩空气泡沫炮的入口工作压力不宜大于

0.80MPa；压缩空气泡沫释放装置及连接件应采用耐高温金属材质。

(3)控制装置应符合下列规定：应具有自动、手动启停功能以及自动、手动相互切换功能，且具有接收消防报警的功能；应具有自动巡检功能；在工作消防泵组、泡沫泵组及供气装置发生故障停机时，应具有自动投入运行备用消防泵组、泡沫泵组及供气装置的功能；现场控制柜和远程控制柜应显示消防水（箱）和泡沫液罐的液位，具有低液位报警功能；现场控制柜和远程控制柜应显示泡沫混合液流量、压力、气液比及混合比；采用高压气瓶作为供气装置的灭火系统，控制装置应具有低气压报警功能。

(4)阀门和管道的选择与设置应符合下列规定：系统中所用的阀门应有明显的启闭标志；当泡沫消防水泵或泡沫混合液泵出口管径大于 DN300 时，宜采用电动、液动和气动阀门，且应具有手动开启机构；泡沫液、泡沫混合液和压缩空气泡沫的管道应采用不锈钢管或内、外壁进行防腐处理的钢管；在严寒或寒冷季节有冰冻的地区，系统的湿式管道应采取防冻措施。

3)选型要求

压缩空气泡沫灭火系统的选型应根据应用场所的火灾特点、保护对象类型和环境条件等选择压缩空气泡沫喷淋系统、压缩空气泡沫炮系统和储罐区压缩空气泡沫灭火系统，储罐区压缩空气泡沫灭火系统又可分为油罐液上喷射系统及油罐液下喷射系统。

(1)压缩空气泡沫灭火系统扑救非水溶性液体火灾时，发泡倍数不应低于 5，泡沫 25%析液时间不应低于 3.5min；扑救汽车火灾、飞机火灾以及进行隔热保护时，发泡倍数不应低于 7，泡沫 25%析液时间不应低于 5min。

(2)压缩空气泡沫喷淋系统可用于下列场所：具有非水溶性液体泄漏火灾危险的室内场所；存放量不超过 25L/m² 或超过 25L/m² 但有缓冲物的水溶性液体室内场所；具有 A、B 类混合火灾危险的交通隧道、汽车库、飞机库等场所；特高压换流变压器及其他大型充油设备。

(3)压缩空气泡沫喷淋系统释放装置的选型，应根据释放装置的特性、系统设计供给强度和保护面积等因素确定，且其周围不应有影响泡沫喷洒的障碍物；当用于保护特高压换流变压器及其他大型充油设备时，释放装置的设置应使泡沫覆盖变压器油箱顶面、绝缘套管升高座孔口、散热器、油枕及事故油坑。

(4)压缩空气泡沫喷淋系统泡沫混合液的供给强度和连续供给时间不应小于表 3.6 的规定。保护特高压换流变压器及其他大型充油设备时，保护面积应按照油箱、油枕、散热器及事故油坑的投影面积计算；保护其他场所时，保护面积应按应用场所一个或多个灭火分区的水平面面积或水平面投影面积确定。

表 3.6　泡沫混合液供给强度和连续供给时间

应用场所	泡沫混合液供给强度 /[L/(min·m²)]	连续供给时间/min
具有非水溶性液体泄漏火灾危险的室内场所	2.0	20
水溶性液体室内场所	2.5	20
具有 A、B 类混合火灾危险的交通隧道、汽车库、飞机库等场所	5.0	30
特高压换流变压器	15.0	30

(5)储罐区压缩空气泡沫灭火系统的选择应符合下列规定：非水溶性甲、乙、丙类液体固定顶储罐，可选用液上喷射系统或液下喷射系统；水溶性甲、乙、丙类液体和其他对泡沫有破坏作用的甲、乙、丙类液体固定顶储罐，应选液上喷射系统；外浮顶和内浮顶储罐宜选用液上喷射系统。

(6)储罐区压缩空气泡沫灭火系统的设计应符合下列规定：扑救非水溶性液体的外浮顶罐密封圈火灾时，泡沫混合液供给强度不应小于 $8L/(min·m^2)$，连续供给时间不应小于 60min，单个释放装置的最大保护周长不应大于 24m，同时应选用相同规格的压缩空气泡沫释放装置，且应沿罐周均匀布置；设置压缩空气泡沫灭火系统的储罐区，宜沿防火堤外均匀布置压缩空气泡沫消火栓，且泡沫消火栓的间距不应大于 60m；自压缩空气泡沫产生装置启动至将压缩空气泡沫输送到保护储罐的时间不应大于 5min。

(7)当特高压换流变压器、交通隧道、汽车库等场所采用压缩空气泡沫炮系统时，其设计应符合下列规定：压缩空气泡沫炮的设计射程应符合其布置要求；室内布置的泡沫炮的射程应按产品射程的指标值计算，室外布置的泡沫炮的射程应按产品射程指标值的 70%计算；压缩空气泡沫炮的布置数量不应少于 2 门，应能使压缩空气泡沫炮的射流完全覆盖被保护场所及被保护物，且应满足灭火强度及冷却强度的要求；单门压缩空气泡沫炮的泡沫混合液流量不应低于 8L/s，泡沫连续供给时间不应小于 60min；压缩空气泡沫炮周围不应有影响泡沫喷射的障碍物；自系统启动至炮口喷射泡沫的时间不应大于 5min。

(8)压缩空气泡沫灭火系统管道上试验接口的设置应符合下列规定：在泡沫液、泡沫混合液和气体管道上应设置流量计和压力表，或者预留流量和压力检测仪器的安装位置；在压缩空气泡沫产生装置的泡沫出口管道上应设置试验接口，其口径应分别满足系统最大流量与最小流量的要求；在最不利和最有利水力条件处的压缩空气泡沫管道上应设置冷喷试验接口。

4)灭火剂选择与储存要求

泡沫灭火剂的选择应根据应用场所的火灾特点、保护对象特征及水源水质等因素综合确定，并应符合下列规定：应选择适用于压缩空气泡沫灭火系统的泡沫灭火剂；扑救 A 类火灾、A、B 类混合火灾以及进行隔热保护时，宜选择 A 类泡沫灭火剂；扑救非水溶性液体火灾时，宜选择灭火性能级别为 I 级或 AR I 级、抗烧水平为 A 级的泡沫灭火剂；扑救水溶性液体火灾，或者同一套系统同时扑救水溶性和非水溶性液体火灾时，应选用抗溶型泡沫灭火剂；当采用海水作为系统水源时，应选择适用于海水的泡沫灭火剂；泡沫灭火剂宜储存在通风干燥的房间或敞棚内，储存的环境温度应符合泡沫灭火剂使用温度要求。

5）系统设计计算

（1）压缩空气泡沫灭火系统扑救一次火灾所需的泡沫混合液流量和用量，应按同时开启的灭火分区所需的总流量计算，且应按下列公式计算：

$$Q_{L0} = \sum_{i=1}^{n}(Q_{pi} + Q_{gi}) \tag{3.1}$$

$$V_{L0} = \sum_{i=1}^{n}(Q_{pi}t_p + Q_{gi}t_g) + Q_{余} \tag{3.2}$$

式中，Q_{L0} 为扑救一次火灾所需的泡沫混合液流量，L/min；V_{L0} 为扑救一次火灾所需的泡沫混合液用量，L；Q_{pi} 为第 i 个灭火分区内全部释放装置的总泡沫混合液流量，L/min；Q_{gi} 为第 i 个灭火分区内全部辅助泡沫枪的总泡沫混合液流量，L/min；t_p 为释放装置的泡沫持续喷射时间，min；t_g 为辅助泡沫枪的泡沫持续喷射时间，min；$Q_{余}$ 为系统管道剩余泡沫混合液量，L；n 为火灾时开启的灭火分区数量。

（2）压缩空气泡沫灭火系统扑救一次火灾所需的压缩气体设计流量和用量，应按同时开启的灭火分区所需的总流量计算，且应按下列公式计算：

$$Q_{g0} = k_1 Q_{L0} X \tag{3.3}$$

$$V_{g0} = k_1 V_{L0} X \tag{3.4}$$

式中，Q_{g0} 为扑救一次火灾所需的压缩气体流量（常温常压下），L/min；V_{g0} 为扑救一次火灾所需的压缩气体总量（常温常压下），L；X 为系统气液比，按最大允许值计算；k_1 为裕量系数，取 1.05～1.1。

（3）当采用高压气体瓶组作为气源供给设施时，压缩空气泡沫灭火系统所需高压气瓶的数量可按下式计算，计算结果应向上圆整：

$$N = \frac{k_2(p_0 V_{g0} + p_g V_s)}{(p_c - p_g)V_c} \tag{3.5}$$

式中，N 为高压气瓶的数量；V_c 为高压气瓶容积，L；p_c 为高压气瓶充装压力，MPa；p_g 为压缩空气泡沫产生装置工作压力，MPa；p_0 为标准大气压，取值 0.1MPa；V_s 为系统管网内压缩气体残余量，L；k_2 为裕量系数，不小于 1.05。

（4）压缩空气泡沫释放装置的泡沫混合液流量、保护面积、安装位置、间距及工作压力应根据制造商提供的特征参数确定。

（5）保护对象或单个灭火分区所需的释放装置数量应按下式计算确定：

$$N_s = \frac{SC}{q} \tag{3.6}$$

式中，N_s 为保护对象或单个灭火分区所需的释放装置数量；S 为保护对象或单个灭火分区的总保护面积，m^2；C 为泡沫混合液设计供给强度，$L/(min \cdot m^2)$；q 为单只释放装置的泡沫混合液流量，L/min。

（6）压缩空气泡沫灭火系统的供水流量和压力应符合压缩空气泡沫产生装置设计要求。

（7）压缩空气泡沫产生装置的工作压力应保证系统最不利和最有利水力条件处的释放装置能够正常工作。

6）管道水力计算要求

（1）系统管道输送介质的流速应符合下列规定：储罐区泡沫灭火系统中水和泡沫混合液流速不宜大于3m/s；液下喷射泡沫喷射管前的泡沫管道内的泡沫流速宜为 3～9m/s；水和泡沫混合液在主管道内的流速不宜大于 5m/s，在支管道内的流速不应大于 10m/s；泡沫液流速不宜大于 5m/s。

（2）若系统水管道和泡沫混合液管道采用普通钢管，沿程阻力损失应按下式计算：

$$i = 0.0000107 \frac{V^2}{d_j^{1.3}} \tag{3.7}$$

式中，i 为管道的单位长度水头损失，MPa/m；V 为管道内水或泡沫混合液的平均流速，m/s；d_j 为管道的计算内径，m。

若系统水管道和泡沫混合液管道采用不锈钢管或铜管，沿程阻力损失应按下式计算：

$$i = 105 C_h^{-1.85} d_j^{-4.87} q_g^{1.85} \tag{3.8}$$

式中，i 为管道的单位长度水头损失，kPa/m；d_j 为管道的计算内径，m；q_g 为给水设计流量，m^3/s；C_h 为海澄-威廉系数，取值 130。

（3）水管道与泡沫混合液管道的局部水头损失宜采用当量长度法计算。

（4）泡沫消防水泵的扬程或系统入口的供给压力应按下式计算：

$$H = \sum h + P_0 + h_z \tag{3.9}$$

式中，H 为泡沫消防水泵的扬程或系统入口的供给压力，MPa；$\sum h$ 为管道沿程和局部水头损失的累计值，MPa；P_0 为最不利点处泡沫产生装置或泡沫喷射装置的工作压力，MPa；h_z 为最不利点处泡沫产生装置或泡沫喷射装置与消防水池的最低水位或系统水平供水引入管中心线之间的静压差，MPa。

(5)液下喷射系统中泡沫管道的压力损失可按下式计算：

$$h = CQ_p^{1.72} \tag{3.10}$$

式中，h 为每 10m 泡沫管道的压力损失，Pa/10m；C 为管道压力损失系数；Q_p 为泡沫流量，L/s。

(6)管道压力损失系数可按表 3.7 取值。

表 3.7　管道压力损失系数

管径/mm	管道压力损失系数 C
100	12.920
150	2.140
200	0.555
250	0.210
300	0.111
350	0.071

(7)泡沫管道上的阀门和部分管件的当量长度可按表 3.8 确定。

表 3.8　泡沫管道上阀门和部分管件的当量长度

管件种类	公称直径/mm			
	150	200	250	300
闸阀	1.25	1.50	1.75	2.00
90°弯头	4.25	5.00	6.75	8.00
旋启式逆止阀	12.00	15.25	20.50	24.50

(8)泡沫液管道的压力损失计算宜采用达西公式，确定雷诺数时，应采用泡沫液的实际密度；泡沫液黏度应为最低储存温度下的黏度。

3.4.2　压缩空气泡沫灭火系统性能要求

1)密封性能

系统各组件密封性能检测试验步骤为：将部件安装在试验管网上，用闷盖堵塞其余开孔，排除管网中的空气使管网充满水，然后加压，压力从 0 开始以不超过 0.2MPa/s 的速率升高到规定的试验压力值，保持 5min 或规定的试验时间。

(1)压缩空气泡沫产生装置试验压力为最大工作压力的 1.1 倍，保持 5min，任何部件应无损坏变形和渗漏。

(2)压缩空气泡沫释放装置试验压力为最大工作压力的 1.5 倍，保持 5min，部件不得有冒汗、裂纹及永久变形等现象。

（3）压缩空气泡沫消火栓按试验压力为 1.2MPa，保持 5min，部件的任何部分应无损坏、变形和渗漏。

（4）控制阀门试验压力为最大工作压力的 1.1 倍，保持 5min，任何部件不应出现渗漏现象。

（5）连接软管试验压力为最大工作压力的 1.1 倍，保持 5min，应无渗漏。

（6）压缩空气泡沫喷淋系统的泡沫液控制阀、压力泄放阀分别以 0.10MPa、0.14MPa、0.70MPa、1.20MPa 的水压进行密封性能试验，分别保持 5min，泡沫液控制阀的放液口、压力泄放阀的释液口应无渗漏现象。

2）强度性能

系统各组件强度性能检测试验步骤为：将部件安装在试验管网上，用闷盖堵塞其余开孔，排除管网中的空气，使管网充满水，然后加压，压力从 0 开始，以不超过 0.2MPa/s 的速率升高到最高工作压力的 1.5 倍或规定的试验压力值，保持 5min 或规定的试验时间。

（1）压缩空气泡沫比例混合装置试验压力为最大工作压力的 1.5 倍，保持 5min，任何部件应无结构损坏、永久变形和破裂。

（2）压力式比例混合装置试验压力为最大工作压力的 1.25 倍，保持 15min，应无渗漏及变形；泡沫液压力储罐试验压力为最大工作压力的 1.25 倍，保持 15min，应无渗漏及变形。

（3）平衡式比例混合装置的泡沫液泵将平衡阀调节为规定的最大工作压差值强度试验，平衡阀应无损坏、永久变形等。

（4）压缩空气泡沫释放装置试验压力为最大工作压力的 1.5 倍，保持 5min，部件不得有冒汗、裂纹及永久变形等现象。

（5）泡沫消火栓按试验压力为 2.4MPa，保持 5min，任何部件不得产生结构损坏、永久变形、破裂和渗漏。

（6）单向阀及控制阀试验压力为最大工作压力的 1.5 倍，保持 5min，任何部件不应产生结构损坏、永久变形和破裂等。

（7）连接软管试验压力为最大工作压力的 1.5 倍，保持 5min，软管的任何部分应无损坏、明显变形和渗漏。

（8）压缩空气泡沫喷淋系统的泡沫液控制阀和压力泄放阀试验压力为最大工作压力的 1.5 倍，保持 5min，阀体不得有损坏渗漏或明显变形。

3）耐高温性能

压缩空气泡沫喷头耐高温性能检测试验步骤为：将 2 只去掉感温释放元件的泡沫喷头竖直放入温度试验箱中，试验温度为（800±10）℃，历时 15min；然后夹持泡沫喷头的螺纹处将其取出，立即浸入（15±2）℃的水中。试验后，泡沫喷头不得发生严重变形和损坏。

4) 耐水冲击性能

系统各组件耐水冲击性能检测试验步骤为：将试验试样安装在试验管网上，调节进口压力为规定的试验压力，连续喷水 10min。

(1) 泡沫产生装置在最大工作压力 1.1 倍的压力下连续喷射 10min，产生器应无松动、损坏。

(2) 泡沫释放装置在最大工作压力下连续工作 10min 应无松动损坏。

5) 耐泡沫液浸渍性能

系统各组件耐泡沫液浸渍性能检测试验步骤为：将试件浸没在温度为 (70±5) ℃的试验液体中，试验液体为产品适用的泡沫液或泡沫混合液，历时 7 d，试验后将试件置于 (22±1) ℃的同样液体中历时 30min。

(1) 平衡式比例混合装置平衡阀进行耐泡沫液浸渍试验后应启动灵活。

(2) 电磁阀进行耐泡沫液浸渍试验后应启动灵活，工作可靠。

(3) 泡沫消火栓进行耐泡沫液浸渍试验后，启动应灵活并符合密封性能要求。

(4) 应用于泡沫液或泡沫混合液输送管路上的单向阀进行耐泡沫液浸渍试验后，应启动灵活并符合反向密封要求。

(5) 过滤器应采用耐腐蚀材料，进行耐泡沫液浸渍试验后不应产生明显的腐蚀损伤。

(6) 连接软管进行耐泡沫液浸渍试验后不应出现可见的裂纹，且应符合密封要求。

(7) 泡沫液控制阀进行耐泡沫液浸渍试验后，阀门应开启灵敏可靠。

6) 耐盐雾腐蚀性能

系统各组件耐盐雾腐蚀性能检测试验步骤为：在盐雾试验箱中，使质量分数为 20%的氯化钠盐溶液雾化形成盐雾，盐溶液的密度为 1.126～1.157g/mL，pH 为 6.5～7.2；将 5 只试样从入口充入蒸馏水，在螺纹处用与盐雾不反应的材料（如塑料）制成的盖密封，按工作位置支撑或悬挂在盐雾试验箱的试验区，试验区的温度应保持在 (35±2) ℃，喷雾压力在 0.07～0.17MPa；在连续 16h 中，经过 10d（用于腐蚀环境的试样须延长至 30d）的试验后将试样从盐雾试验箱中取出，在温度为 (20±5) ℃，相对湿度不超过 70%的条件下干燥 4～7d；试验后将试样冲洗干燥，并仔细检查是否发生断裂或损坏。需要注意的是，使用过的盐溶液应收集起来，不应循环使用；应将试样蔽护以防凝液滴落在其上面；在试验区内，应至少从两点收集盐雾以确定雾化速率和盐浓度，收集区内每 80cm^2 面积每小时应能收集到 1～2mL 盐溶液，盐溶液的质量分数应为 20%左右。

(1) 标志牌进行盐雾腐蚀试验后标志应清晰可识。

(2) 压缩空气泡沫喷头进行盐雾腐蚀试验后，各部位应无明显的腐蚀损坏。

(3)压缩空气泡沫枪进行盐雾腐蚀试验后枪体应无明显的腐蚀损坏。

7)耐氨应力腐蚀性能

压缩空气泡沫喷头耐氨应力腐蚀性能检测试验步骤为:取 5 只试样进行试验,每只试样的入口用与氨水溶液不反应的材料(如塑料)制成的盖密封,将试样除去油脂置于试验装置中;将密度为 $0.90g/cm^3$ 的氨水溶液存放在置于试验装置底部的容器中,氨水溶液液面距试样的下边缘约 40mm;按 $0.01mL/cm^3$ 向容器中加入氨水溶液,大约产生 35%的氨气、5%的水蒸气和 60%的空气;潮湿的氨气和空气混合气体应保持在大气压力下,试验箱内温度保持在(34±2)℃;采取适当的措施防止试验箱内压力高于大气压力,试样应有防护罩以防止凝液滴落于其上,试验历时 10d。试验后将试样冲洗干燥,仔细检查试样,任何部件不得出现影响功能的裂纹脱层和破损。

8)耐二氧化硫/二氧化碳腐蚀性能

压缩空气泡沫喷头耐二氧化硫/二氧化碳腐蚀性能检测试验步骤为:取 5 只洒水喷头试样进行试验,将试样的入口用与二氧化硫和二氧化碳不反应的材料(如塑料)制成的盖密封;将喷头试样按其工作位置挂在试验箱内防滴罩的下面,试验箱按体积比每 24h 分别加入 1%的二氧化硫和二氧化碳气体,试验箱底部保留少量蒸馏水;试验箱内温度保持在(25±3)℃,试验进行 10 d,取出试样,在温度不超过 35℃,相对湿度不超过 70%的条件下干燥 1~5 d。试验后将试样冲洗干燥,仔细检查试样,任何部位应无明显的腐蚀损坏。

9)混合比要求

混合比检测试验步骤为:将泡沫比例混合器按正常使用状态安装在试验管网上,进口管网直管段长度不小于泡沫比例混合器直径的 10 倍,出口管网直管段长度不小于泡沫比例混合器直径的 5 倍,压力表精度不低于 1.5 级;以标准混合比数值为中心,用容量瓶至少配制五种混合比的混合液标准样,将其各自搅拌均匀后,采用折光仪、导电仪或其他有效的仪器读取数值;调节泡沫比例混合器的进口压力及流量达到规定值,稳定后开启泡沫液阀,混合液喷出后取样,在折光仪、导电仪或其他有效的仪器上读取数值并与混合液标准样对照,求得混合比。试验须分别在最小、中间、最大进口压力下以及最小流量值、中间流量值、最大流量值条件下进行。在生产商规定的工作压力范围、工作流量范围内混合比应符合表3.9 中的规定。

表 3.9　混合比要求

额定混合比	混合比允许值
6%	6.0%~7.0%
3%	3.0%~3.9%
其他	额定值~130%额定值且不大于额定值一个百分点

10) 流量系数偏差

压缩空气泡沫产生装置的流量系数偏差检测试验步骤为：试验的环境温度在 5～30℃ 之间，试验水温度为 5～35℃，泡沫液温度在泡沫液规定的范围内；将压缩空气泡沫系统部件安装在专用试验装置上，试验采用净水或泡沫混合液，进口压力分别为额定范围内大、中、小 3 个或 3 个以上适当数值；按式 (3.11) 进行计算，流量系数 K 的平均值与产品公布值的偏差不超过 ±5%。

$$K = \frac{Q}{\sqrt{10P}} \tag{3.11}$$

式中，Q 为流量，L/min；P 为压力，MPa。

11) 喷头覆盖半径

喷头覆盖半径检测试验步骤为：将压缩空气泡沫喷头安装在试验管网上，安装高度为生产商规定的最大安装高度（或生产商推荐的安装高度），调节进口压力达到喷头额定工作压力，喷洒 2min，测量喷洒半径值。喷头测得的半径值与产品公布值的偏差不得超过 10%。

12) 射程性能

(1) 压缩空气泡沫喷淋管射程检测试验步骤为：将压缩空气泡沫喷淋管安装在试验管网上，安装高度为生产商规定的最大安装高度，喷孔安装角度按照生产商规定要求进行调整；在规定的安装高度和混合液流量、气液比条件下，保持在规定的流量下喷射，稳定喷射 1min 后，用卷尺测量其最远端痕迹至喷孔正下方投影之间的距离，记录为射程，其结果应 ≥90% 公布值。

(2) 压缩空气泡沫炮射程检测试验步骤为：试验须在平坦的场地上进行，炮出口到地面距离不超过 3m，顺风喷射，风速小于 2m/s；在规定的混合液流量及气液比条件下，压缩空气泡沫炮的仰角为 (30±2)°；当压缩空气泡沫炮流量稳定后，用秒表测定不少于 10s 时间连续洒落介质的最远点，该点至原点之间的距离即为压缩空气泡沫炮的射程，其结果应不小于公布值。

13) 抗跌落性能

系统各组件抗跌落性能检测试验步骤为：将压缩空气泡沫灭火系统部件从 1m 高处自由跌落至平整的水泥地面上，然后检查结果，各部件进行跌落试验后应无损坏、松动。

14) 灭火性能

压缩空气泡沫灭火系统灭火性能检测试验步骤为：将 4 只泡沫喷头按正方形安装在试验管网上，喷头的安装高度为生产商提供的最大安装高度，喷头间距为 0.5m，泡沫混合液的供给强度不大于 8L/(min·m²)，对水成膜泡沫液，供给强度不大于 6.5L/(min·m²)，管网与泡沫混合液供给管路相接，应使用相对应的泡沫液配制混合液。将尺寸为 2.15m×2.15m，深度不小于 280mm 的方形钢制油盘置于 4

只喷头的中央正下方，油盘中先注入 25mm 深的水，再加入 40mm 深的 90 号汽油；调节喷口压力到额定工作压力，引燃燃料并预燃 30s 后启动喷头喷洒泡沫，连续喷洒 5min。

压缩空气泡沫灭火系统应符合下列要求：喷射的泡沫层必须完全覆盖燃料表面；泡沫喷射结束前火应完全熄灭；灭火后泡沫覆盖的燃料不得复燃、烛烧或闪燃。

15）运行可靠性

（1）比例混合装置在最大压力和最大流量下连续运行 40min，应运行正常无故障。

（2）若比例混合器中存在活动部件，如弹簧、滑片等，在其工作位移内连续工作（如伸缩、滑动）1000 次，试验后比例混合器应工作正常；随后进行混合比试验，应符合混合比规定。

（3）压缩空气泡沫喷淋系统的压力为系统的最小工作压力，流量为 4L/s，系统连续喷洒 10min，检查各部件的状况，并进行混合比试验，应符合混合比规定。

3.4.3　压缩空气泡沫灭火系统操作与控制要求

（1）压缩空气泡沫喷淋系统应具备自动、手动和现场应急启动功能。当采用自动控制时，应由同一防护区内 2 个及以上独立的火灾探测器或 1 个火灾探测器及 1 个手动报警按钮的报警信号，作为系统的联动触发信号。

（2）在自动控制状态下，当采用压缩空气泡沫喷淋系统保护特高压换流变压器时，自压缩空气泡沫产生装置启动至各释放装置喷射泡沫的响应时间不应大于 120s；当用于保护其他场所时，响应时间不应大于 60s。

（3）压缩空气泡沫产生装置启动后，泡沫液、压缩空气的供给控制装置应随供水主控阀或供泡沫预混液主控阀动作而及时动作。

（4）压缩空气泡沫灭火系统应设置故障报警与监视装置，且应在控制装置上显示并发出声光警报。

参　考　文　献

[1] 张连民, 晁跃川. 自压力平衡式压缩空气泡沫灭火系统设计[C]. 2022 年度灭火与应急救援技术学术研讨会论文集, 2022: 4.

[2] Vinogradov A V, Kuprin D S, Abduragimov I M, et al. Silica foams for fire prevention and firefighting[J]. ACS Applied Materials & Interfaces, 2016, 8(1): 294-301.

[3] 袁野. 压缩空气泡沫系统气液混合特性及实验装置研究[D]. 武汉: 华中科技大学, 2019.

[4] Rie D H, Lee J W, Kim S. Class B Fire-extinguishing performance evaluation of a compressed air foam system at different air-to-aqueous foam solution mixing ratios[J]. Applied Sciences-Basel, 2016, 6(7): 12.

[5] 姜宁. 基于短链碳氟-碳氢复配体系的耐海水型水成膜泡沫灭火剂研究[D]. 合肥: 中国科

学技术大学, 2021.

[6] Sheng Y J, Lu S X, Jiang N, et al. Drainage of aqueous film-forming foam stabilized by different foam stabilizers[J]. Journal of Dispersion Science and Technology, 2018, 39(9): 1266-1273.

[7] Jia X, Bo H, He Y. Synthesis and characterization of a novel surfactant used for aqueous film-forming foam extinguishing agent[J]. Chemicke Zvesti, 2019, 73(7): 1777-1784.

[8] 李国松. 应用压缩空气泡沫灭火系统实施大跨度大空间火灾处置的效能初探[J]. 今日消防, 2022, 7(12): 21-24.

[9] 郎需庆, 牟小冬, 尚祖政, 等. 压缩空气泡沫灭火系统在罐区的应用探讨[J]. 消防科学与技术, 2016, 35(6): 815-817.

[10] 王玥, 芦鑫, 王凯, 等. 离心式消防泵内流特性[J]. 排灌机械工程学报, 2022, 40(9): 865-873.

[11] 李慧清. 压缩空气泡沫系统(CAFS)泡沫性能的试验研究[D]. 北京: 北京林业大学, 2000.

[12] 耿葵花, 杜时光, 唐萌, 等. 平动活塞式空气压缩机的虚拟仿真分析[J]. 机械设计与制造, 2012, (11): 28-30.

[13] 吴万荣, 梁向京, 娄磊. 移动式双螺杆空气压缩机系统动态特性分析[J]. 农业工程学报, 2017, 33(2): 73-79.

[14] 王立新, 韩玉坤, 佟占胜. 高压储气罐的有限元应力分析[J]. 机械设计与制造, 2009, (7): 63-64.

[15] 智会强, 王璐, 包有权. 水溶性液体储罐泡沫灭火系统设计参数研究综述[J]. 给水排水, 2021, 57(5): 140-146.

[16] 中华人民共和国住房和城乡建设部, 国家市场监督管理总局. 泡沫灭火系统技术标准: GB 50151—2021[S]. 北京: 中国计划出版社, 2021.

[17] 郭钦元. 环泵式泡沫比例混合器工作特性探究[J]. 广东化工, 2020, 47(1): 112-114.

[18] 张顺德. 压力比例泡沫混合装置的开发和应用[J]. 石油化工安全技术, 2004(1): 39-41.

[19] 白殿涛, 俞颖飞, 田立伟, 等. 平衡式泡沫比例混合装置及检测中常见问题[J]. 消防科学与技术, 2009, 28(10): 755-756+764.

[20] 马从波, 陈涛. 计量注入式泡沫比例混合装置[J]. 消防科学与技术, 2014, 33(2): 180-182.

[21] 刘一凡, 刘建华, 胡绪社. 机械泵入式泡沫比例混合装置设计[J]. 机床与液压, 2022, 50(9): 119-122.

[22] 王塑. 压缩气体泡沫抑制油罐燃料蒸发与熄灭火焰实验研究[D]. 合肥: 中国科学技术大学, 2021.

[23] 王宝伟. 泡沫灭火模拟装置关键技术研究[D]. 合肥: 中国科学技术大学, 2019.

[24] 中国工程建设标准化协会消防系统专业委员会. 压缩空气泡沫灭火系统技术规程: T/CECS 748—2020[S]. 北京: 中国建筑工业出版社, 2020.

[25] 严伟, 刘金革, 张辉亮, 等. 压缩空气泡沫灭火系统喷淋射程试验研究[J]. 工业安全与环保, 2023, 49(12): 54-56.

[26] Zhao H, Liu J S. The feasibility study of extinguishing oil tank fire by using compressed air foam system[C]. 2015 International Conference on Performance-based Fire and Fire Protection Engineering (ICPFFPE 2015), 2015: 61-66.

[27] 卢娜, 张行, 金剑, 等. 压缩空气泡沫系统在大型储罐消防上的应用研究综述[J]. 武汉理工大学学报(信息与管理工程版), 2018, 40(3): 265-270.

[28] 伦伟杰. 大型石油储罐泡沫灭火设施技术研究[J]. 工业用水与废水, 2014, 45(1): 72-75.

[29] 马岩. 泡沫流体在 CAFS 混合器及管网内流动特性的数值模拟[D]. 哈尔滨: 哈尔滨工程大学, 2021.

[30] 郎需庆, 吴京峰, 谈龙妹, 等. 储罐液下泡沫喷射系统的应用研究[J]. 安全、健康和环境, 2016, 16(3): 62-65.

[31] 陈涛, 李毅, 张鹏, 等. 一种超高层建筑高压压缩空气泡沫灭火系统及应用方法: CN116392741A[P]. 2023-07-07.

[32] 晁储贝. 消防车 CAFS 系统半实物仿真研究[D]. 徐州: 中国矿业大学, 2020.

[33] 解颖, 崔炎, 赵琦, 等. 压缩空气泡沫消防车: CN307202295S[P]. 2022-03-25.

[34] CEN. Fire-Fighting—Positive-Pressure Proportioning Systems (PPPS) and Compressed-Air Foam Systems (CAFS): BS EN 16327: 2014[S]. 2014.

[35] ISO. Fire Protection—Foam Fire Extinguishing Systems—Part 5: Fixed Compressed Air Foam Equipment: ISO 7076-5:2014[S]. 2014.

[36] ISO. Fire Protection—Foam Fire Extinguishing Systems—Part 6: Vehicle Mounted Compressed Air Foam Systems: ISO 7076-6: 2016[S]. 2016.

[37] 中华人民共和国国家质量监督检验检疫总局, 中国国家标准化管理委员会. 消防车第 6 部分: 压缩空气泡沫消防车: GB 7956.6—2015[S]. 北京: 中国标准出版社, 2015.

[38] 冯瑜, 刘文方, 白冰, 等. 一种超大流量压缩空气泡沫系统试验装置: CN116337150A[P]. 2023-06-27.

[39] Cheng J Y, Xu M. Experimental research of integrated compressed air foam system of fixed (ICAF) for liquid fuel[C]. 2013 International Conference on Performance-Based Fire and Fire Protection Engineering (ICPFFPE 2013), 2013: 44-56.

[40] 晁跃川, 张连民, 陈志明, 等. 一种移动式泡沫灭火装置: CN214209224U[P]. 2021-09-17.

[41] 林英博, 刘磊, 陶学恒, 等. 背负式多功能泡沫灭火装备设计[J]. 消防科学与技术, 2019, 38(5): 644-646.

[42] 陶文飞, 郑大为, 刘大军, 等. 一种背负式预混合压缩空气泡沫灭火装置: CN218187609U[P]. 2023-01-03.

[43] 陆强, 傅学成, 包志明, 等. 压缩空气泡沫喷淋系统抑制油盘火试验研究[J]. 消防科学与技术, 2015, 34(11): 1468-1471.

[44] 中华人民共和国国家质量监督检验检疫总局, 中国国家标准化管理委员会. 泡沫灭火系统及部件通用技术条件: GB 20031—2005[S]. 北京: 中国标准出版社, 2006.

[45] 中华人民共和国公安部. 固定消防炮灭火系统设计规范: GB 50338—2003[S]. 北京: 中国计划出版社, 2003: 60.

[46] US-ANSI. Standard for Low-, Medium-, and High-Expansion Foam: NFPA 11-2021[S]. 2021.

[47] 全国锅炉压力容器标准化技术委员会. 压力容器: GB 150.1~150.4—2011[S]. 北京: 中国标准出版社, 2011: 36.

第4章 压缩空气泡沫灭火理论及有效性

压缩空气泡沫灭火是一个动力学过程，整体可分为泡沫铺展、泡沫失重、泡沫灭火三个阶段。泡沫的灭火性能与该动力学过程息息相关，泡沫灭火剂配方、压缩空气泡沫灭火系统工作参数以及管网输运方式同样可对灭火性能产生重要影响。为了探究固定式及移动式压缩空气泡沫灭火系统在各典型场所的灭火有效性，国内外学者进行了大量试验研究，为压缩空气泡沫灭火技术的推广应用提供了技术支持。

4.1 压缩空气泡沫灭火动力学理论

压缩空气泡沫施加到液体燃料上以后，首先产生铺展运动，形成泡沫流动边界层，从而产生物理屏障；在此过程中，泡沫在燃料层直接阻碍燃料蒸发与热辐射，减小燃料的燃烧速率；同时，泡沫层阻碍了空气与燃料的进一步接触，降低燃烧化学反应的强度，在泡沫析液、蒸发的作用下同样产生一定的冷却作用。在以上共同作用的基础上，火焰最终熄灭。

泡沫铺展过程可分为典型的三个阶段，泡沫铺展距离与时间变化具有理论关系；燃烧学和火灾学关于凝聚相燃烧速率的经典理论模型可用于分析施加泡沫后液体燃料燃烧速率的理论模型，结合空气泡沫属性特征，可从泡沫层疏油特征、氧气含量变化、燃料扩散速率、热量损失等理化角度，探究泡沫施加后降低燃料燃烧速率的动力学机理；从液相和气相两个方面，通过引入 Damkohler 数(Da)，能够分析泡沫施加后液体燃料火焰熄灭的临界条件。对此，中国科学技术大学的王堃开展了详细研究[1-3]。

4.1.1 泡沫铺展

泡沫在液体燃料表面的铺展过程类似于密度较低的液体(如油)在密度较高的液体(如水)上的铺展过程。因为燃料通常具有较低的黏度(与泡沫黏度相比)，因此基于油在水面的铺展模型进而模拟泡沫在燃料表面的铺展具有可行性。Fay 和 Hoult[4,5]对油在水面的铺展过程进行了详细的描述，将泡沫假设为非牛顿黏性流体，油层以流体的形式扩散铺展，由于泡沫通常比下层的燃料油层具有更高的黏度，因此对油的塞流假设适用于泡沫在燃料上的铺展。促进泡沫铺展的作用力为重力和表面张力，阻碍铺展的作用力为惯性力和黏性力，根据泡沫铺展过程中主控力的不同，Jia 等[6]将这种铺展过程划分为三个阶段：泡沫铺展初期为重力和惯性力主导；进而发展为重力和黏性力主导；最后阶段为表面张力和黏性力主导。

重力-惯性力阶段：

$$l = (\Delta g V t^2)^{1/4} \tag{4.1}$$

重力-黏性力阶段：

$$l = (\Delta g V^2 t^{2/3} / v^{1/2})^{1/6} \tag{4.2}$$

表面张力-黏性力阶段：

$$l = (S^2 t^3 / \rho^2 v)^{1/4} \tag{4.3}$$

式中，l 为泡沫铺展长度；$\Delta = (\rho_{fuel} - \rho_{foam}) / \rho_{fuel}$；$g$ 为重力加速度；V 为泡沫体积；v 为燃料的动力学黏度；S 为铺展系数。

对于较小规模的液体泄漏，第三阶段在早期的铺展过程中就占主导地位；实际上，在泡沫施加到液面上 1～2h 之后的任何时间，都可使用式(4.3)描述铺展过程，此时的泡沫铺展最后阶段给出了与泡沫体积 V 无关的铺展规律，这是由于泡沫厚度不再是影响主控力的重要因素。上述的泡沫铺展长度理论方程更适用于定体积的泡沫铺展情形，且这些方程式只是估算，因为理论模型只考虑了每个区域的主控力之间的平衡，但实际上每个区域都有其他力存在。

基于实际工况，对于泡沫在定体积流率条件下的铺展情形，可参考 B. Persson 等[7]提出的泡沫在液体表面铺展的理论模型来进行分析。该模型假设泡沫铺展过程是由重力导致的驱动力和黏性摩擦力之间的准稳态平衡所控制，惯性效果可不予考虑，并假设泡沫的流动为恒定平均密度的纯体积流，黏性摩擦力为阻碍泡沫铺展的主要作用力。泡沫铺展过程包含了由于蒸发和析液产生的质量传递，而蒸发是由外部辐射造成的，因此可以模拟泡沫在燃烧表面上的铺展情况。在该理论模型中，假设泡沫层以三角形作为最初铺展形状的近似，如图 4.1 所示[8,9]。

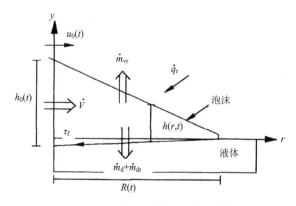

图 4.1　泡沫在液面上铺展示意图

考虑泡沫在圆形池中燃烧的液体燃料表面的铺展，假设泡沫在进口半径 $r=R_0$ 及恒定体积流量 $\dot{V}$（cm^3/s）下被缓施加，并以径向对称的方式向外铺展。铺展的泡沫层瞬时厚度记为 $h(r,t)$，$r=R_0$ 处的厚度记为 h_0，泡沫前沿瞬时位置表示为 $r=R(t)$。假设泡沫的黏度比水和普通碳氢化合物燃料的黏度大几个数量级，即泡沫中的速度梯度远小于流体中的速度梯度，因此可以假设泡沫层的铺展速度在泡沫厚度上是恒定的。泡沫流动的连续性方程可以表示为[10]

$$\frac{\partial}{\partial t}(\rho_F rh) + \frac{\partial}{\partial r}(\rho_F ruh) = -rG \tag{4.4}$$

式中，ρ_F 为泡沫层的局部密度，通常是 r 和 t 的函数；$G=G(r,t)$ 为泡沫析液和蒸发造成的质量损失，可以表示为[9]

$$G(r,t) = \dot{m}_d + \dot{m}_{dr} + \dot{m}_{vr} \tag{4.5}$$

式中，$\dot{m}_d$ 为析液的质量损失；$\dot{m}_{dr}$ 为辐射造成的析液的质量损失；$\dot{m}_{vr}$ 为蒸发造成的质量损失。

动量平衡方程可以表示为

$$\tau_f = -\rho_F g\left(1 - \frac{1}{ER}\right)h\frac{\partial h}{\partial r} \tag{4.6}$$

式中，参数 ER 为液体的密度 ρ_l 与泡沫的密度 ρ_F 的比值，即膨胀比，通常为泡沫的特性参数。此式中可将膨胀比当作常数，值得注意的是，恒定膨胀比的假设并不表示泡沫密度是恒定的。

当泡沫被施加于圆形池的中心时，泡沫铺展的阻力主要来自泡沫与液体间的剪切力，摩擦项可以简化表示为

$$\tau_f = k_f u \tag{4.7}$$

由式（4.6）和（4.7）可以得到：

$$u = -\beta h\frac{\partial h}{\partial r} \tag{4.8}$$

其中，

$$\beta = \frac{\rho_F g\left(1 - \frac{1}{ER}\right)}{k_f} \tag{4.9}$$

对上述方程式进行积分并联立求解，可得到泡沫在圆形池液面铺展过程中泡沫厚度和泡沫铺展长度随时间的变化规律以及适用条件：

$$h_0 = \left(\frac{27\dot{V}^3}{4\pi^3\beta^2 R_0^2}\right)t^{1/7} \tag{4.10}$$

$$R = \left(\frac{18}{\pi^2} \beta R_0 \dot{V}^2 \right) t^{3/7} \tag{4.11}$$

泡沫在圆形液池中心缓施加的模型可扩展到边缘位置缓施加的情形。利用泡沫在液面中心施加的动力学分析结果，可做出假设：边缘有泡沫施加的情况发生在液池中心，则液池的直径 d 是实际液池直径的两倍，因此，$d=4R_p$，R_p 表示需计算的液池的半径；泡沫在较大的池中的铺展完全对称(泡沫在假想池的中心释放)，泡沫前沿瞬时位置可由 $R=R(t)$ 表示，入口到边缘的径向坐标用 r 表示；忽略泡沫与侧壁的摩擦，假设摩擦的相关关系与适用于中心施加模型的边界层流动近似[11]。计算模型可由图 4.2 表示。

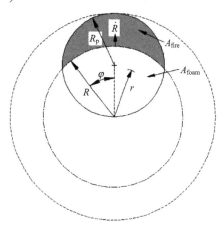

图 4.2　泡沫在边缘施加计算模型图

此理论模型可得到泡沫铺展面积的变化规律，而非直接给出铺展距离 R。A 表示泡沫瞬时铺展面积，A_p 表示总液池面积。由于假想液池的总面积是 4 倍 A_p，因此预期体积流量为 $4\dot{V}$，但工程实践中泡沫层厚度是随半径 r 的改变逐渐变化的，液池完全被覆盖时施加的泡沫实际体积小于 $4\dot{V}$。通过对理论泡沫层剖面的积分，可以得到假想液池中泡沫实际的体积流量为

$$\dot{V}_i = 16\pi\dot{V}/15 \tag{4.12}$$

若 R 表示泡沫在假想液池中的瞬时铺展距离，则实际液池中被泡沫覆盖的瞬时面积表示为

$$\frac{A}{A_p} = 1 - \frac{2}{\pi} \left\{ \left[1 - 2\left(\frac{R}{2R_p} \right) \right] \arccos\left(\frac{R}{2R_p} \right) + \frac{R}{2R_p} \sqrt{1 - 2\left(\frac{R}{2R_p} \right)^2} \right\} \tag{4.13}$$

综上所述，泡沫铺展过程十分复杂，将泡沫假设为非牛顿黏性流体可以将问题进行简化分析，进而得到泡沫铺展距离随时间的变化规律，从理论公式中可以看出，泡沫铺展长度随时间的变化遵循幂函数规律。

4.1.2　泡沫失重

在 *Fire Protection Handbook* 对灭火理论的分析中[12]，泡沫质量损失包括泡沫析液及热辐射作用下的泡沫蒸发，Persson 和 Dahlberg[13]采用试验与建模技术相结合的方法建立了类似的泡沫灭火模型。

　　泡沫灭火模型可总结为如图 4.3 所示。泡沫自身温度为 T_1，厚度为 h，在燃料层扩散速率为 V_s；$\dot{m}_{add}$ 为泡沫增量；$\dot{m}_{vap}$ 为泡沫蒸发量；$\dot{m}_{drop}$ 为泡沫析液量；燃料温度为 T_s，蒸气压为 P_v，在火焰中的挥发速率为 $\dot{m}_{fuel}$，$\dot{q}_{rad}$ 为辐射热反馈的函数。

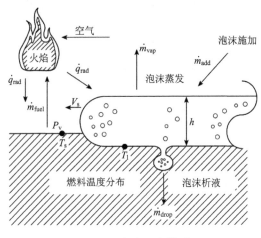

图 4.3　泡沫灭火模型

　　泡沫的总质量损失包括泡沫析液质量损失及泡沫蒸发质量损失。泡沫析液速率与泡沫本身的特性和泡沫质量有关，可通过泡沫的质量来预测析液速率；而泡沫的蒸发主要由火焰的辐射热反馈引起。

　　(1)泡沫析液。泡沫析液是指液体通过气泡之间的空隙流动，流动由毛细力和重力驱动并受到黏性力的阻碍，析液速率随时间发生变化，是表征泡沫稳定性最广泛使用的参数。由于泡沫膨胀、聚并和破裂过程的复杂性，受热的泡沫溶液析液速率的计算以及建模较困难。研究表明，泡沫析液速率与泡沫本身的特性及泡沫质量相关，因此可以通过泡沫的质量来预测析液速率。泡沫析液模型可以将析液速率表示为时间平均常数：

$$\dot{m}_{drain} = k_d \tag{4.14}$$

式中，k_d 为试验确定的经验析液系数，根据试验数据可估算为 $17\sim25\text{g}/(\text{m}^2\cdot\text{s})$。

　　(2)泡沫蒸发。泡沫可以提供暴露保护，所以在辐射条件下更易蒸发，辐射的反射和吸收表现在红外辐射的多次散射以及泡沫温度的升高和蒸发泡沫溶液等方面。假设大部分的辐射热反馈可直接导致泡沫的蒸发，泡沫的蒸发速率可以用公式(4.15)表示：

$$\dot{m}''_{vap} = \frac{\dot{q}''_{rad}}{\Delta H_v} \tag{4.15}$$

式中，ΔH_v 为蒸发潜热和显热；$\dot{q}''_{rad}$ 为辐射热反馈。

由式(4.15)可知，泡沫蒸发与辐射热反馈成正比，但与初始泡沫厚度相关性较小。以 45～185kW/m² 的大型池火中粗略估计，假设蒸发潜热为 2563kJ/kg，蒸发速率为 18～72g/(m²·s)。

为了考虑反射和吸收造成的损失，Persson 和 Dahlberg[13]提出了一种计算方法：

$$\dot{m}''_{vap} = \dot{q}''_{rad} k_e \tag{4.16}$$

式中，k_e 为辐射值，可通过试验得出；当 $\dot{q}''_{rad}$ 的值为 45kW/m² 和 185kW/m² 时，式(4.16)中 $\dot{m}''_{vap}$ 的值分别为 11g/(m²·s) 和 46g/(m²·s)。值得注意的是，在相同热辐射数值下，基于式(4.15)的计算值分别为 18g/(m²·s) 和 72g/(m²·s)，试验结果比理论计算结果低约 62%。分析该现象的原因为，公式计算忽略了反射和吸收的损失，表明到达泡沫表面的热通量中约有 48%被泡沫层反射或吸收。

由于蒸发速率主要是辐射值的函数，因此同样可以利用火焰的辐射值和有效汽化热来预测泡沫蒸发速率。泡沫表面溶液的蒸发可视为在温度恒定为 100℃时的拉格朗日溶液薄膜蒸发模型，由于没有表面温度梯度，薄膜到底层泡沫的热传导可以忽略不计；此外，薄膜吸收的所有能量将用于蒸发溶液。因此，泡沫的蒸发速率可以表示为

$$\dot{m}''_{evap} = \left(\frac{\alpha_{foam}}{\varepsilon_{hfg}} \right) \left(\frac{q''_{hfg}}{\Delta h_v} \right) \tag{4.17}$$

式中，$\dot{m}''_{evap}$ 为泡沫蒸发速率；ε_{hfg} 为热流量计的发射率，可取 0.96；q''_{hfg} 为测试盘表面上的平均热流；$q''_{hfg,cl}$ 为测试盘中心位置的热流量，q''_{hfg}=0.92 $q''_{hfg,cl}$ ；Δh_v 为 100℃时水的汽化热(2257 kJ/kg)；α_{foam} 为泡沫的吸收率，与泡沫膨胀比相关(当膨胀比为 10 时，α_{foam}=0.41)。

因此可以得到：

$$\dot{m}''_{evap} = 0.00018 q''_{hfg,cl} \tag{4.18}$$

4.1.3　泡沫灭火

1)泡沫施加对燃烧速率的影响

泡沫施加前，在气相热反馈(火焰对流与辐射)、固相(壁面)热反馈和火焰与液体表面辐射的热量损失之间的热平衡条件下，液体燃料逐渐接近稳定燃烧状态，燃料燃烧速率恒定。泡沫施加后逐渐铺展并覆盖燃油表面，随着气泡破裂及液体析出，燃料蒸发或燃烧速率急剧下降。泡沫施加前后的火焰燃烧示意图如图 4.4 所示，其中 $\dot{q}''_e$ 为来自壁面的外辐射热流量，$\dot{q}''_r$ 为火焰辐射热流量，$\sigma(T_v^4 - T_\infty^4)$ 表示燃料液相表面辐射热流损失(假设发射率=1)。

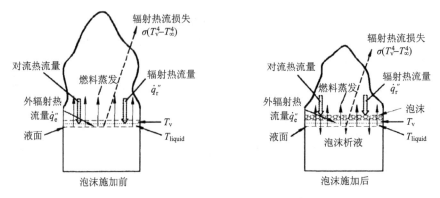

图 4.4　泡沫施加前后火焰燃烧示意图

泡沫灭火涉及多相介质的流动、传热等问题，其机理非常复杂，考虑热量传递、流体、燃烧和熄火等多方面因素，进而提出一个定量的理论模型，用于分析施加泡沫后的抑制火焰机制十分困难。因此，可以燃烧学和火灾学关于凝聚相物质燃烧速率的经典理论模型为基础，定性研究泡沫厚度、燃料扩散、传热和氧气浓度等因素对泡沫熄灭火焰机理的影响。

在燃烧学的经典理论里，对于容器中液相燃料的蒸发，在缺乏外界强迫对流的条件下，如果不考虑燃烧化学反应，燃料层表面主要滞留有燃料蒸气，燃料产生扩散运动，从而形成 Stefan 流[14,15]。这种 Stefan 流假设存在气相滞留层，在滞留层模型中不考虑液面水平方向的质量传输，而只考虑与液面垂直 y 方向的组分输运。因此，y 方向的气相组分控制方程为

$$\dot{m}_{\mathrm{f}}'' \frac{\mathrm{d}Y}{\mathrm{d}y} - \rho D \frac{\mathrm{d}^2 Y}{\mathrm{d}y^2} = 0 \tag{4.19}$$

式中，$\dot{m}_{\mathrm{f}}''$ 为燃料的表面蒸发速率(下标 f 表示燃料)；Y 为燃料蒸发气相组分的质量分数；ρ 为燃料气相组分的密度；D 为燃料气相组分向空气扩散的气相扩散系数。

结合边界条件，求解公式(4.19)，可以得到燃料的表面蒸发速率：

$$\dot{m}_{\mathrm{f}}'' = \frac{\rho D}{h} \ln(1 + B) \tag{4.20}$$

式中，h 为液体燃料容器的高度；$B = \dfrac{Y_{\mathrm{i}} - Y_{\infty}}{1 - Y_{\mathrm{i}}}$，$Y_{\mathrm{i}}$ 为在燃料表面位置处气相组分的初始质量分数。

当考虑燃料的燃烧化学反应时，守恒方程中的组分方程与能量方程都出现化学反应项。经典燃烧学理论的处理方法主要是采用无限快化学反应速率和准稳态假设，且 Lewis 数为 1($Le = \alpha / D$，α 为热扩散系数)，将组分方程与能量方程耦合并进行 Shvab-Zeldovich 变换，或引入混合分数的概念，从而通过守恒标量消除化

学反应项[16]，使之与公式(4.19)形式相同，从而获得简单求解。

假设采用燃料-产物混合分数 Z 这一守恒标量，则有

$$\dot{m}_\mathrm{f}'' \frac{\mathrm{d}Z}{\mathrm{d}y} - \rho D \frac{\mathrm{d}^2 Z}{\mathrm{d}y^2} = 0 \tag{4.21}$$

燃料-产物混合分数 Z 为

$$Z = Y_\mathrm{f} + \frac{1}{r+1} Y_\mathrm{pr} \tag{4.22}$$

式中，r 为燃料与氧气化学反应的化学当量空-燃比。

进一步结合混合分数 $Z(0)$ 与 Spalding B 数的关系：

$$B = \frac{Z(0)}{Y_{\mathrm{f},0} - Z(0)} \tag{4.23}$$

化简为与(4.20)相同形式，则燃料的燃烧速率为

$$\dot{m}_\mathrm{f}'' = \frac{\rho D}{\delta} \ln(1+B) \tag{4.24}$$

式中，δ 为气相边界层厚度。当 $Le=1$，式(4.24)可简化为

$$\dot{m}_\mathrm{f}'' = \frac{k}{c_p \delta} \ln(1+B) \tag{4.25}$$

式中，k 为气相传导系数；c_p 为定压比热容；Spalding B 数为

$$B = \frac{Y_{\mathrm{O}_2}\left(\dfrac{\Delta h_\mathrm{c}}{r}\right) - c_p(T_\mathrm{v} - T_\infty)}{L} \tag{4.26}$$

式中，Δh_c 为燃烧热；L 为燃料汽化热；T_v 为汽化温度；T_∞ 为环境温度。

式(4.21)与式(4.25)即为燃烧学和火灾学经典的凝聚相燃料燃烧速率公式。值得注意的是，式(4.26)中的质量损失速率仅由对流热反馈造成，基于经典火灾学理论，可通过辐射传热、外界传热反馈以及热损等参数修正汽化热 L，从而获取修正的 Spalding B 数，得到考虑热反馈与热损的燃烧速率。其中，修正的汽化热 L_m 为

$$L_\mathrm{m} = L - \frac{\dot{q}_\mathrm{r}'' + \dot{q}_\mathrm{e}'' - \sigma(T_\mathrm{v}^4 - T_\infty^4)}{\dot{m}_\mathrm{f}''} \tag{4.27}$$

式中，$\dot{q}_\mathrm{r}''$ 为火焰辐射反馈热流；$\dot{q}_\mathrm{e}''$ 为外界辐射热流；$\sigma(T_\mathrm{v}^4 - T_\infty^4)$ 为燃料表面辐射热损，假设燃料表面辐射发射率为 1。

当燃料表面施加泡沫时，泡沫将对热反馈、氧气浓度、气相边界层、扩散系数等产生不同程度的影响，从而最终影响燃烧速率。J. G. Quintiere 在分析水灭火的机理时，主要考虑水滴在火焰中的蒸发带来的火焰辐射热损的增加作用及水分

在燃料表面蒸发带来的冷却作用，从而进一步修正 Spalding B 数和汽化热 L。同水灭火不同的是，泡沫灭火过程中的两种蒸发作用主要来源于泡沫液所含的液相成分在火焰中的蒸发和泡沫液析液剩余的液相成分在燃料表面的蒸发[17]。

同 Quintiere[17]将增强的辐射热损采用增大的火焰辐射分数的简单处理方法类似，对泡沫液相成分在火焰中的蒸发带来的火焰热损和火焰辐射产生的火焰热损，共同采用一个混合辐射分数，即 $X_r + X_F$ 表示，其中 X_r 为火焰辐射分数，X_F 为泡沫液相成分在气相火焰中蒸发带来的热损分数。同时，考虑泡沫液析液剩余的液相成分在燃料表面的蒸发，以及液相表面燃料蒸发这两种相变作用的边界条件，综合式(4.25)～式(4.27)可以得到：

$$\dot{m}_f'' L = \frac{\rho D}{\delta} \frac{\lambda}{e^\lambda - 1} \left[\frac{Y_{O_2} \Delta h_c}{r}(1 - X_r - X_F) - c_p(T_v - T_\infty) \right] + \dot{q}_r'' + \dot{q}_e'' - \sigma(T_v^4 - T_\infty^4) - \dot{m}_F'' L_F$$

$$(4.28)$$

由于修正汽化热公式(4.27)中含有燃烧速率 $\dot{m}_f''$，式(4.28)为含有 $\dot{m}_f''$ 的隐式方程，其中，$\lambda = \frac{\delta}{\rho D} \dot{m}_f''$，$\dot{m}_F''$ 为泡沫液的蒸发速率。灭火过程中燃料燃烧速率 $\dot{m}_f''$ 值一般很小，正庚烷燃料在空气中燃烧时，熄火点的临界质量流量约为 10^{-4}g/(cm²·s)，代入泡沫层厚度、燃料密度和扩散系数得到 λ 的数量级约为 10^{-4}，因此，$\frac{\lambda}{e^\lambda} \approx \frac{\lambda}{(1+\lambda)-1} = 1$。

此外，不同于水灭火，泡沫可直接在燃料表面形成物理屏蔽层，从而直接遮挡减少火焰辐射，产生比泡沫液液相成分在火焰中蒸发更加明显、更加强烈的减少火焰辐射的效果。同时，在泡沫灭火实际中，由于部分火焰存在于泡沫间隙，泡沫物理屏蔽层的阻碍作用减小了氧气与燃料蒸气的混合，间接降低了氧气浓度 Y_{O_2}。

通常，泡沫的蒸发速率 $\dot{m}_F''$ 与外部辐射热通量成正比，可由泡沫施加流量、液面上剩余的泡沫质量通量和析液质量通量表示，Lattimer 等[18]研究结果表明，泡沫的析液速率与辐射热流大小无关，但与泡沫本身性质如膨胀比相关，因此 $\dot{m}_F'' = \dot{m}_{F,dis}''(1 - X_{resid} - X_{drain})$，其中，$\dot{m}_{F,dis}''$ 为泡沫施加速率；X_{resid} 为滞留在燃料表面上的泡沫质量分数；X_{drain} 为泡沫析液分数[1]。因此，式(4.28)可改写为

$$\dot{m}_f'' L = \frac{\rho D}{\delta} \left[\frac{Y_{O_2} \Delta h_c}{r}(1 - X_r - X_F) - c_p(T_v - T_\infty) \right] + \dot{q}'' + \dot{q}_e''$$

$$- \sigma(T_v^4 - T_\infty^4) - \dot{m}_{F,dis}''(1 - X_{resid} - X_{drain}) L_F$$

$$(4.29)$$

式中，在火焰临近熄灭之前，可近似认为 δ 为泡沫铺展运动过程中泡沫流动边界层的厚度。

进一步，泡沫灭火除了减少气相辐射热损、冷却燃料表面的直接作用外，更重要的是泡沫化学成分中疏油成分的作用。前人研究表明[19]，如图 4.5 所示，由于 AFFF 中含有的氟碳表面活性剂的疏油效应，燃料在气泡表面的吸附受到抑制，汽化的燃料主要溶解在液层中，溶解的燃料蒸气将会从液层中进入气泡中，这是由于它向气体的传递速度快于向液体的传递速度；随后，燃料蒸气再溶解到另一个液体片层中，直到蒸气到达泡沫层的表面。在这个传递过程中，氟碳表面活性剂的疏油效应可以有效地阻碍燃料蒸气的向上扩散，导致扩散系数 D 大幅度降低，从式(4.29)可以看出，扩散系数 D 的减小可以直接降低燃料的燃烧速率。

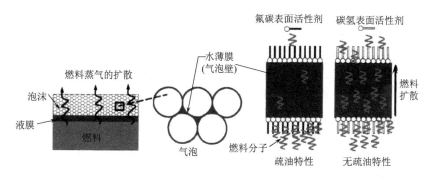

图 4.5　燃料蒸气在泡沫气泡结构和液膜内扩散示意图

总而言之，施加 AFFF-压缩气体泡沫时，气体泡沫通过铺展运动，形成一定厚度(δ)的泡沫层，由于泡沫较好的化学疏油作用，能够明显降低燃料气相扩散系数 D。同时，泡沫层阻隔能很好地减少泡沫附近的氧气浓度 Y_{O_2}，还能较大程度上阻碍火焰的辐射热反馈 $\dot{q}''_r$。不仅如此，泡沫穿透火焰与滞留燃料层产生的液相蒸发，还具有一定的增大火焰热损和冷却燃料的作用。这些化学效应和物理效应相互耦合，产生抑制燃料蒸发、降低燃烧速率的明显效果。

2) 火焰熄灭临界条件

当泡沫持续施加时，较低的燃烧速率可导致火焰对燃料和泡沫的热反馈降低，因此，随着燃烧速率下降，火焰温度逐渐降低，直到达到临界熄灭条件。一般而言，液体燃料火焰熄灭主要有气相与液相两个临界条件，二者具有一定的关联性。

由火焰燃烧条件可知，燃烧热和传热系数是控制火焰持续燃烧的重要因素，Damkohler 数(Da)[20]是决定火焰燃烧和熄灭的气相临界条件，可以表示为流动时间与化学反应时间的比值，以拉伸速率(a)表示 Da：

$$Da = \frac{t_{\text{flow}}}{t_{\text{reaction}}} = \frac{A\Delta h_c \rho n W_{O_2} Y_{O_2} Y_{\text{fuel}}}{2 c_p R_g T^2 \alpha} \exp\left(-\frac{E}{RT}\right) \tag{4.30}$$

式中，T 为火焰面的温度；n 为化学反应系数；E 为化学反应活化能；R 为气体常数；Δh_c 为燃烧热；t_{flow} 为拉伸速率(α)的倒数，拉伸速率与火焰面附近的速度梯度成正比，即 $\alpha = u_\infty$。由于穿过火焰面的速度梯度可以分离燃料和氧气，因此高的速度梯度将会产生火焰拉伸效应，导致火焰熄灭。火焰拉伸在湍流火灾中仍然是一个重要因素，然而，湍流火焰中物质和温度场的波动特性比火焰拉伸作用更为复杂。由式(4.30)可见，温度可对 Da 产生影响，而持续化学反应对 Da 要求较大以确保化学反应时间比流动时间短，因此，临界火焰温度也可用来代替数或一个完整的动力学模型来定义燃烧开始和熄灭时的临界条件[21]。

考虑火焰熄灭时的临界火焰温度判据，扩散火焰试验研究中对于不同燃料的理论绝热火焰温度表明，临界温度(1700～2300K)随拉伸速率(u_∞/x)的增大而下降，因此，在没有化学抑制剂存在时，碳氢氧燃料在氧氮混合气体中燃烧的火焰熄灭温度约为(1500±50)K[22](通常选为1300K或1600K)。

关于火焰熄灭时的近似氧气质量分数，对于 $L<1\text{kJ/g}$ 的典型液体燃料而言，最低临界氧气质量分数为0.12或摩尔分数为0.11，并且随着 L 的增加或环境温度的降低而增加。在空气中液体燃料燃烧时，火焰熄灭时的燃料临界质量流量在2～4g/(m²·s)之间[17]，虽然很难精确测定火焰熄灭时的临界质量流量，但大量试验性文献已经证实了这一数据的可靠性，因此可以将这些经验值作为分析泡沫施加造成火焰熄灭时的临界条件判据。

由火焰熄灭的基本理论可知，拉伸速率的增加、温度和氧气质量分数的降低都会导致火焰达到熄灭的临界条件，而泡沫施加造成火焰快速熄灭的原因为产生了抑制燃料蒸发、直接冷却、隔绝氧气和火焰拉伸等作用。

4.2　压缩空气泡沫灭火剂配方对灭火性能的影响

泡沫灭火技术与其发生方法联系紧密，同时也与泡沫灭火剂配方的研究密切相关。泡沫灭火剂类型众多，分别具有各自的优势和缺陷，泡沫灭火剂由于组分不同，或是成泡效果好，或是铺展性强。例如，蛋白泡沫灭火剂产生的泡沫稳定而丰富，多适用于 A 类火灾，水成膜泡沫由于其特有的铺展性能则多适用于 B 类火灾，而在实际工程应用中一般 A、B 类泡沫灭火剂互混使用多会发生变质现象，阻塞管路[23]，因此需要准备多种泡沫灭火剂以便应对不同的火灾类型。根据压缩空气泡沫灭火介质的性能要求，其组分主要应具有成泡性能好、泡沫稳定性强且析液过程缓慢、铺展性能良好、环境友好及腐蚀性低等特点。其中良好的成泡性能和铺展性能为重要要求，这也决定了它的普适性。针对泡沫灭火剂配方众多的现状，以中国科学技术大学火灾科学国家重点实验室林霖等的研究分析配方对灭火性能的影响[24]。

4.2.1　压缩空气泡沫配方组成

1) 普通表面活性剂

成泡性和铺展性都要求溶液具有较低的表面张力，因此应找到能有效降低溶液表面张力、成泡稳定的一种或者几种具有起泡能力的物质，即表面活性剂。表面活性剂种类较多，主要包括以下几种。

(1) 非离子表面活性剂。在水溶液中，非离子表面活性剂一般比离子型表面活性剂产生的初始泡沫少且稳定性差。这是因为此类物质本质上具有较大的单分子表面积，增加了吸附分子侧向相互作用的困难程度，导致界面弹性较低。此外，体积大、高度溶剂化的非离子基团一般扩散速率更慢，而且通过 Gibbs-Marangoni 效应的"愈合"作用更差，很多甚至是优良的消泡剂。

(2) 阳离子表面活性剂。阳离子表面活性剂中少数起泡能力比较强，而大多数起泡能力和稳定性都比较差。考虑表面活性剂的生物活性，阳离子表面活性剂特别是季铵盐类的，是十分有效的杀菌剂，其杀菌能力大多超过苯酚数倍以上，因此对生物也有较大的毒性；此外，在对皮肤的刺激和对黏膜的损伤上，阳离子表面活性剂的作用要大大超过阴离子表面活性剂和非离子表面活性剂。

(3) 蛋白质类表面活性剂。蛋白质类表面活性剂主要包括明胶、蛋白质等。因其分子间不仅有范德华力，而且—C═O 与—NH 之间存在氢键，所以其保护膜十分坚固，对稳定泡沫能起到比较好的作用。然而，蛋白质类表面活性剂存在受系统 pH 影响大、起泡物质易老化等问题。

(4) 固体粉末类。固体粉末类主要为石墨、矿粉等这些憎水性的粉末。它们主要是通过附于气泡上的粉末来阻止气泡的相互聚结，同时也增大了液膜中流体流动的阻力以实现稳泡，但长期使用时这些粉末多半会阻塞管路，并不适用于消防工程。

(5) 阴离子表面活性剂。阴离子表面活性剂的发泡能力较强，具有良好的渗透、润湿、乳化、分散、增溶、起泡、抗静电相润滑等性能，而且对环境及人体危害较小。阴离子表面活性剂亲水基团的种类存在局限性，而疏水基团可以由多种结构构成，故种类较多。阴离子表面活性剂主要包括脂肪酸盐、磺酸盐、硫酸酯盐、脂肪酸酰氯与蛋白质水解物缩合物、磷酸酯盐等。

脂肪酸盐类通式为 RCOOM。R 为烃基，碳原子数为 12 和 14 的起泡性能最好；M 为钠、钾、铵，但是其在硬水中起泡性很差，主要适用于洗涤和肥皂等生产。

磺酸盐类化学式为 R—SO_3Na，R 中碳原子数量在 8～20 之间。这类表面活性剂易溶于水，在酸性溶液中也不发生水解，具有良好的发泡能力，代表性物质有烷基苯磺酸盐、烷基磺酸盐、α-烯烃磺酸盐、脂肪酸乙酯磺酸盐等。烷基苯磺酸盐是有代表性的阴离子表面活性剂，按烷基结构分为支链烷基苯磺酸盐和直链烷基苯磺酸盐，支链为硬性型而直链为软性型；烷基苯磺酸盐在硬水中不与钙、镁离子形成沉淀，耐酸、耐碱，同时有良好的起泡能力；α-烯烃磺酸盐生物降解性好，刺激性低，碳链中碳原子数为 15～18 时，起泡能力最高。

硫酸酯盐类化学通式为 $ROSO_3M$，M 为 Na、K、$N(CH_2CH_2OH)_3$，碳链中碳原子数为 8～18。硫酸酯盐表面活性剂具有良好的发泡力，耐硬水性能好，水溶液呈中性或微碱性，广泛使用于洗涤剂中，主要包括脂肪醇硫酸铵酯盐、脂肪醇聚氧乙烯醚硫酸盐。

脂肪酸酰氯与蛋白质水解物缩合物主要通过脂肪酸酰氯与氨基酸盐缩合得到，一般性能温和、起泡能力好，主要包括油酰氨基酸盐和月桂酰肌氨酸盐。

磷酸酯盐耐热性比较好，对人体刺激小。

林霖等将常用阴离子表面活性剂进行筛选，将性能较为优异的表面活性剂列表[25]，并进一步进行比较，如表 4.1 所示。

表 4.1　性能较为优异的阴离子表面活性剂

溶解性	类型	名称	表面张力/0.1%(mN/m)	毒性	生物降解性
1%时溶于水变浑浊	脂肪酸盐	癸酰基乳酰乳酸钠	24.72	浓度高时对皮肤有中等刺激	可降解
1%时分散于25℃的水	脂肪酸盐	硬脂酰基乳酰乳酸钠	28.87	浓度高时对皮肤刺激小	可降解
分散于水	脂肪酸盐	异硬脂酰基乳酰乳酸钠	26.28	无毒	可降解
能溶于水	磺酸盐	A	31	避免长时间接触皮肤	可降解
溶于水	磺酸盐	α-烯烃磺酸钠	46.2	避免与皮肤过度接触	可降解
速溶于水	磺酸盐	月桂酸甲酯-α-磺酸钠	39	不能长时间接触皮肤	可降解
溶于水	磺酸盐	N-油酰基-N-甲基牛磺酸钠	36.8	基本无毒性	可降解
溶于水	硫酸盐	辛基硫酸钠	38	避免接触皮肤	可降解
溶解性好	硫酸盐	B	23.5	避免长时间接触皮肤	可降解
溶于水	硫酸盐	月桂基聚氧乙烯醚硫酸钠	46.2	避免长时间接触皮肤	可降解
溶于水	硫酸盐	壬基酚聚氧乙烯醚硫酸钠	32(1%)	避免长时间接触皮肤	可降解
溶于水	脂肪酸酰氯与蛋白质水解物缩合物	月桂酰肌氨酸钠	30	无毒	可降解

表 4.1 表明，表面张力降低效果最好的是脂肪酸盐、磺酸盐 A 和硫酸盐 B。然而，脂肪酸盐在水中的溶解度很小，基本为分散状；此外，与磺酸盐 A 和硫酸盐 B 相比，脂肪酸盐价格高出很多。因此，林霖等采用磺酸盐 A 和硫酸盐 B 两种阴离子表面活性剂作为基本的发泡剂来降低表面张力。

此外，通过查找资料得到了磺酸盐 A、硫酸盐 B 与其他一些典型发泡剂在起泡能力上的性质对比，如表 4.2 所示，可以看出，磺酸盐 A 和硫酸盐 B 是比较理想的发泡基本物质。

表 4.2　磺酸盐 A 与硫酸盐 B 和其他一些物质的发泡能力对比

发泡物质	泡沫高度/mm	泡沫消失程度/%
磺酸盐 A	198	0.5
硫酸盐 B	202	0.67
烷基磺酸钠	184	25.67
TA-10	185	29.5
JFC	134	4.8
稳泡剂 105	106	17.7
1227	159	26.5
1231	182	7
净洗剂 664	100	14

2）氟碳表面活性剂

泡沫的表面张力和界面张力需尽可能小，因此仅靠一种表面活性剂无法实现。特殊表面活性剂中，氟碳表面活性剂是一种性质优良的表面活性剂，普通表面活性剂碳氢链中的氢原子部分或全部被氟原子取代后，具有碳氟链憎水基的表面活性剂即称为氟碳表面活性剂。氟碳表面活性剂的亲水基部分和普通表面活性剂基本相同，具有表面活性高、理化性质稳定、润湿渗透性良好、起泡稳泡性强、复配性能优良、环境友好等优点[26]。

氟碳表面活性剂分类方式与普通表面活性剂相同，可分为阴离子氟碳表面活性剂、阳离子氟碳表面活性剂、非离子氟碳表面活性剂等。不同表面活性剂之间存在相互作用[27,28]，这种作用能产生比其中任一种单一表面活性剂更优越的性能（改善表面活性、降低临界胶束浓度等），作用强度排序为阴离子-阳离子>非离子-阴离子>非离子-阳离子，即阴-阳离子混合表面活性剂具有比单一表面活性剂高得多的表面活性，已有试验表明阴-阳离子表面活性剂复合物的临界胶束浓度远小于单一物质[29]。

单一阴离子表面活性剂以阴离子形式吸附在气泡液膜上形成双分子吸附膜，

其极性头为负电性，相互之间电斥作用使液膜中活性剂分子难以紧密排列，如图4.6所示。此情况可导致溶液表面张力下降有限，不利于泡沫液的铺展；此外，可能导致泡沫稳定性较差，对泡沫质量要求不利。通过添加阳离子表面活性剂，利用正负离子间的吸引作用可使表面活性剂分子在液膜表面排列更紧密，改善表面活性与吸附膜的性质，如图4.7所示。因此，可选择一种阳离子型氟碳表面活性剂，作为配方中的第二种主要物质。

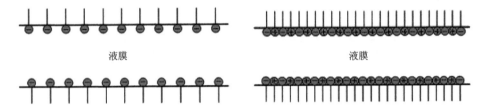

图 4.6 单一阴离子表面活性剂下的液膜　　图 4.7 阴、阳离子表面活性剂协同作用下的液膜

3）碳氢表面活性剂

泡沫液铺展系数取决于溶液表面张力和溶液与燃料的界面张力两方面，但氟碳表面活性剂对界面张力降低的贡献不明显，这可能主要是由于氟碳表面活性剂中含氟烃基既憎水又憎油，使界面膜分子产生倾斜，导致油水界面上存在比较大的势能，而势能越大界面张力越大。此外，氟碳表面活性剂价格昂贵，因此需要添加另外的物质与氟碳表面活性剂进行配合以更好地降低界面张力，其中较好的方法是利用碳氢表面活性剂。当碳氢表面活性剂插入氟碳表面活性剂膜中形成复合膜后，可以利用其亲油基的作用使复合膜更好地融入油相中，达到降低势能与界面张力的作用。值得注意的是，不可选用链长过长的碳氢表面活性剂，当链长超过氟碳表面活性剂链长时，超出的碳氢链部分有可能发生弯曲而部分覆盖氟碳链，使最外层氟碳链的密度相对下降，反而产生负面的影响。

4）其他添加剂

由于表面活性剂 A 在极性溶剂（如水）中的溶解性比较弱，因此匹配了一种具有抗冻性效果的有机溶剂 C。对于表面活性剂 B，因考虑到醇类物质的助表面活性剂作用，它能降低两相极差，有利于界面张力的降低，同时也具有抗冻效果，因此使用了对应表面活性剂 B 和氟碳表面活性剂下的较为合适的碳链长度的醇 D 作为溶剂。

最终林霖等筛选出了两种较为合适的泡沫配方成分：配方一包括表面活性剂 A、氟碳表面活性剂、碳氢表面活性剂、溶剂 C；配方二包括表面活性剂 B、氟碳表面活性剂、碳氢表面活性剂、溶剂 D。

4.2.2　配方组分对灭火性能的影响

1）试验设计方法

筛选了初始配方主要组分之后，还需要进一步确定配方中的组分比例，因其中次要物质含量少（<2%），并且对配方性质影响不显著，因此设计过程中采用适宜的比例进行了固定，主要目标定位于确定表面活性剂的含量。配方组分比例的优化设计采用了均匀设计法，此方法只考虑试验点在试验范围内更均匀分散而不考虑"整齐可比"，所以试验数据不能直接在表上处理，而必须用回归分析处理数据，而试验次数比正交试验法大大减少，试验点在试验范围内分散得更均匀，更有代表性。

均匀设计表中，因配方主要物质为 4 种，即组分数 m 为 4，试验次数选择为 12，先制得均匀表 $U_{12}^*(12^{10})$，如表 4.3 所示。

表 4.3　均匀设计表 $U_{12}^*(12^{10})$

试验次数	1	2	3	4	5	6	7	8	9	10
1	1	2	3	4	5	6	8	9	10	12
2	2	4	6	8	10	12	3	5	7	11
3	3	6	9	12	2	5	11	1	4	10
4	4	8	12	3	7	11	6	10	1	9
5	5	10	2	7	12	4	1	6	11	8
6	6	12	5	11	4	10	9	2	8	7
7	7	1	8	2	9	3	4	11	5	6
8	8	3	11	6	1	9	12	7	2	5
9	9	5	1	10	6	2	7	3	12	4
10	10	7	4	1	11	8	2	12	9	3
11	11	9	7	5	3	1	10	8	6	2
12	12	11	10	9	8	7	5	4	3	1

按照 $U_{12}^*(12^{10})$ 使用表的说明，将其中 $m-1$ 列（1、6、9 列）采用式（4.31）及式（4.32）进行变换，其中 q_{ji} 为对应的均匀表 $U_{12}^*(12^{10})$ 中三个转换列中的第 i 个数。

$$C_{ji} = \frac{2q_{ji}-1}{2n}, \quad j=1,2,\cdots,m-1 \tag{4.31}$$

$$\begin{cases} x_{ji} = (1-C_{ji}^{1/(m-j)})\prod_{k=1}^{j-1}C_{ki}^{1/(m-k)} \\ x_{mi} = \prod_{k=1}^{m-1}C_{ki}^{1/(m-k)} \end{cases} \tag{4.32}$$

x_{ji} 表示对应的 12 次试验,4 组分的配方均匀设计表 UM_{12}^* (12^4) 如表 4.4 所示。其中 X_1、X_2、X_3、X_4 分别代表四种组分的相对百分比(质量分数),即每次试验中各种组分按照表 4.4 中的比例进行制备。

表 4.4　配方均匀设计表 UM_{12}^* (12^4)

试验次数	X_1	X_2	X_3	X_4
1	0.653	0.112	0.049	0.186
2	0.500	0.011	0.224	0.265
3	0.407	0.230	0.257	0.106
4	0.337	0.043	0.594	0.026
5	0.279	0.332	0.049	0.341
6	0.229	0.085	0.257	0.429
7	0.185	0.443	0.233	0.140
8	0.145	0.135	0.630	0.090
9	0.109	0.576	0.013	0.302
10	0.075	0.194	0.213	0.518
11	0.044	0.761	0.106	0.089
12	0.014	0.260	0.574	0.151

2)均匀设计的指标定义及试验流程

按照表 4.4 的组分比例关系,将配方一和配方二分别配置 12 组初始泡沫原液,并加入固定量的次要物质(质量为初始原液的 1.52%),最后形成 12 组最终的泡沫原液。衡量不同组分配方灭火效果的最重要指标为灭火时间,可将油火试验与固体火试验的结果进行综合考虑,设计灭火试验如图 4.8 所示。

灭火试验在 3m×3m×3m 的试验空间中进行,喷头高度为 2.35m,火源分别采用油池火和固体火两种(置于喷头正下方),其中油池直径 0.43m,深度 5cm;固体火采用两层尺寸为 20cm×20cm×3cm 的木垛。油火需预燃 30s,木垛火用 40mL 乙醇进行引燃后预燃 60s。试验过程采用数字摄像机(DV)进行实时记录,泡沫溶液浓度均采用 3%,系统工作压力固定为 0.3MPa、气液流量比为 30。灭火时间定义为灭火系统开启至火焰熄灭的时间,试验中每一组配方配比下的灭火试验均重复 3 次,最后取平均灭火时间。试验中油池火灭火时间基本比木垛火的灭火时间低一个数量级,因此,如果用木垛火灭火时间加油池火灭火时间来定义配方指标,则受木垛火灭火时间的影响较大,因此本章定义指标如式(4.33)所示。

$$Index = \omega t_A + t_B \tag{4.33}$$

式中,t_A、t_B 分别为木垛火和油池火的灭火时间,s;ω 为权值,取值为 0.1。木垛火灭火如果没有成功,则 t_A 定义为 600s,油池火灭火没有成功则定义 t_B 为 60s。

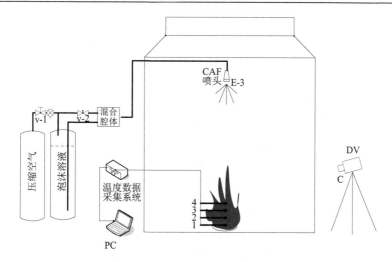

图 4.8 获取配方设计指标值的灭火试验

3) 试验结果分析

试验结果如表 4.5 所示。

表 4.5 配方指标试验结果

试验次数	X_1	X_2	X_3	X_4	配方一指标	配方二指标
1	0.653	0.112	0.049	0.186	45.3	78.5
2	0.500	0.011	0.224	0.265	42.6	67.1
3	0.407	0.230	0.257	0.106	40.1	46.1
4	0.337	0.043	0.594	0.026	95.2	82.2
5	0.279	0.332	0.049	0.341	64.8	53.4
6	0.229	0.085	0.257	0.429	37.6	44.6
7	0.185	0.443	0.233	0.140	72.8	75.9
8	0.145	0.135	0.630	0.090	98.3	92.4
9	0.109	0.576	0.013	0.302	104.5	84.8
10	0.075	0.194	0.213	0.518	109.6	35.3
11	0.044	0.761	0.106	0.089	114.8	106.5
12	0.014	0.260	0.574	0.151	118.3	64.7

因为 $X_1+X_2+X_3+X_4=1$，所以可以采用三元二次回归模型确定指标 Index 与 X_1、X_2、X_3、X_4 间的回归方程，即求得方程 (4.34) 的系数。

$$\text{Index}=A_0 + \sum_{j=1}^{3} A_j X_j + \sum_{j=1}^{3} A_{jj} X_j^2 + \sum_{1 \leqslant j \leqslant k} A_{jk} X_j X_k \quad (k=1,2,3) \qquad (4.34)$$

利用规划求解，可以得到配方一的指标回归方程为式(4.35)，其中复相关系数 $R=0.9969$，方差为 0.9937，因此建立的回归方程是比较显著的。

$$\text{Index}_1=466.25-968.24X_1-573.08X_2-1733.9X_3+94.74X_1X_2$$
$$+1901.00X_1X_3+2101.16X_2X_3+648.15X_1^2+193.37X_2^2+1426.14X_3^2 \quad (4.35)$$

根据极值法确定最优的配方比例，极值的必要条件为式(4.36)：

$$\frac{\partial \text{Index}_1}{\partial X_1}=\frac{\partial \text{Index}_1}{\partial X_2}=\frac{\partial \text{Index}_1}{\partial X_3}=0 \quad (4.36)$$

可以得到：

$$\begin{cases} -968.24+94.74X_2+1901.99X_3+1296.3X_1=0 \\ -573.08+94.74X_1+2101.16X_3+386.74X_2=0 \\ -1733.9+1901.99X_1+2101.16X_2+2852.28X_3=0 \end{cases} \quad (4.37)$$

求解方程后得到最小值条件下的三种物质的配方比例，即 $X_1=0.4035$，$X_2=0.1525$，$X_3=0.2265$，$X_4=0.2175$。将 X_1、X_2、X_3 的值代入式(4.35)中求得最佳回归指标值为 30.86，由于回归方法得到的结果可能存在偏差，因此必须再次进行试验验证。按照所得结果进行配比后得到泡沫原液再次进行试验，试验指标为35.4，小于表 4.5 中配方一的指标，因此可以认为回归方法得到的结果可靠。

按照相同的方法，得到配方二指标回归方程为式(4.38)，复相关系数 $R=0.9868$，方差为 0.9738。

$$\text{Index}_2=340.88-210.48X_1-896.09X_2-1461.38X_3+600.22X_1X_2$$
$$+1043.68X_1X_3+2204.35X_2X_3-125.623X_1^2+625.90X_2^2+1255.37X_3^2 \quad (4.38)$$

对极值进行求解，当 $X_1=0.0548$，$X_2=0.1781$，$X_3=0.1507$，$X_4=0.6164$ 时，指标最小值为 28.7，进一步进行试验验证得到的回归最佳配比下的指标为 30.2。

4)配方确定

确定主要组分含量后，得到两种配方下各自的最优组分含量结果如表 4.6 所示。

表 4.6 配方一/二最终组分和含量

配方一/二组分	含量/%
氟碳表面活性剂	39.74/5.40
碳氢表面活性剂	15.02/17.54
表面活性剂 A/B	22.31/14.84
溶剂 C/D	21.43/60.72
其他(无机盐、稳定剂等)	1.5/1.5

为了检验这两种配方的性能，利用市售传统 A 类泡沫和水成膜泡沫（AFFF）进行了灭火时间的对比，试验方案同上文，结果如表 4.7 所示。

表 4.7　两种配方与传统泡沫的性能对比

泡沫灭火剂	木垛火灭火时间/s	油火灭火时间/s
配方一	154	20
配方二	135	16
传统 A 类泡沫	131	34
传统水成膜泡沫	140	18

4.2.3　新型压缩空气泡沫配方

（1）多功能压缩空气泡沫灭火剂。多功能压缩空气泡沫灭火剂主要由发泡剂、复合氟表面活性剂、渗透剂、防冻剂、稳定剂、缓蚀剂、成膜剂和水构成，属于无毒、无污染的环保类产品。采用新型发泡材料和渗透材料，增加了成膜剂，加大了稳定剂的含量，提高了灭火剂的胶缩浓度临界点，并解决了灭火剂各成分调整混合比产生结块分层，介质反应沉降，出现非均匀性问题[30]。

（2）高效低黏易降解型抗溶压缩空气泡沫灭火剂。高效低黏易降解型抗溶压缩空气泡沫灭火剂[31]由碳氢表面活性剂、不含 PFOS 的氟碳表面活性剂、低黏抗溶组分、泡沫稳定剂、抗冻剂、防腐剂和水组成，能够针对不同的灭火对象选择 1%、3%和 6%等不同的混合比与水混合发泡使用，最低使用混合比可降至 1%，产品与各类型压缩空气泡沫灭火系统结合使用，在不同的发泡倍数条件下均具有优异的泡沫性能，能够快速扑救各类水溶性、非水溶性液体火灾，抗复燃效果优异。

配方将含氟丙烯酸酯共聚物、N-甲基吡咯烷酮和高分子多糖物质组成低黏抗溶组分代替传统抗溶泡沫灭火剂中的高分子多糖抗溶组分，N-甲基吡咯烷酮的添加可控制泡沫灭火剂中抗溶组分的黏度，使黏度普遍在 100～300mPa·s，远低于传统抗溶泡沫灭火剂的黏度；此外，该配方对于金属离子还有络合作用，可有效降低海水对泡沫性能的影响，提升泡沫灭火剂的耐海水性能。抗溶组分中含氟丙烯酸酯共聚物和高分子多糖物质具有协同交联增效作用，含氟丙烯酸酯共聚物的加入可使高分子多糖物质在水溶性液体表面析水形成的高分子胶体膜结构更加紧致，降低了高分子多糖的用量，提升了高分子多糖物质的成膜效果。

选用的碳氢表面活性剂均为天然或再生资源加工的绿色表面活性剂，有天然性、温和性、对人体刺激小和易于生物降解的优点且与离子型表面活性剂相容性较好，适合在泡沫灭火剂中使用，可有效提升泡沫灭火剂的耐海水性能。

氟碳表面活性剂不含 PFOS 类组分，确保泡沫灭火剂在油面上具有快速铺展能力，提高了灭火效果，比传统水成膜泡沫灭火剂中使用的 PFOS 组分更易于生物降解，没有环境持久性，能在高效灭火的同时显著降低产品使用对环境造成的影响。调整氟碳表面活性剂与碳氢表面活性剂的配比关系，能够显著降低配方中各组分的用量，尤其是氟碳表面活性剂的用量，可以大幅度降低产品的配方成本。

(3) 高浓缩型环保无氟压缩空气泡沫灭火剂。高浓缩型环保无氟压缩空气泡沫灭火剂[32]具有高浓缩的特点，最低使用混合比可低至 0.5%，凝固点可达−35℃，能够在低温环境中正常使用，产品可适用于淡水和海水。该产品能够快速扑灭非水溶性易燃液体火灾，抗复燃能力强，还可快速扑救固体物质火灾，可应用灭火范围广泛。结合现有的各类型压缩空气泡沫灭火系统，能够针对不同的灭火对象灵活调整混合比和泡沫状态，产生的泡沫结构均一、稳定，同时还可兼顾传统的低倍数泡沫系统，适用装备范围广泛。产品组分中不含氟碳表面活性剂，不受 PFOS 限用影响，且组分中不含醚类物质，因此具有很高的生物降解性以及较低的生物毒性，环保性能优异，对人体健康无影响且生产成本低。

4.3　压缩空气泡沫灭火系统工作参数对灭火性能的影响

为探究压缩空气泡沫灭火系统工作参数对灭火性能的影响规律，中国科学技术大学火灾科学国家重点实验室的林霖等在对泡沫配方优化的基础上，分析了泡沫溶液浓度、混合腔前端结构、喷头与火源距离、工作压力及泡沫扩张率对灭火有效性的影响研究[24,33,34]。

如图 4.9 所示，试验在 3m×3m×3m 空间中进行，压缩空气泡沫通过管路连接到试验间内的喷头，喷头位于试验间中心位置，其高度可改变。火源置于试验间

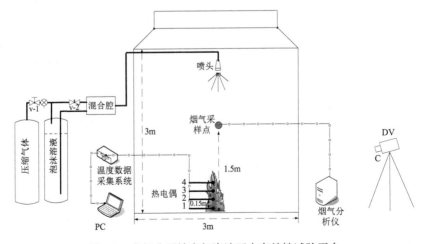

图 4.9　多组分压缩空气泡沫灭火有效性试验平台

中心位置，分别采用油池火和固体火两种，其中油池直径 0.43m，深度 5cm；固体火采用两层尺寸为 20cm×20cm×3cm 的木垛。油火预燃时间为 60s，木垛火用 40mL 乙醇进行引燃，预燃时间为 120s。

试验中主要改变的工况有混合腔前端结构、溶液浓度、喷头高度、工作压力、泡沫扩张率，研究上述因素对多组分压缩空气泡沫灭火有效性的影响规律，试验工况见表 4.8。

表 4.8　试验工况情况

工况		混合腔前端结构	溶液浓度/%	喷头高度/m	工作压力/MPa	泡沫扩张率
1~16		T 型	1.2~13	2.35	0.3	20
17~32	油池火	同轴型	1.2~13	2.35	0.3	20
33~45		同轴型	3	1.78~2.8	0.3	20
46~54		同轴型	3	2.35	0.2~1	20
55~66		同轴型	3	2.35	0.3	1~70
67~78	木垛火	同轴型	1~13	2.35	0.3	20
79~92		同轴型	3	1.93~2.8	0.3	20
93~101		同轴型	3	2.35	0.2~1	20
102~113		同轴型	3	2.35	0.3	1~70

试验中温度测量采用铠装 K 型热电偶测量烟气层不同高度温度，热电偶直径为 1.5mm，测温范围为 0~1000℃，误差为±5℃。从火源正上方 0.15m 高度开始以间距 0.15m 往上垂直于火源中心布设 4 根热电偶，热电偶采集到的温度通过数据采集卡自动输入计算机进行处理。

试验中灭火时间测量用 DV 进行实时拍摄，同时利用秒表记录灭火时间，每次灭火试验重复 3 次，灭火时间取平均值。

试验中烟气成分测量方法为在火源正上方 1.5m 的地方设置烟气成分采样点，采集后利用德国 MRU 公司的 Vario Plus 型便携式烟气分析仪进行气体分析，如图 4.10 所示。最高采样频率为 1Hz，可直接测量烟气温度、氧气(O_2)浓度、一氧化碳(CO)浓度、一氧化氮(NO)浓度、二氧化硫(SO_2)浓度、烟气压力等数据，计算并显示二氧化碳浓度、燃烧效率、过余空气比等参数。传感器信号经放大、线形化、数字化后显示在控制与显示面板上，测量参数见表 4.9。

表 4.9　烟气分析仪测量范围与分辨率

测量参量	范围	精度	分辨率
O_2 浓度/%	0%~21	±0.2(abs)	0.1
CO 浓度(H_2 补偿)/ppm[*]	0~10000	±20	1

续表

测量参量	范围	精度	分辨率
NO 浓度/ppm	0～5000	±20	1
SO_2 浓度/ppm	0～5000	±20	1
H_2 浓度/ppm	0～2000	±20	1
烟气温度/℃	0～650	±0.2	0.1
差压/hPa	±100	±0.03	0.5

* 1 ppm=10^{-6}。

图 4.10　Vario Plus 烟气分析仪

4.3.1　灭火动态过程

1) 油池火

以同轴型混合腔, 泡沫溶液浓度 6%, 工作压力 0.3MPa, 扩张率 20, 喷头高度 2.35m 下的灭火过程为例进行分析。如图 4.11 所示, 泡沫释放前火焰燃烧逐渐趋于稳定; 泡沫释放瞬间火焰燃烧骤然加强, 可以由共沸理论来解释[35,36]; 在短暂的强化燃烧现象之后, 泡沫层逐步覆盖油面, 使得可燃区域变小, 燃烧速率降低, 油面的燃烧逐渐被压制; 最终随着泡沫层的全面覆盖而达到熄灭。

　　　预燃 5s　　　　　　　　15s　　　　　　　　55s　　　　　　60s 开始灭火

| 65s | 70s | 75s | 79s 熄灭 |

图 4.11　油池火灭火动态过程

图 4.12 为灭火过程温度场变化曲线(同轴型混合腔,溶液浓度 1.5%、2.2%、6%、11%,工作压力 0.3MPa,扩张率 20,喷头高度 2.35m)。可以看到,点燃后,随时间延长,热释放速率增大,温度逐渐升高,并逐渐趋于稳定状态;此时释放

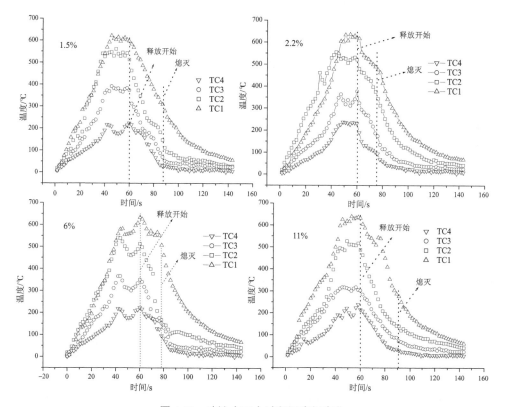

图 4.12　油池火灭火过程温度场变化

泡沫，由于水分蒸发吸热以及泡沫层的覆盖下燃烧区域逐渐减小，热释放速率开始降低，因此温度场也开始迅速下降，达到灭火状态之后，温度进一步降低至室温。

图 4.13 为 O_2、CO_2 和 CO 浓度随时间的变化曲线。随燃烧的进行，耗氧量逐渐增加并在燃烧达到稳定时趋于平稳(约为 20.6%)；随泡沫的施加燃烧被抑制，氧气浓度逐步上升；火焰熄灭之后，随着烟气的扩散和环境空气中氧气的补充，氧气浓度进一步上升并再次达到平衡状态(约 21%)。而 CO_2 和 CO 浓度则随着燃烧的进行逐渐升高，泡沫释放时达到最高值(0.45% 和 55ppm)；同样地，随泡沫的施加燃烧被抑制，CO_2 和 CO 的浓度均迅速降低，随着熄灭的发生和环境空气的进入，其浓度最终趋近于初始水平。

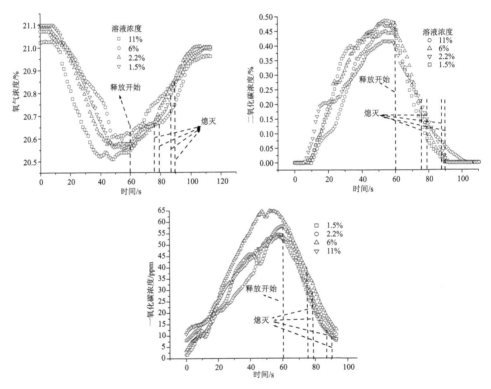

图 4.13　灭火过程中 O_2、CO_2、CO 浓度变化曲线

2) 木垛火

图 4.14 为同轴型混合腔，泡沫溶液浓度 3%，工作压力 0.3MPa，扩张率 15，喷头高度 2.35m 下的灭火过程 DV 截图。泡沫释放前，火焰燃烧由开始到逐渐稳定；泡沫释放后，灭火介质突破火羽流作用于木垛上层表面，逐渐熄灭可燃物上层表面的火焰，而下层木垛的燃烧状态仍然继续存在；随上层表面的泡沫量的增

加，泡沫顺着木垛缝隙逐渐下垂并对内部可燃物继续作用，进一步抑制、熄灭其燃烧区域；达到灭火前期一段时间，木垛火焰逐渐变小，但有小部分下层可燃物区域继续保持微弱燃烧的状态，随泡沫量的进一步增多，内部燃烧得到抑制，同时泡沫对整个木垛进行包裹，阻挡了空气的来源，最终在 121s 时明火熄灭。

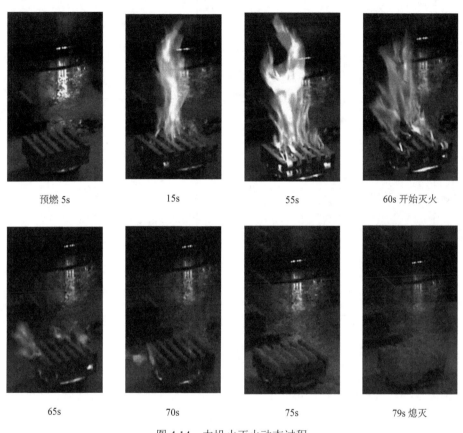

图 4.14　木垛火灭火动态过程

图 4.15 为典型的木垛火灭火温度曲线。随时间延长热释放速率增大，温度逐渐升高达稳定燃烧阶段，温度曲线逐渐趋于平稳；预燃 120s 时开始释放泡沫，温度迅速下降，但由于火焰处于立体燃烧状态，上层火焰温度降低，但燃烧仍然在内部木垛中以微弱燃烧的态势持续；随着泡沫对木垛内部产生作用，温度逐渐降低至室温。

图 4.16 为灭火过程的 O_2、CO_2、CO 变化曲线。由图可知，随燃烧的进行，O_2 浓度逐渐下降并在泡沫释放之时达到最小值；泡沫施加后 O_2 浓度迅速上升，并分阶段下降；随着泡沫的进一步施加，燃烧速率逐步降低，O_2 浓度最终在熄灭

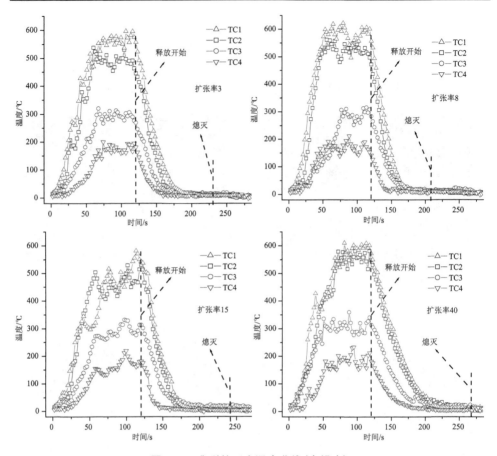

图 4.15　典型的灭火温度曲线(木垛火)

时刻恢复到接近初始状态的值,并进一步随着空气流动转变为初始值。与 O_2 的变化规律相反,CO_2 与 CO 浓度则随着燃烧的进行逐渐升高,并在泡沫释放时达到最高值(0.95%和 130ppm);泡沫施加之后,表面燃烧被抑制,内部燃烧继续发生,CO_2 与 CO 浓度均分阶段逐步回落,并在熄灭时刻恢复至接近初始值。

4.3.2　泡沫液浓度的影响

1)油池火

为研究压缩空气泡沫溶液浓度对扑灭油池火有效性的影响,试验中固定工作压力为 0.3MPa,喷头高度为 2.35m,混合腔前端结构选型为同轴型,扩张率为 20,泡沫溶液浓度在 1.2%～13%的范围内变化。图 4.17 为灭火时间随泡沫溶液浓度的变化曲线,灭火时间为从开始喷放泡沫到油池火焰熄灭的时间。

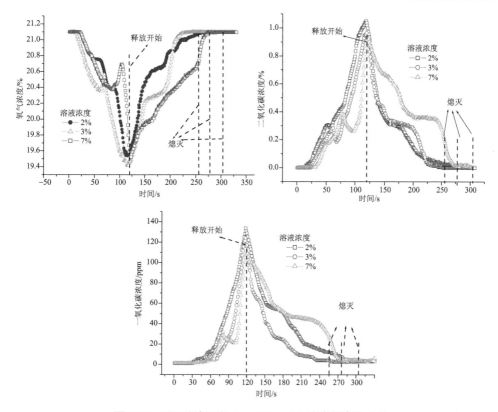

图 4.16　不同浓度下的 O_2、CO_2、CO 浓度的变化曲线

在初始阶段，随着泡沫溶液浓度的增加，灭火时间快速下降，当浓度增大至 2.2%～3%时，灭火时间最短，继续增大泡沫溶液浓度，灭火时间不断增加。这可能是由于在低浓度下泡沫溶液的铺展速度受浓度影响较大，铺展作用占据了主导因素；浓度大于 2.2%后，泡沫黏性占据了主导因素，增大浓度则泡沫黏度提高，流动性相应减弱，适量析出的液体可以降低油面的温度，同时蒸发过程中能稀释环境的氧浓度；而浓度大于 3%时，析液过程过于缓慢，虽然延长了泡沫层的稳定存在时间，但实际上却对整体灭火过程产生了负面影响。相比之下在 2.2%～3%浓度范围的泡沫不仅具有较好的铺展能力，析液速率也适中，因此最利于多组分压缩空气泡沫的灭火，表现出效率最高的特点。

2) 木垛火

在与油池火试验相同的条件下，图 4.18 为多组分压缩空气泡沫扑灭木垛火时灭火时间随泡沫溶液浓度的变化曲线。由图可知，当泡沫溶液浓度小于 3%时，灭火时间随着溶液浓度的提高而缩短；而大于 3%时，灭火时间随浓度的提高而增加；3%～4%为灭火最有效的浓度区间。

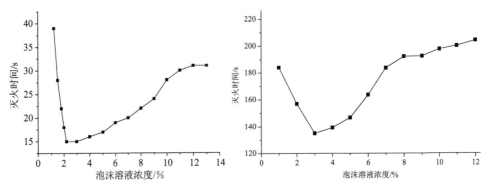

图 4.17　灭火时间随泡沫溶液浓度变化曲线　　　图 4.18　灭火时间随泡沫溶液浓度变化曲线

4.3.3　混合腔前端结构的影响

在压缩空气泡沫灭火系统的发泡装置中，混合腔是最关键的部分，它决定了成泡效果的好坏。混合腔前端结构可分为 T 型及同轴型，本节针对上述两种不同的混合腔进行了灭火有效性的比对试验，试验采用的两种混合腔长度尺寸一致，两相入口截面积也保持相同，如图 4.19、图 4.20 所示。设定工作压力 0.3MPa，扩张率 20，喷头与火源垂直距离 2.35m。

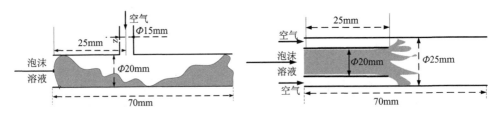

图 4.19　T 型混合腔前端截面示意图　　　图 4.20　同轴型混合腔前端截面示意图

图 4.21 为两种混合腔结构对灭火时间的影响规律。T 型混合腔的灭火时间波动较大，在灭火效果上明显不如同轴型混合腔，试验浓度范围内（1.2%～13%），T 型平均灭火时间比同轴型长 49.7%。分析该现象主要原因为，同轴直流混合方式下气液两相之间相互作用很小，气相流量不受液相存在的影响；此外，空气和泡沫溶液平行注入混合腔，大大减弱了空气对泡沫溶液的冲击和由此产生的脉动，流量变得更加稳定，空气与泡沫的混合更加充分、均匀，从而强化泡沫溶液的成泡效果。

4.3.4　喷头与火源距离的影响

1) 油池火

为了研究喷头与火源距离对灭火有效性的影响，设定试验工况为工作压力 0.3MPa，泡沫溶液浓度为 3%，扩张率 20，混合腔选型为同轴型，喷头高度的变化范围为 178～280cm。

图 4.22 为灭火时间随喷头与火源距离的变化曲线。灭火时间随喷头高度的升高而增长，通过拟合分析发现灭火时间随喷头高度增加呈二次函数增长的变化趋势。一方面，由于喷头锥角的存在，喷头高度提高使通过火焰面的泡沫通量降低，落在油盆内的泡沫量减少，从而延长了灭火时间；另一方面，泡沫动量损失随泡沫运动距离的增加而增加，从而使泡沫对火羽流的突破能力降低。试验发现，喷头与火源距离小于 195cm 时（虚线所示），喷头高度对灭火时间影响较小，这是因为喷头高度过低的区域内，落在油盘中的灭火介质量几乎恒定，且由于喷头与火源距离较近，泡沫动量损失差别不大。由以上分析可知，选择合适的喷头位置可以有效提高泡沫灭火效率。

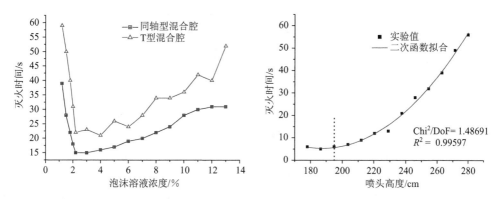

图 4.21　同轴型和 T 型混合腔的灭火有效性对比　　图 4.22　灭火时间随喷头与火源距离变化曲线

2）木垛火

试验工作压力为 0.3MPa，泡沫溶液浓度为 3%，扩张率 20，喷头高度在 93～280cm 范围内变化，试验结果见图 4.23。

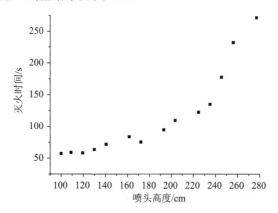

图 4.23　灭火时间随喷头与火源距离变化曲线

由图可知，木垛火试验中，灭火时间随喷头和火源距离变化曲线与油池火十分相似，灭火时间同样随着喷头高度的增加逐渐延长，而喷头高度低于 120cm 时，灭火时间变化不大。因此，多组分压缩空气泡沫在固定式喷头下使用时，较低的喷头高度能有效缩短灭火时间。

4.3.5　工作压力的影响

1) 油池火

为研究工作压力对灭火有效性的影响，试验中固定喷头高度为 2.35m，泡沫溶液浓度采用 3%，扩张率 20，选择同轴型混合腔进行试验。图 4.24 为流量和灭火时间随工作压力的变化曲线，由图可以看出，泡沫流量随工作压力增大而增加，而灭火时间随工作压力逐渐减小。这是由于压缩空气泡沫灭火主要通过对 B 类可燃物表面覆盖一定厚度的泡沫而隔绝氧气，其他条件(喷头、混合腔、溶液浓度、预燃时间等)固定的情况下，覆盖速率决定了灭火时间，而覆盖速率主要由流量决定，进而工作压力的提高会直接影响灭火的时间。

2) 木垛火

试验中固定喷头高度为 2.35m，泡沫溶液浓度采用 3%，扩张率 20，选择同轴型混合腔进行试验。图 4.25 为流量和灭火时间随工作压力的变化曲线，可以看出，泡沫流量随工作压力的增大而提高，而灭火时间随着工作压力的提高呈下降趋势。这主要是由于泡沫流量的增大导致泡沫通量提高，单位时间内作用于可燃物的泡沫增多；另外，压力直接致使泡沫释放动量的增大，加强了其突破火羽流的能力。

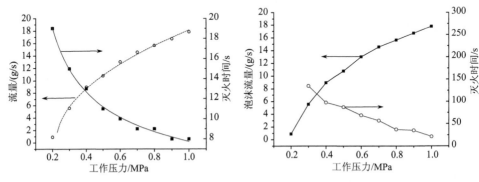

图 4.24　泡沫流量和灭火时间随工作　　　　图 4.25　泡沫流量和灭火时间随工作
　　　　压力变化曲线　　　　　　　　　　　　　压力变化曲线

值得注意的是，在工作压力 0.2MPa 时，灭火时间超过 300s，因此认为灭火失败。分析其主要原因为，压缩空气泡沫灭火系统中的混合腔发泡过程存在最小工作压力，0.2MPa 压力时产生的泡沫混合效果差，基本为两相分离的状态，输出极不稳定，很难有效对燃烧产生抑制作用。此现象与油池火试验区别较大，在油池火试验中，0.2MPa 下混合效果很差的泡沫溶液作用于油池表面依旧能通过其良好的铺展性对燃烧产生抑制熄灭作用；而木垛火燃烧较为猛烈，同时因为其立体燃烧的特点，扑灭过程难度较大。

4.3.6　泡沫扩张率的影响

扩张率是泡沫的主要性质之一，定义为泡沫团的体积与未成泡的泡沫溶液的体积比，可用于表征泡沫的干湿程度，体现泡沫团聚结构中气、液含量比例。扩张率与气液流量比并不完全一致，在一定范围内，气液流量比与扩张率基本相等，而超过此范围后，随气液流量比增加，扩张率反而有所降低。一般扩张率越大的泡沫，含气量越多，泡沫越干；相反扩张率越小的泡沫，含气量越少，泡沫越湿。

1）油池火

为研究泡沫扩张率对灭火有效性的影响，试验中设定喷头高度为 2.35m，泡沫溶液浓度采用 3%，工作压力为 0.3MPa，选择同轴型混合腔进行试验。图 4.26 为灭火时间随泡沫扩张率变化规律。

由图可知，灭火时间随扩张率的增大先降低，随后逐渐增大并最终趋于平稳，最佳灭火效率对应的扩张率为 8 左右。对于油池火，泡沫的流动性和铺展作用在灭火过程中产生了较为重要的影响，而扩张率越低则泡沫含水量越多，越可促进泡沫铺展与流动，进而增加灭火有效性。但实际上，泡沫的另一个优势在于防复燃，而较低的扩张率的泡沫虽然灭火速度快，但泡沫的稳定时间较差，同时流动过强，无法以有型的状态或者较长时间有型的状态将水分留于油面之上对未燃区域进行辐射保护，因此在压缩空气泡沫的工程应用中，可以先采用以低扩张率的方式进行快速灭火，然后再提高扩张率，对油面进行有效的保护。

此外，当扩张率小于 8 时，随着扩张率的降低，灭火时间反而有所延长，这可能主要是气液混合成泡过湿，气泡粗大而不均，甚至气液相互分离的原因。因此，选择适当的扩张率对灭火有效性具有重要意义。

2）木垛火

为研究泡沫扩张率对灭火有效性的影响，试验中设定喷头高度为 2.35m，泡沫溶液浓度采用 3%，工作压力为 0.3MPa，选择同轴型混合腔进行试验。图 4.27 为灭火时间随泡沫扩张率变化的情况。

由图可知，灭火时间随扩张率的增大先减少后增加，并在扩张率为 20 后趋于平稳。在扩张率大于 5 的范围内，灭火时间随扩张率增加几乎呈递增趋势的主要原因为，木垛火的扑灭过程中泡沫可燃物的润湿作用较为关键，而较高泡沫扩张率即气液流量比较大时产生的泡沫更为稳定，析液比较缓慢，单位时间内析出的

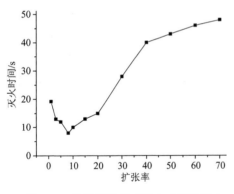

图 4.26　泡沫扩张率对灭火时间的影响

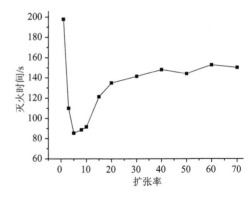

图 4.27　泡沫扩张率对灭火时间的影响

用于润湿可燃物的溶液量相对较少。然而，当扩张率小于 5 时，随着扩张率的降低，灭火时间逐渐增加，这是因为一方面泡沫过湿难以成型；另一方面，泡沫过湿使上层的木垛火熄灭之后，大部分泡沫因为强流动性而滑落，无法对内部可燃物起到较好的润湿熄灭作用。因此，对于 A 类火来讲，选择扩张率合适的压缩空气泡沫进行灭火也具有重要意义。

4.4　压缩空气泡沫灭火系统管网输运方式对灭火性能的影响

压缩空气泡沫是一种三元(空气、水、泡沫灭火剂)气液两相流体，对于泡沫两相流，由于存在气液两相介质，液相被气相离散成泡沫单元，泡沫流动系统流动状态呈现多值性及不平衡性，且呈现特殊非均匀性的结构与分布特征。在固定式压缩空气泡沫灭火系统中，管网运输方式对灭火性能具有极大的影响，保证管网中有效压力的存在非常重要。为此，中国科学技术大学的徐学军进行了 1000m 超长距离和高层压缩空气泡沫垂直管道输运全尺寸实体试验，分析了典型因素对水平管路和垂直管路管网内压力衰减的影响规律，进而反映压缩空气泡沫灭火系统管网输运方式对灭火性能的影响。

4.4.1　长距离水平输运对灭火性能的影响

全尺寸水平管网泡沫输运试验在广东省肇庆市室外场地开展，场地为矩形，周长 400m。试验中压缩空气泡沫系统设备为 T5 固定式压缩空气泡沫系统，如图 4.28 所示。根据设备系统的设定，可以产生湿泡沫(气液比 6∶1～8∶1)和干泡沫(气液比大于 10∶1)两种类型。在全尺寸水平管路试验中，徐学军[37]选取湿泡沫进行试验，机器的泡沫混合液流量与空气流量的比值为 1∶6。

图 4.28　固定式压缩空气泡沫系统

　　试验选择了两种不同材料的管路研究管路材质对压缩空气泡沫压力损失的影响，即钢管和 PVC 塑料管。其中钢管管网长度为 1000m，公称直径 DN80，内径 75mm。在位于距离管网起始点 20m、190m、380m、600m 和 800m 处安装了 5 个精密数字型压力表(±0.5%FS)测量管路压力。而对于 PVC 塑料管网，选取了直径 50mm、60mm 和 80mm 三种公称直径，其中直径为 80mm 的管道长度为 1000m，在 0m、232m、370m、680m、780m、990m 安装了 6 个精密数字型压力表；对于 50mm 和 65mm 的管道，在 0m、200m、400m、500m 处安装了 4 个精密数字型压力表。此外，在管道末端连接有消防水带和消防枪，用于喷射压缩空气泡沫，并对喷射距离进行测量和记录。值得注意的是，试验温度为室温，即 25～30℃。具体工况如表 4.10 所示。

表 4.10　全尺寸压缩空气泡沫水平管路试验工况表

试验编号	试验管道材料	管径	泡沫液类型	管道长度/m
1	钢管	DN80	3% AFFF	1000
2	PVC	DN80	3% AFFF	1000
3	PVC	DN65	3% AFFF	500
4	PVC	DN65	3% AFFF	500
5	PVC	DN50	3% AFFF	500
6	钢管	DN80	1% AFFF	1000
7	钢管	DN80	3% AFFF	1000
8	PVC	DN80	3% AFFF	1000

1)管道材质对压缩空气泡沫输运压力损失的影响

　　图 4.29 为采用不同管道材料压缩空气泡沫流动时压力损失随距离的变化。可以看出，压力损失随着距离的增加基本呈线性增加，而且可以明显看出压缩空气泡

沫在 PVC-C 管道和钢管的压力衰减基本一致,这说明同一种管径情况下,不同的材料(一定范围的粗糙度)对实际管网中压缩空气泡沫流动时的压力损失影响不大。此外,在管网末端连接一支消防枪灭火时,DN80 管道的压力损失为 0.395kPa/m。

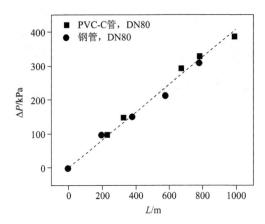

图 4.29　不同管材时压力损失随距离的变化

2)管道直径对压缩空气泡沫输运压力损失的影响

图 4.30 为不同管径时压缩空气泡沫压力随距离的变化。由图可知,对于同一管径,压力损失随着距离的增加基本呈线性增加,且管径对压缩空气泡沫的压力损失有较大影响,管径越小,压力损失越大。试验中,在同一支消防水枪喷射时,DN80 的单位长度压力损失为 0.395 kPa/m,DN65 管道的平均单位长度压力损失为 0.715 kPa/m,DN50 管道的平均单位长度压力损失为 0.871 kPa/m。因此,在进行长距离输运压缩空气泡沫管网设计时,需要合理选择管网直径,管径较小时,压力损失较大。

3)泡沫原液浓度对压缩空气泡沫输运压力损失的影响

图 4.31 对比了 1%浓度的 AFFF 泡沫原液和 3%浓度的 AFFF 泡沫原液时压力损失随距离的变化。从图中可以看出,在管径相同的情况下,1%浓度的 AFFF 泡沫原液和 3%浓度的 AFFF 泡沫原液时压力损失随距离的变化几乎没有差别。在一支消防枪全开的情况下,单位长度的压力损失为 0.395kPa/m 左右,表明压缩空气泡沫的压力损失与泡沫原液浓度关系不大。当流量一定时,压缩空气泡沫的压力损失与压缩空气泡沫灭火系统中设置的泡沫混合液供给流量和空气供给流量的比值有关,即与压缩空气泡沫的气液流量比相关。

4)管网末端喷射距离

喷射时较大的初始动量和一定的喷射距离是压缩空气泡沫灭火系统的优点,在经过长距离输运后,由于摩擦压降,会导致压力损失较大,本次试验 DN80、

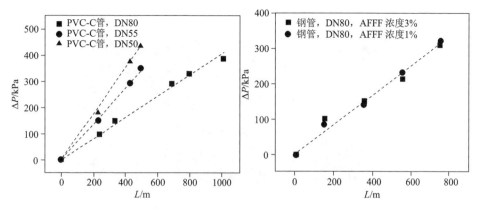

图 4.30　不同管径时压力损失随距离的变化　　图 4.31　1%和 3% AFFF 泡沫原液时压力
损失随距离的变化

DN65 和 DN50 管网末端的压力分别为 0.20MPa、0.25MPa 和 0.22MPa。管道末端的泡沫喷射距离超过 14m，具体的数据如图 4.32 所示，试验现场末端喷射状态如图 4.33 所示。需要说明的是，泡沫的质量较轻，环境风对喷射距离的测定有一定影响，本次全尺寸试验在室外开展，所以存在一定的误差，但是测定非常有参考性，实际的灭火过程中也需要考虑此因素。

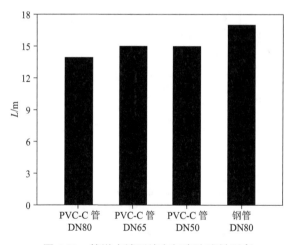

图 4.32　管道末端压缩空气泡沫喷射距离

5) 出泡时间及压力建立时间

长距离输运压缩空气泡沫时，泡沫需要较长时间的输运才能到达灭火点，但是如果时间过长会导致错过最佳灭火时机。所以对压缩空气泡沫启动到泡沫输送到灭火点进行喷射灭火的时间进行研究十分必要。

图 4.33　试验现场 1000m 末端喷射状态

　　图 4.34 为不同距离处的泡沫到达时间，对于 DN80 管道，泡沫到达 680m 处的时间为 150s，到达 1000m 末端的时间为 215s；而对于 DN50 和 DN65，压缩空气泡沫到达 500m 末端的时间分别为 49s 和 66s。三种管道下输运的泡沫可以在 5min 内到达灭火点。但是当泡沫刚到达各测试点时，压力尚未建立，每个测试点由于压力较低，喷射距离很短，而当压力超过 0.2MPa 时，具有一定的喷射距离。管道末端压力超过 0.2MPa 的时间统计如表 4.11 所示，对于 DN80 管道，313s 时

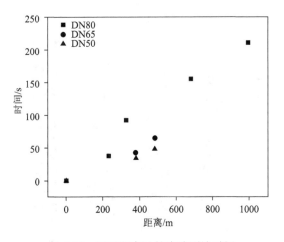

图 4.34　不同距离处的泡沫到达时间

表 4.11　管道末端动压超过 0.2MPa 所需时间

管道长度/m	管径	压力超过 0.2MPa 时间/s
1000	DN80	313
500	DN65	145
500	DN50	175

可在 1000m 末端建立压力，时间远长于泡沫到达时间，此问题需要在实际的管网长度设计时加以考虑。

4.4.2　长距离垂直输运对灭火性能的影响

压缩空气泡沫长距离垂直输运试验在南宁市消防训练基地的高层训练楼开展，如图 4.35 所示。训练楼共 15 层，高度 50m，主要用于高层建筑灭火演练训练。在训练楼外立面安装布置了 2 根管径分别为 DN80 和 DN100 的垂直消防管网，在训练楼顶部连接压力测试段，并可连接消防水枪进行喷射，在地面一楼设置了水平和垂直两个泡沫输入口，并在地面一楼和顶楼安装精密数字型压力表，测量管网压力。

图 4.35　消防训练基地测试塔楼及塔楼底部泡沫输入口

试验中压缩空气泡沫装置是由德国兰特公司生产的压缩空气泡沫消防车，现已广泛应用于消防灭火实战中，如图 4.36 所示。徐学军等在本次试验选用了两种泡沫类型，即湿泡沫(气液比 6∶1)和干泡沫(气液比大于 10∶1)。根据设备系统的设定，湿泡沫的泡沫混合液流量与空气流量的比值为 1∶6，而干泡沫的泡沫混

图 4.36　压缩空气泡沫消防车及训练基地塔楼顶部水平测试段设施

合液流量与空气流量的比值为 1：12。试验利用压缩空气泡沫消防车从消防训练基地塔楼地面层竖直向上加压输送压缩空气泡沫，研究管径、管网内壁干湿度、接口方向等因素对泡沫垂直输运的影响。

试验中利用压缩空气泡沫消防车从消防训练基地塔楼地面层竖直向上加压输送压缩空气泡沫，研究管径、管网内壁干湿度、接口方向等因素对泡沫垂直输运的影响。具体试验目的、方案如下：针对 DN100 立管和 DN80 立管，记录垂直管网两端压力变化情况，以及建立有效压力的时间；针对 DN100 立管，采用侧面水平泡沫输入方式，研究管网内壁分别在干、湿状态下泡沫上升输送行为，记录垂直管网两端压力变化情况以及出泡时间；针对 DN100 立管和 DN80 立管，采用侧面水平泡沫输入方式，对比研究管网直径对泡沫输送行为的影响，记录垂直管网两端压力变化情况，测试末端泡沫喷射后的泡沫属性；针对 DN80 立管和 DN80 消防水带，采用侧面水平泡沫输入方式，对比研究接口方向对泡沫输送行为的影响，记录垂直管网两端压力变化情况，测试末端泡沫喷射后的泡沫属性。具体的压缩空气泡沫竖直输运试验工况如表 4.12 所示。

表 4.12　压缩空气泡沫垂直输运试验工况表

试验组号	管径	管网干湿	接口方向	备注
1	DN80	干	水平	压力未达稳定状态
2	DN100	干	水平	与第 5 组管道干湿对比试验
3	DN80	湿	垂直	与第 8 组接口方向对比试验
4	DN100	湿	垂直	接口方向对比试验
5	DN100	湿	水平	
6	DN100	湿	水平	双车同时
7	DN100	湿	水平	与第 5 组重复对比试验
8	DN80	湿	水平	重复对比试验
9	DN80	湿	水平	

1）管径影响分析

表 4.13 是本次单车试验的数据统计。试验中，压缩空气泡沫消防车的系统供液流量为 400L/min。由于第一组试验的压力没有达到稳定状态，数据不再进一步分析。可以看出，对于 DN100 管道，向上输运 50m 压缩空气泡沫的压力损失为 0.13~0.14MPa；而对于 DN80 管道，向上输运 50m 压缩空气泡沫的压力损失为 0.18~0.19MPa。结果表明，管径越大，压力损失越小，但是其差别不大，可取平均值后计算单位长度的压力损失，即 DN100 管道为 2700Pa/m，DN100 管道为 3700Pa/m。

表 4.13　垂直输运试验数据统计

组号	工况参数			1 楼压力/MPa	楼顶压力/MPa	备注
	管径	管网干湿	接口方向			
1	DN80	干	水平	0.64	0.5	压力未达到稳定状态
2	DN100	干	水平	0.64	0.5	与第 5 组管道干湿对比试验
3	DN80	湿	竖直	0.66	0.48	与第 8 组接口方向对比试验
4	DN100	湿	竖直	0.61	0.49	接口方向对比试验
5	DN100	湿	水平	0.64	0.5	
6	DN100	湿	水平	0.63	0.51	与第 5 组重复对比试验
7	DN80	湿	水平	0.69	0.5	重复对比试验
8	DN80	湿	水平	0.68	0.5	

2) 管网干湿影响分析

垂直管网实际的消防灭火作战过程中最初的状态为干状态，但是随着二次灭火、二次输送等需要，管网在后期均处于湿状态。图 4.37 所示为管网在干、湿状态下内部压力动态变化趋势。从测试结果可以看出，管网的干、湿状态对其内部的压力值以及压力上升速率没有明显的影响，压力均保持相对一致。

3) 泡沫输入方向影响分析

试验设计了水平和垂直两个方向的泡沫输入口，以测试泡沫输入方向对管网内压力的影响。试验结果如图 4.38～图 4.40 所示。

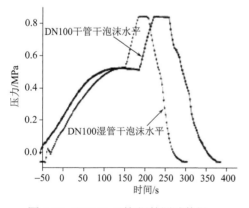

图 4.37　DN100 干管/湿管测试数据

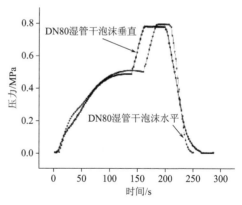

图 4.38　DN80 湿管水平/垂直测试数据

从试验测试结果可以看出，无论是水平输入泡沫还是垂直输入泡沫，管网内的压力值以及压力上升速率均无明显变化，即泡沫输入方向不会明显影响管网内的压力动态变化。

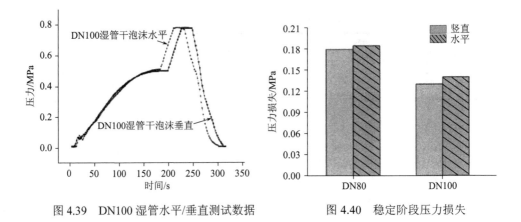

图 4.39　DN100 湿管水平/垂直测试数据　　　　图 4.40　稳定阶段压力损失

4) 单、双车影响分析

试验首次实现了双消防车同时输送压缩空气泡沫，测试结果如图 4.41 所示。从测试结果可以看出，当使用双消防车时，管网内的压力上升速率明显上升，100s 左右时管网动压即达到稳定状态，而单车输送时需要约 200s。

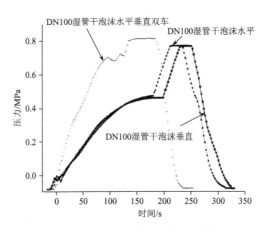

图 4.41　DN100 单车/双车测试数据

4.5　典型场所灭火有效性试验研究

4.5.1　石油储罐火灾

近年来，由于国际石油市场供需波动较大，国内原油和成品油的储量大幅度增加，在我国多个沿海地区已经建立第一批国家战略石油储备基地。然而，近十年来，我国石油罐区火灾、爆炸事故数量总体呈上升趋势。罐区火灾具有火势蔓延速度快、火场温度高、爆炸性火灾多、扑救难度大等特点，罐区一旦失火极易引发大面积的火灾，造成重大的经济损失，而泡沫灭火是大型储罐灭火的主要方式。为此，西南交通大学的李继康等开展了半封闭空间中水喷淋与压缩空气泡沫扑灭油池火有效性的对比试验研究。

1. 试验设备及步骤

为了避免自然风对于试验结果的影响，试验在尺寸为 3m×3m×2.5m 的铁质半封闭空间(一侧开口)中进行，试验平台简图如图 4.42 所示。自动灭火系统均采用开式洒水喷头，距离油盆 1.8m。为保障喷水强度，将 280mm×280mm 的油盆固定在以喷头为中心、半径 0.5m 的地面处。压缩空气泡沫灭火系统采用 6%水成膜泡沫灭火剂，试剂参数如表 4.14 所示。

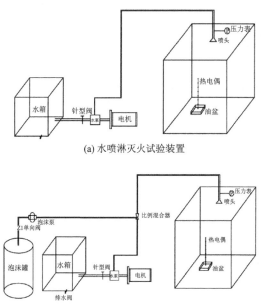

(a) 水喷淋灭火试验装置

(b) 压缩空气泡沫灭火试验装置

图 4.42　试验平台示意图

表 4.14　水成膜泡沫灭火剂参数

特性	6% AFFF 参数
发泡倍数	6.9
表面张力/(mN/m)	16.3
界面张力/(mN/m)	1.9
扩散系数/(mN/m)	6.8
凝固点/℃	−5
25%析液时间/min	2.7

油盆上方垂直设置 8 支间隔 100mm，精度为 0.1℃的 K 型铠装微细热电偶组成的热电偶树以监测温度变化。每次试验加入 400mL 汽油或柴油，计算火源功率分别为 64 kW 和 32 kW。试验选取 0.35MPa、0.48MPa 及 0.75MPa 三种工作压力，汽油点燃 60s、柴油点燃 80s 后，开启自动灭火系统，从开启自动灭火系统到火焰熄灭瞬间所用的时间定义为灭火时间。为保障试验的可靠性与科学性，每种工况均重复三次以上。

2. 试验结果分析

1）灭火时间

不同压力下的灭火时间如图 4.43 所示。在三种压力下，水喷淋灭火系统扑灭汽油火时间均在 170s 左右，相比于汽油自由燃烧时间缩短了 34s，压缩空气泡沫灭火系统的灭火时间相比水喷淋缩短了约 60s，增大压力及喷射强度后灭火效率均没有显著提升。当燃料为柴油时，三种压力下压缩空气泡沫灭火系统相较于水喷淋灭火系统的灭火时间分别缩短了 35.7%、42.9%和 66.4%，增大压力及喷水强度对水喷淋灭火系统的灭火效率几乎没有影响，但提高了压缩空气泡沫灭火系统的效率。

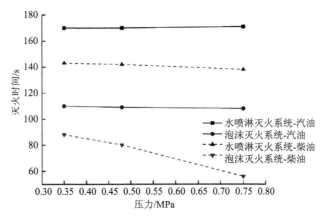

图 4.43　灭火时间随压力的变化

2）降温冷却

图 4.44 为不同灭火系统作用下，汽油油面垂直上方的温度变化。在开启水喷淋灭火系统的瞬间，油面温度在下降到一定温度后迅速上升。随着压力及喷水强度的增加，灭火时间虽然没有减少，但温度由剧烈波动变为持续稳定下降。相较于水喷淋灭火系统，压缩空气泡沫灭火系统的温度在灭火初期小幅波动后呈现稳定下降的趋势，不仅灭火效率较高，在降温冷却方面也表现出较好的效果。这主要是由于水成膜泡沫液比水能更好地附着在油类表面，对其表面产生润湿作用，

吸收燃烧过程中产生的热量，并通过水的蒸发带走热量。泡沫液在油类表面流淌迅速，且相对密度较小，可漂浮于油层表面，形成泡沫覆盖层，使燃烧物表面与空气隔离。此外，泡沫覆盖层还可以遮挡火焰对燃烧物表面的热辐射，降低可燃液体的蒸发速率，从而达到灭火的目的[38,39]。

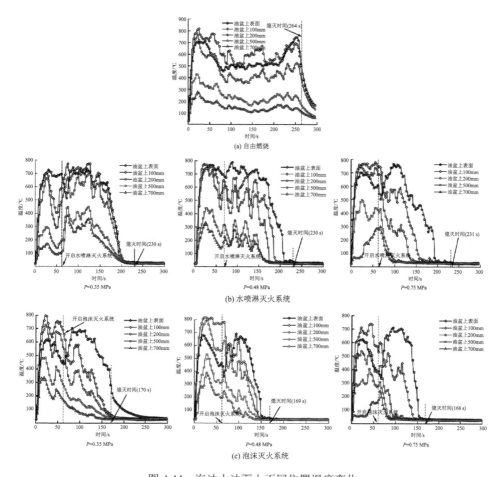

图 4.44　汽油火油面上不同位置温度变化

　　图 4.45 为不同灭火系统作用下，柴油火油面上方不同位置温度变化。在开启水喷淋灭火系统后 80s 内，油面上方一定高度内的温度呈波动变化，在熄灭瞬间油面 200mm 内仍维持较高温度。压力较低、水量较小时所测点的温度均有不同程度的波动，无明显下降，说明其抑制火焰及降温效果很差。随着压力、水量的增大，除油盆上表面温度仍然较高之外，其余位置的温度虽有所波动但仍然呈下降趋势。与水喷淋相比，在压力较低时压缩空气泡沫灭火系统降温效果更明显，而且也出现了相同的变化趋势，测点的温度均有不同程度的波动且下降不明显，

随着压力及喷水强度的增大，温度呈稳定下降趋势，且随压力的增大而加快。由于灭火时间较短，在油池火熄灭瞬间，油面上方仍保持较高温度，持续喷射泡沫，温度会迅速冷却至室温。

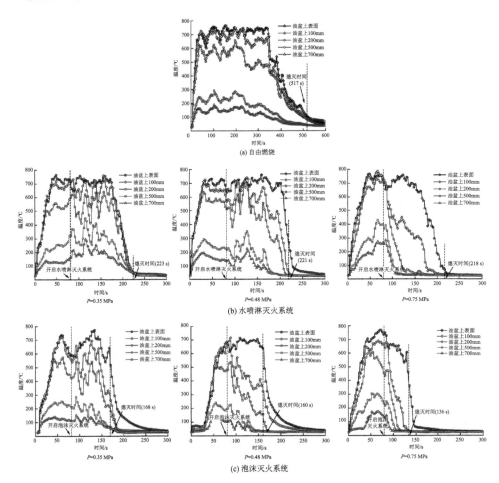

图 4.45　柴油火油面上不同位置温度变化

3) 火焰面积

本试验通过测量火焰面积将强化火焰程度进行量化。取开启自动喷水灭火系统前 5s 内的平均火焰面积为稳定燃烧时的火焰面积，试验测得汽油和柴油的火焰面积分别为 $1.3404 \times 10^5 \text{mm}^2$ 和 $7.938 \times 10^4 \text{mm}^2$。由于每次试验测得的火焰面积均有差异，为保证火焰面积变化不受其他条件影响，将其无量纲化[40]。S_0 表示喷淋开启前 5s 内的平均面积，S_t 表示 t 时刻的火焰面积(由于油品燃烧时火焰的不稳定性，取 t 时刻的前后 1s 内的平均值作为该时刻的火焰面积)，取二者比值进行无量纲化，如图 4.46 所示。

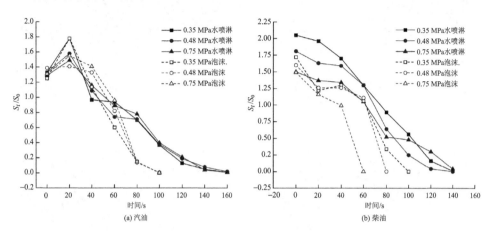

图 4.46　火焰面积比随时间的变化

如图 4.46(a) 所示，水喷淋自动灭火系统灭汽油火初期，火焰面积会增大到 1.2～1.4 倍，最高可增大到 1.8 倍，40s 时压缩空气泡沫灭火系统开始抑制火焰的蔓延，前期火焰面积不降反升，可能是由于油盆内泡沫很少，尚不能覆盖在油层上表面，随着泡沫的累积形成泡沫膜，火焰面积迅速下降，达到灭火目的(图 4.47)。同样，水喷淋及压缩空气泡沫灭火系统在灭火初期，对柴油火焰也有不同程度的强化作用，从图 4.46(b) 可以看出，随着压力的增加，两种系统对于抑制火焰增长的效果越好，且压缩空气泡沫灭火系统对于抑制火焰增长的效果明显好于水喷淋灭火系统。

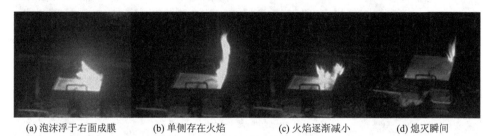

(a) 泡沫浮于右面成膜　　(b) 单侧存在火焰　　(c) 火焰逐渐减小　　(d) 熄灭瞬间

图 4.47　水成膜泡沫液覆盖油层上表面

以开启灭火系统瞬间为起始时刻($t=0$)，$t=-5s$ 表示开启灭火系统前 5s 时刻，不同灭火系统下火焰面积形态随时间变化如图 4.48 所示。压缩空气泡沫灭火系统灭油池火前期火焰面积变化与水喷淋趋于一致但更稳定，在开启一定时间后，火焰面积显著减小且减小趋势更加明显，表明泡沫在抑制火焰增长方面表现出较好的效果，但喷水强度及压力对灭汽油火几乎没有影响。

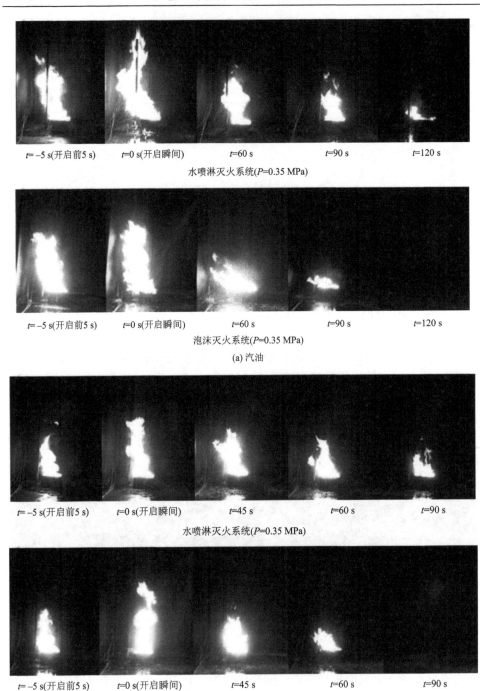

图 4.48　不同灭火系统下火焰面积随时间变化

4.5.2　高层建筑火灾

目前，随着社会经济的发展，高层建筑越来越多，而高层建筑火灾一直是消防界的几大难题之一，压缩空气泡沫灭火技术得到了从业者的广泛关注。中国科学技术大学的徐学军等[37,41]基于前人对于压缩空气泡沫的小尺寸试验和工程性灭火试验，研究了压缩空气泡沫在实际高层建筑消防管网中长距离输运后的灭火有效性。

1) 试验设备及步骤

试验在广东肇庆中国科学技术大学火灾科学国家重点实验室 CAFS 野外测试基地内进行，试验基地近似为矩形，周长约 400m。设备采用广东瑞霖特种设备有限公司生产的固定式 T5 压缩空气泡沫系统和德国兰特公司生产的泡沫消防车，分别对固定式和移动式设备的灭火能力进行验证。管道为常用的 DN80 管道，长度为 1000m，在管道末端连接一段长 25m 的 DN65 消防水带，用直径 19mm 的消防直流水枪喷射压缩空气泡沫灭火。收集泡沫后，通过测定析液时间表征泡沫稳定性(图 4.49)，测量设备依据《泡沫灭火系统及部件通用技术条件》(GB 20031—2005)标准中的装置尺寸制作。试验时温度为 25～35℃，最大风速不超过 3m/s。

图 4.49　试验现场 1000m 管道末端喷射泡沫

在试验过程中，采用无人机携带 DV 对灭火过程进行实时监控；油盘选用直径 2.7m 的圆形油盘，燃料选用车用汽油，估算的稳定阶段的火源功率约为 6.17MW；火源位于室外，每次点燃 60s 后，等待油盘全部燃烧进入稳定阶段后再进行灭火，灭火时消防水枪距离油盘的水平距离为 6～7m。

从 *SFPE Handbook of Fire Protection Engineering*[42]中可以得到变压器油的特性参数：ΔH=46.4 MJ/kg，m''_∞=0.039kg/(m²·s)，$k\beta$=0.7m⁻¹，ρ=760kg/m³。由此可得到单位面积燃烧速率为

$$m'' = m''_\infty(1 - e^{-k\beta D}) = 0.039 \times (1 - e^{-0.7 \times 2.7}) = 0.033[\text{kg} / (\text{m}^2 \cdot \text{s})]$$

油盘燃烧速率为

$$m'=m''\times A_f=0.033\times3.14\times2.7^2/4=0.19\,(\mathrm{kg/s})$$

火源功率为

$$\dot{Q}=X\Delta H_c m'=0.7\times46.4\times0.19=6.17\,(\mathrm{MW})$$

2) 试验结果分析

试验采用的泡沫灭火剂是水成膜泡沫灭火剂 (AFFF)，浓度为 3%。经过长距离流动后，压缩空气泡沫可能会因为受到碰撞和挤压等造成破坏，此时泡沫稳定性及灭火性能需要进一步验证。泡沫的 25% 析液时间和 50% 析液时间是衡量泡沫稳定性的关键参数之一，图 4.50 是压缩空气泡沫经过长距离输运后的析液质量分数随时间的变化。可以看出，虽然在全尺寸试验中，试验数据有所波动，但是压缩空气泡沫的 25% 析液时间都超过了 2.5min，表明经过长距离输运后压缩泡沫保持了一定的稳定性，析液时间满足要求。

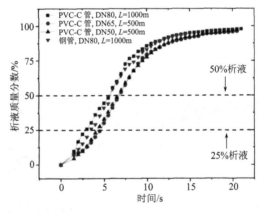

图 4.50　压缩空气泡沫经过长距离输运后的析液质量分数随时间的变化

压缩空气泡沫灭火剂内含有水分，当空气泡沫被喷射到可燃物表面后，受火源内部高温的影响，泡沫中的水分汽化，最终吸收并带走可燃物表面大量的热量，起到冷却降温的作用。当继续喷射空气泡沫，大量的泡沫会覆盖在可燃物表面形成一层厚厚的保护层。该保护层可以不断吸收可燃物表面的热量以降低温度，同时还能隔绝外界的空气，起到窒息作用。当可燃物降温到一定程度后，其所产生的可燃气体也会减少，逐渐不能支持可燃物继续燃烧，最终火源熄灭，完成灭火。

图 4.51 是灭火试验中典型时刻的图片。当油盘被点燃 60s 后，连接一支消防枪进行喷射灭火，灭火时末端压力为 0.2MPa。在初始阶段，油盘的燃烧面积和火焰高度几乎不变；随着压缩空气泡沫的不断施加，油盘内由泡沫覆盖油盘的燃烧面积逐渐减小，说明此时已经形成了局部泡沫覆盖层；30s 时，火焰高度已经开

始有明显降低；最后约 60s 时，泡沫基本覆盖了整个油盘，火焰基本被控制，说明在末端连接一支消防枪，末端压力为 0.2MPa 时可以高效灭火。

图 4.51　典型长距离输运后灭火工况火源现场试验图

4.5.3　森林火灾

森林火灾是破坏森林资源的首要因素，是破坏人类生存环境的重大自然灾害。泡沫灭火是一种高效的地面灭火手段，具有节省用水、扑救灭火效率高，既可直接扑救火灾，又可快速建立阻火隔离带等优点，已在很多国家普遍推广应用[43]。贵州大学黄淙葆等[44]通过搭建木垛灭火试验平台，基于火焰熄灭、灭火时间、灭火剂耗量、降温速率和热辐射强度降低等参数，研究了压缩空气泡沫凝胶(以下简称水凝胶)与 A 类压缩空气泡沫灭火剂对森林火灾的灭火有效性。

1. 试验设备及步骤

1)试验设备

灭火性能试验在 5.0m×5.0m 的室外空旷场地进行，环境温度为 22~26℃，湿度为 45%~55%。试验平台主要涵盖三个子系统，分别为点火燃烧系统、数据采集系统以及灭火剂喷洒装置，如图 4.52 所示。

点火燃烧系统由木垛、油盘和金属支架组成。其中，支架的高度是 (400±10) mm，木垛是由 112 根木条构成的正方体木堆，分层叠放，共 16 层，每层 7 根，木条横截面是方形，边长 (39±1) mm，木条长度 (635±10) mm，每层木条

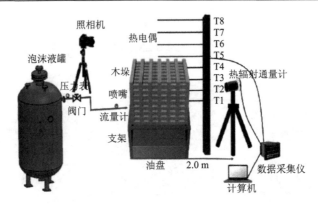

图 4.52　试验平台

间距为(60±2)mm，构成的木垛规格为 640mm×640mm×640mm，木垛孔隙度约
为 56%。油盘尺寸为 535mm×535mm×100mm，燃料为无铅汽油，为了便于点火，
在木垛上喷洒乙醇用于助燃。数据采集系统包括热电偶、热辐射通量计、照相机、
秒表和风速测试仪。温度测量设备是 8 个直径为 1000mm 的 K 型热电偶，与数据
采集仪连接实时接收数据，以 0.16m 高度间隔分布，最低的热电偶位于木垛底部
以上 0.06m 的位置，从下到上编号为 T1~T8。火焰热辐射通量是使用测量范围为
0~3 kW/m^2 的 TNRL-20 热辐射通量计测量的，与木垛中心处在同一高度，离地
面 0.7m，距离木垛中心的水平距离为 2m。佳能 FDR-AX60 摄像机以每秒 25 帧
的速度记录火焰的形态，分辨率为 3840 像素×2160 像素。用秒表记录火焰熄灭
时间。此外，每隔 60s 测量一次环境温湿度与风速，时刻监测风速的变化。泡沫
系统主要由泡沫液罐、空气压缩机、导管和喷枪组成，空气压缩机与泡沫液罐连
接，以加压进入泡沫液罐内部的压缩气体为动力，通过导管以及喷枪进行灭火剂
的喷洒，喷枪高度可在 0.5~3.0m 调节。

　　2)试验步骤

　　试验所用的水凝胶灭火剂及 A 类泡沫灭火剂采购于市场，灭火剂理化性质参
数如表 4.15 所示。

表 4.15　灭火剂理化性质参数

灭火剂类型	表面张力/(mN/m)	动态黏滞度/(mPa·s)	pH
A 类泡沫灭火剂	20.8	1.56	7.5
水凝胶灭火剂	57.9	1.82	7.3

　　每次试验开始前先向油盘内倒入清水和无铅汽油作为燃料，同时将按照比例
混合的灭火剂溶液倒入泡沫液罐中，连接并调试好所有仪器后开始试验。使用点

火装置引燃油盘，油盘内火焰对上端木垛进行预热，观察木垛内部热电偶温度达到 900℃以上后不再上升，以及木垛燃烧至其质量减少到原始质量的 53%～57% 时，说明其达到稳定的热释放速率状态，预燃结束。随后，调节空气压缩机向泡沫液罐里输送的气压，打开泡沫液罐阀门，使得灭火剂在不同的驱动压力下喷洒灭火，如果明火熄灭后 10min 内没有复燃，则记录为灭火成功。试验工况设置见表 4.16，试验工况压力根据前人试验标准[45]及泡沫液罐自身压力范围设定。

表 4.16　试验工况设置

工况编号	灭火剂	驱动压力/MPa
1		0.45
2	A 类泡沫	0.55
3		0.65
4		0.45
5	水凝胶	0.55
6		0.65

2. 试验结果分析

1）灭火时间和火焰形态分析

不同工况设置下的灭火试验结果如表 4.17 所示。

表 4.17　不同工况下灭火时间及复燃情况

工况编号	灭火剂	驱动压力/MPa	明火熄灭时间/s	总灭火时间/s	有无复燃
1		0.45	156	196	有
2	A 类泡沫	0.55	147	147	无
3		0.65	100	100	无
4		0.45	161	161	无
5	水凝胶	0.55	101	101	无
6		0.65	82	82	无

可以看出，在不同的驱动压力条件下，水凝胶和 A 类泡沫均能在第一次喷洒期间扑灭明火，明火熄灭时间少于 250s。此外，当驱动压力从 0.45MPa 分别提升至 0.55MPa 和 0.65MPa 时，A 类泡沫灭火剂的明火熄灭时间分别减少 9s 和 56s，水凝胶灭火剂的明火熄灭时间则减少 60s 和 79s，而在相同驱动压力下，水凝胶灭火剂的熄灭时间均少于 A 类泡沫灭火剂。由此可以得出结论，随着驱动压力提升，灭火剂的灭火时间逐渐减少，水凝胶灭火剂可以更快地熄灭火焰，具有优越

的熄灭能力。分析发现工况 1 的灭火过程最终出现复燃现象，而相同驱动压力 0.45MPa 下，工况 4 没有出现复燃，对工况 1、4 灭火过程中的火焰形态进行分析，如图 4.53 所示。

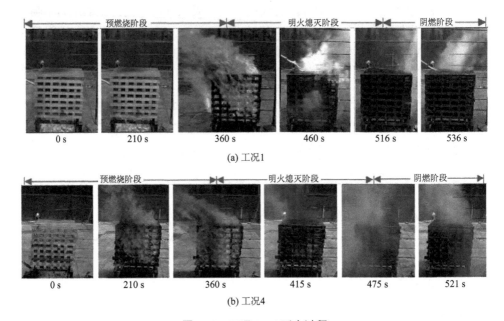

图 4.53　工况 1、4 灭火过程

由图 4.53 可知，泡沫喷洒灭火的过程可分为三个阶段，包括预燃烧阶段（Ⅰ）、明火熄灭阶段（Ⅱ）和阴燃阶段（Ⅲ）。Ⅰ阶段为 0～360s，0s 表示点火时刻，此后木垛受到下方点燃油盘的持续加热，火焰逐渐向上方木垛蔓延，并逐渐经历自由燃烧阶段与燃烧衰退阶段；Ⅱ阶段开始喷洒泡沫，当喷洒 A 类泡沫持续约 156s 后，明火火焰熄灭，当喷洒泡沫凝胶时，206s 明火完全消失；Ⅲ阶段中，明火熄灭后进入阴燃阶段，工况 1 灭火结束 20s 后木垛出现复燃，而工况 4 未出现复燃现象。

2）灭火剂耗量与流速分析

在扑救森林火灾中，灭火剂耗量是评定灭火剂灭火效率高低的重要指标，而驱动压力与流速直接相关，影响灭火剂喷洒速度的快慢，表 4.18 列出了不同驱动压力下灭火剂耗量和最大流速。

可以看到，两种灭火剂的耗量随着驱动压力的增加而减少，灭火剂流速大小随着驱动压力的增加而增大。此外，通过灭火时间和灭火剂耗量的结果分析可知，在相同的驱动压力下，相比于 A 类泡沫，水凝胶灭火时间较少的同时，灭火剂耗量也较少，这表明水凝胶灭火效率更高。

表 4.18　不同驱动压力下的灭火剂耗量和最大流速

工况编号	灭火剂	驱动压力/MPa	耗量/L	最大流速/(L/min)
1		0.45	30.18	11.8
2	A 类泡沫	0.55	27.36	12.8
3		0.65	21.56	15.4
4		0.45	11.27	4.2
5	水凝胶	0.55	10.06	6.1
6		0.65	9.66	7.8

3) 降温效果

灭火试验工况 1～6 中 T1～T8 的 K 型热电偶温度变化如图 4.54 所示。

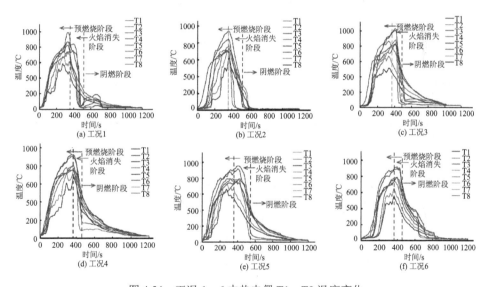

图 4.54　工况 1～6 中热电偶 T1～T8 温度变化

由火源中心测得的温度曲线计算的平均降温速率如表 4.19 所示，可以看出，随着驱动压力的增大，A 类泡沫和水凝胶的平均降温速率得到显著提升。结合灭火时间和降温效果来看，水凝胶灭火剂可以快速降低木垛温度和火焰温度，且降温速率明显高于 A 类泡沫灭火剂。

4) 热辐射分析

假设木垛产生的总火焰辐射能量是由木垛中心的点火源发射的，在距离木垛中心一定距离($L=2m$)处测试接收到的热辐射通量，不同工况下的热辐射变化如图 4.55 所示。工况 1～6 灭火试验过程中，热辐射通量在点火开始时逐渐增加，在开始灭火时刻 400s 附近达到峰值，喷洒灭火剂后热辐射通量出现短暂上升，之后迅

表 4.19　不同驱动压力下灭火剂降温速率数据对比

工况编号	灭火剂	驱动压力/MPa	平均降温速率/(℃/s)
1		0.45	6.87
2	A 类泡沫	0.55	7.30
3		0.65	10.61
4		0.45	6.37
5	水凝胶	0.55	9.87
6		0.65	12.11

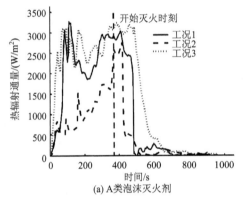

(a) A类泡沫灭火剂

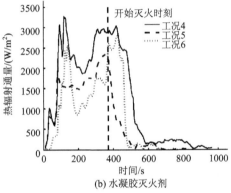

(b) 水凝胶灭火剂

图 4.55　热辐射变化

速下降。试验结果表明，同一灭火剂时驱动压力越大，对燃烧木垛的热辐射通量降低速率也越大；结束灭火剂喷洒后木垛表面升温受灭火剂冷却深度影响；在相同工况下，水凝胶灭火剂的蒸发吸热速率大于泡沫灭火剂，可快速降低热辐射通量。

4.5.4　铁路隧道火灾

铁路是出行的重要交通方式之一，而铁路隧道又属于特殊空间。与开放铁路不同，铁路隧道具有封闭性、不可及性、情况不明性、联络与救援困难等特性，并且在通风和照明上均受到实质性限制。在铁路隧道内一旦发生火灾，就会产生迅猛的燃烧，且热量和烟雾都会迅速扩散，危害严重，并且极容易酿成二次事故，带来更重大的灾难与伤亡。而随着铁路隧道增长，结构越来越复杂，导致火灾风险日益加剧[46]。为研究压缩空气泡沫扑灭铁路隧道中车厢火灾的有效性，钟声远等[47,48]进行了试验研究。

1. 试验设备及步骤

1) 压缩空气泡沫灭火系统

试验采用自主研发的固定式压缩空气泡沫灭火系统，如图 4.56 所示，该系统水流量调节范围为 10～700L/min。试验选择符合《A 类泡沫灭火剂》（GB 27897—2011）[49]要求的 A 类泡沫灭火剂试验样本。空压机采用 DMCY-32/10 柴油移动螺杆空压机，设备排气压力 1.0MPa，排气量 30m^3/min，用于向固定式压缩空气泡沫灭火系统提供压缩空气，如图 4.57 所示。

图 4.56　固定式压缩空气泡沫灭火系统　　　图 4.57　DMCY-32/10 柴油移动螺杆空压机

2) 车厢模型

通过调研文献可知，车厢的外形宽高比为 0.7，而车厢的内部由于宽度基本不变，高度降低而宽高比增加到 0.8。因此，设计的车厢模型的宽度为 2.4m、高度为 3m。考虑到放置车厢模型的铁路隧道火灾模拟试验平台的尺寸为 30m×6m×6m，理论上里面可以放置一个完整的 24m 长的车厢。但是考虑到预算和工作量，建立的车厢模型的长度为 6m，该四分之一的车厢模型也能满足火灾特性研究和灭火装置研发的试验需求。如图 4.58 所示，左图为客车车厢模型、右图为货车车厢模型，长 6m、宽 3m、高 2.5m，模拟四分之一节车厢。隧道为 6m×6m×30m，车厢为 6m×3m×2.5m，将车厢放置在隧道正中间，如图 4.59 所示。

图 4.58　客车车厢模型(左)和货车车厢模型(右)实物图

3) 火源设置

前人研究结果表明[50]，列车客车和列车货车火灾类别均为 t^2 超快速火，通过计算可知列车火灾的总热释放速率很高，用于模拟列车的标准燃烧物至少需要 10MW，采用模拟行李和标准燃烧物来替代实际燃烧物。由纸杯和塑料杯组成的固体标准燃烧物具有较好的重现性和稳定性[51,52]，因此可以定量地计算达到目标热释放速率所需的燃烧物数量。标准塑料杯与纸杯燃烧物如图 4.60 所示。

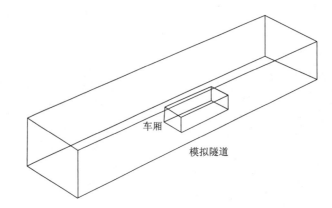

图 4.59　模拟隧道及模拟车厢布置示意图

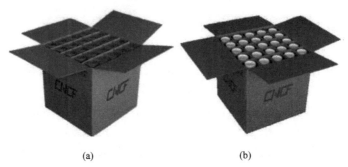

(a)　　　　　　　　　　　　(b)

图 4.60　标准塑料杯 (a) 和纸杯 (b) 燃烧物

客车车厢模型采用两种行李箱和编织袋内装碎布模拟乘客行李（内置 8kg 碎布），如图 4.61 和图 4.62 所示。

根据货车车厢与客车车厢的形制与使用方式不同，分别设置两种燃烧物堆放方式。

货车车厢燃烧物布置如图 4.63 所示，共分四层布置 96 个塑料杯燃烧物，采取单点点火方式，点火处位于车厢内部靠近地面的位置，位于四层标准燃烧物的正中间，同时和最低一层标准燃烧物高度相一致；点火源为《细水雾灭火系统及部件通用技术条件》（GB/T 26785—2011）[53]中规定的"浸有 120mL 正庚烷的棉棒引燃物(棉棒直径 75mm，长度 75mm)"，引燃位置见图 4.64 的中心深色标志。

图 4.61　玻璃钢行李箱(左)和聚氨酯行李箱(右)

图 4.62　编织袋

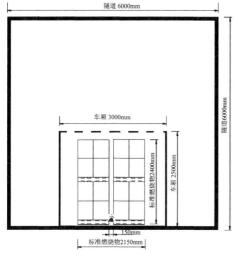

图 4.63　四层标准燃烧物的正视图
(车厢处虚线为无盖设计)

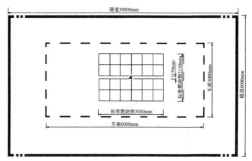

图 4.64　四层标准燃烧物的俯视图
(隧道处虚线为示意长度)

客车车厢试验中，共布置 60 个标准燃烧物(6 中 2 塑×4、9 中 2 塑×4)、9 个玻璃钢行李箱、9 个聚氨酯行李箱和 6 个装满 8kg 碎布的编织袋，以此来模拟实际客车中可燃物。标准燃烧物底部有高 5cm 的砖块，可以在一定程度上间接模拟现实座椅高度，具体布置方式如图 4.65 和图 4.66 所示。

其中模拟乘客行李放置在标准燃烧物箱体上方，通过木架支撑，距地面高度 1.7m，图 4.67 中蓝色标示线即为行李放置位置。采取单点点火方式，点火处位于车厢内部靠近地面的地方、位于三排燃烧物角落中间标准燃烧物箱体下方；点火源为《细水雾灭火系统及部件通用技术条件》(GB/T 26785—2011)[53]中规定的"浸有 120mL 正庚烷的棉棒引燃物"，引燃位置见图 4.66 中深色标志。

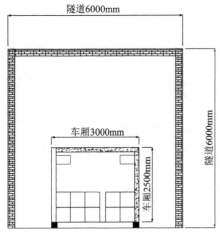

图 4.65 标准燃烧物布置正视图

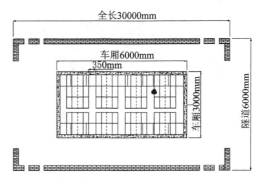

图 4.66 标准燃烧物布置俯视图

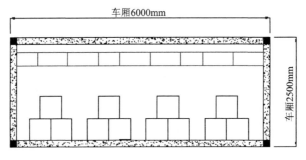

图 4.67 车厢内部左视图

4）试验步骤

试验中泡沫供液强度 6.5L/(min·m²)，发泡倍数 10，保护面积 72m² 且使用泡沫枪压缩空气泡沫；选择符合现行《A 类泡沫灭火剂》（GB 27897—2011）[49]标准规定的 A 类泡沫灭火剂，混合比 1%。

货车试验步骤为：检查各温度、热流测量点、供水、供电、供气情况，调试数据测量系统使其处于正常工作状态；启动摄像机、红外热像仪，开始摄录、拍照；开启热释放速率多路并联测试装置进行测量；引燃后标准燃烧物开始燃烧，观测热释放速率多路并联测试装置的实时显示界面，热释放速率（火焰功率）超过 10 MW 时开始释放压缩空气泡沫灭火；若试验过程中出现火势不受控制的意外状况，则启动细水雾系统或人工使用水带水枪控灭火。

客车车厢试验中，由于泡沫喷头的存在，需重新布置热电偶，如图 4.68 所示。根据列车运行工况，假设客运列车运行至隧道中部设置的救援站即着火列车运行 10km，所需时间为 350s；当列车停靠后，列车员从列车出发至救援站固定灭火系统处启动系统,这一时间约为 150s,二者相加为 500s;实际灭火情况下,压缩空气泡沫需要从窗外喷入,因此若车窗未自行爆裂,需要模拟破窗情况,该时间为480s,试验中在 480s 时若车窗未爆裂则人工破窗,500s 时启动压缩空气泡沫系统。

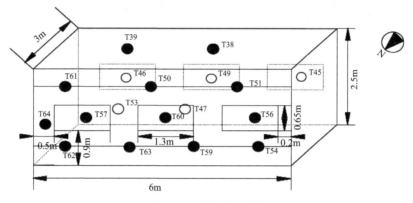

图 4.68　热电偶布置图

具体试验流程为:检查各温度、热流测量点、供水、供电、供气情况,调试数据测量系统使其处于正常工作状态;启动摄像机、红外热像仪,开始摄录、拍照;引燃后标准燃烧物开始燃烧;120s 后关闭车厢两侧大门,500s 时开始释放压缩空气泡沫灭火;若试验过程中出现火势不受控制的意外状况,则启动细水雾系统或人工使用水带水枪控灭火。

2. 货车车厢试验结果分析

距数据记录开始,点燃引火棉时间为 0s。初期热释放速率增长较慢,经过一段时间燃烧,多个标准燃烧物箱体被引燃,测量设备开始收集到大量烟气,热释放速率开始快速上升。当控制端实时显示热释放速率超过 10 MW 时开启压缩空气泡沫系统进行灭火,泡沫开始喷洒时间为 346s,1148s 明火消失,1376s 时停止供泡,过程如图 4.69 所示。

通过监测及计算,可得到车厢顶部及内部的热释放速率、温度变化,如图 4.70~图 4.73 所示。

点燃引火棉　　　　顶部观察到明火　　　　顶部火势扩大　　　　上层箱体全部引燃

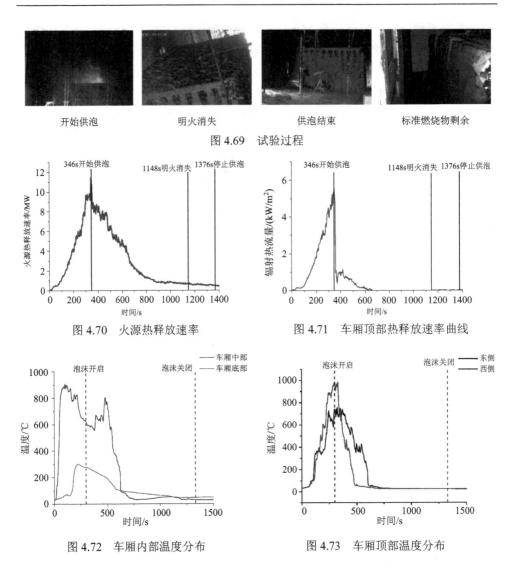

本次灭火试验结果显示，经 343s 预燃热释放速率可以达到 10.14 MW，火灾增长速率 $\alpha=0.113\ kW/s^2$，属于快速火。试验中热释放速率最大值为 11.5 MW，满足灭火规模预期设定。根据前期调研结合试验数据，若列车运行 20km 到达隧道救援站，火灾规模将达到 64.5 8MW；若列车运行 10km 到达隧道救援站，火灾规模将达到 17.72 MW。试验过程中，压缩空气泡沫可以对火焰进行抑制，供泡结束前明火消失。试验结束后，上层箱体完好数量为 1，大部分烧毁，10 个箱体有残余，下层箱体均未燃尽，完好数量为 7。统计得到已燃尽标准燃烧物箱体约为 37 个，顶部两层有少量剩余；下方两层箱体由于泡沫的淹没保护作用，只有小部

分起火,均未燃尽。对于隧道内货车车厢火灾,固定管网式压缩空气泡沫灭火系统能够有效地完成对火焰的抑制作用。根据试验现象可知,压缩空气泡沫能有 80% 进入车厢内部。

3. 客车车厢试验结果分析

客车车厢压缩空气泡沫灭火试验过程如图 4.74 所示。

燃烧物摆放状况　　燃烧物摆放状况　　泡沫释放管　　点火开始

火势扩大　　关闭车厢门　　泡沫释放情况　　喷洒结束后燃烧物

图 4.74　试验过程

根据测量结果,货车车厢内各位置温度变化如图 4.75～图 4.80 所示。

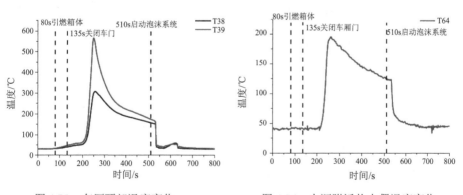

图 4.75　车厢顶部温度变化　　　　图 4.76　火源附近热电偶温度变化

本次灭火试验结果显示,因为开始点火至关闭车门之前火势很小,所以从开始至 200s 之前各位置的温度基本没有变化。在 135s 关闭车门,之后 65s 后才出现各位置温度显著上升,根据试验现象判断在该阶段烟气在逐渐充满车厢,实现了对空气加热的效果;在 200s 时形成轰燃,各位置温度显著升高,之后温度缓慢

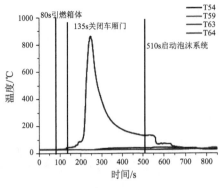

图 4.77　北侧座位处热电偶温度变化

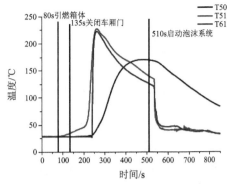

图 4.78　北侧行李架热电偶温度变化

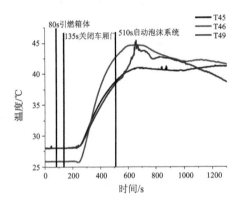

图 4.79　南侧车窗热电偶温度变化

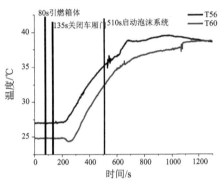

图 4.80　北侧车窗热电偶温度变化

下降是因为车厢为封闭空间，氧气逐渐被消耗，空气含氧量逐渐降低，导致火势自动趋于熄灭；在 510s（即泡沫喷出时间）温度出现明显下降，说明压缩空气泡沫起到灭火效果，且之后温度基本保持不变，说明没有发生复燃。对于隧道内货车车厢火灾，压缩空气泡沫灭火系统能够有效地完成对火焰的抑制作用。但根据试验现象可知，由于所用泡沫喷射管安装角度问题，压缩空气泡沫未能完全覆盖车厢，留有一定的工作盲区。另外，试验中出现了火势自动减小的情况，推测为车厢环境封闭而氧气量逐渐减少所致，所以车厢的封闭状况可以严重影响火灾的大小。

4.5.5　公路隧道火灾

　　随着我国交通事业的飞速发展，公路隧道建设规模和数量与日俱增。由于公路隧道结构狭长，空间相对封闭，再加上车辆、货物等的燃烧物集中，且存在易燃液体燃料，一旦发生火灾事故，火势蔓延快，车辆及人员疏散困难，火灾扑救难度大，易造成重大人员伤亡和财产损失[54]。仅依靠外界消防部队进行火灾扑救已难以满足公路隧道火灾防控的现实需求，因此，近些年公路隧道固定灭火技术逐渐成为世界各国关注的焦点。应急管理部天津消防研究所的傅学成等[55]采用试验方法，对公路隧道内固定压缩空气泡沫系统扑灭油火有效性进行了研究。

1. 试验设备及步骤

1) 试验设备

隧道试验模型长宽高尺寸为 30m×6m×6m，采用砖混结构搭建。在隧道模型顶部设有热释放速率测量系统，该系统包括烟气收集系统、烟气流量测量系统和烟气采样分析系统等三部分，如图 4.81 所示。

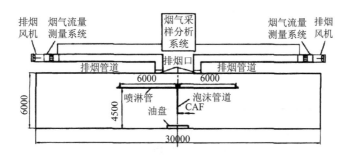

图 4.81　试验装置示意图(图中数据单位为 mm)

其中，烟气收集系统包括排烟管道、整流栅、取样段和排烟风机，烟气流量测量系统包括双向皮托管、差压传感器和热电偶，烟气采样分析系统包括氧气采样管、冷凝器、流量计、氧传感器、CO 传感器、CO_2 传感器等。在模型正中心放置一长宽高尺寸为 2.16m×2.16m×0.305m 的方形钢制油盘，面积约为 4.65m^2。在模型两端分别放置一台 HFS30 摄像机和一台 InfraTec VCR 780 高清红外热像仪。在模型南侧内壁中部对称安装两只隧道专用压缩空气泡沫喷淋管，安装高度 4.5m，单支喷淋管长 6m，内径 100mm，在喷淋管侧面自上而下均布五排施放孔，相邻两排施放孔之间夹角为 20°～30°，相邻施放孔之间水平距离 70mm，上部三排孔径为 8mm，下部两排孔径为 6mm，每排施放孔对应一个覆盖区域，两只喷淋管恰好将隧道内长 12m、宽 6m 的区域完全覆盖，如图 4.82 所示。

压缩空气泡沫由自主研发的压缩空气泡沫系统提供，经泡沫管道及三通管件输送至两只喷淋管进行施放。该模块式压缩空气泡沫系统由离心式水泵、螺杆式空压机、泡沫比例混合器、泡沫产生器以及相关测控设备等组成，额定水流量 700L/min，混合比可调范围 0.5%～3%，气液比可调范围 5∶1～20∶1。泡沫溶液流量采用涡轮流量计测量，泡沫液流量采用电磁流量计测量，空气流量采用涡街流量计测量，压力采用标准压力表测量。

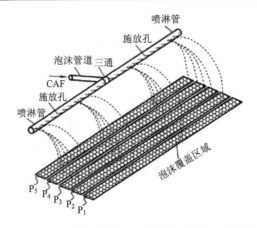

图 4.82　压缩空气泡沫喷淋管喷洒原理示意图

2) 试验步骤

试验分别采用自主研发的隧道用 A 类泡沫灭火剂和 AFFF 泡沫灭火剂, 混合比均为 1%。其中, A 类泡沫灭火剂不含氟碳表面活性剂。试验燃料采用 92#汽油, 在油盘内先注入 65mm 的水, 然后加入 150L 的 92#汽油燃料。在泡沫溶液流量、空气流量相同的条件下, 采用不同类型的泡沫灭火剂开展对比试验, 如表 4.20 所示。

表 4.20　试验工况

序号	泡沫液		泡沫溶液流量 /(L/min)	空气流量 /(L/min)	泡沫溶液供给强度 /[L/(min·m²)]	气液比
	类型	混合比				
1	A	1%	360	4950	5	14∶1
2	AFFF	1%	360	4950	5	14∶1

2. 试验结果分析

1) 压缩空气 A 类泡沫灭油池火性能

在泡沫溶液供给强度为 5L/(min·m²) 条件下, 采用压缩空气泡沫系统结合 A 类泡沫灭火剂开展了隧道油池火灭火试验, 结果见表 4.21。

表 4.21　试验工况与结果

泡沫液		泡沫溶液供给强度 /[L/(min·m²)]	气液比	25%析液时间/min	控火时间/s	灭火时间/s
类型	混合比					
A	1%	5	14∶1	5.13	21	27

采用摄像机和红外热像仪记录压缩空气 A 类泡沫与油池火的作用过程,如图 4.83 所示。

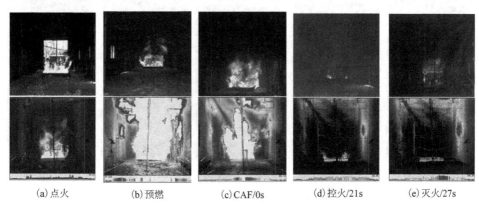

|　(a)点火　|　(b)预燃　|　(c)CAF/0s　|　(d)控火/21s　|　(e)灭火/27s　|

图 4.83　压缩空气 A 类泡沫灭火试验过程实况图

从试验过程可以看出,汽油池火发展较快,在数秒内就开始猛烈燃烧,预燃 30s 后达到稳定燃烧阶段。从红外图像可以看出,隧道内温度较高,尤其是油盘周围温度达到上千摄氏度。当压缩空气泡沫系统启动后,压缩空气 A 类泡沫立即对火焰进行压制,随着泡沫在汽油燃料表面不断聚集和铺展覆盖,火焰越来越小。当泡沫喷射 21s 时,仅存贴近油盘壁的少量火焰,且火焰高度不超过 0.5m,实现基本控火;当泡沫喷洒 27s 时,完全扑灭油池火。从灭火过程可以看出,压缩空气 A 类泡沫对于隧道顶部高温烟气层的扰动较小,会导致少量高温烟气下降到隧道中上部,但对隧道下部可见度影响较小,故此不会影响人员逃生疏散。试验结果表明,在泡沫溶液供给强度约为 5L/(min·m²)、气液比为 14∶1 条件下,压缩空气泡沫系统结合 A 类泡沫灭火剂可快速控制并扑灭隧道油池火,控火时间为 21s,灭火时间为 27s。

2)压缩空气 AFFF 泡沫灭油池火性能

在泡沫溶液供给强度约为 5L/(min·m²)条件下,采用压缩空气泡沫系统结合 AFFF 泡沫灭火剂开展了隧道油池火灭火试验研究,试验结果如表 4.22 所示。

表 4.22　试验工况与结果

泡沫液		泡沫溶液供给强度 /[L/(min·m²)]	气液比	25%析液时间/min	控火时间/s	灭火时间/s
类型	混合比					
AFFF	1%	5	14:1	4.50	14	19

采用摄像机和红外热像仪记录了压缩空气 AFFF 泡沫与油池火的作用过程,

如图 4.84 所示。

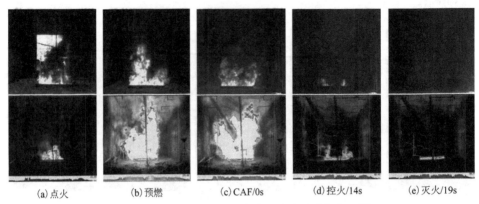

|　　(a)点火　　　　(b)预燃　　　　(c)CAF/0s　　　　(d)控火/14s　　　　(e)灭火/19s|

图 4.84　压缩空气 AFFF 泡沫灭火试验过程实况图

从试验过程可以看出，预燃 30s 后汽油池火达到稳定燃烧阶段，隧道内温度较高，尤其是油盘周围温度达到了上千摄氏度。当压缩空气泡沫系统启动后，压缩空气 AFFF 泡沫立即对火焰进行压制，随着泡沫在汽油燃料表面不断聚集和铺展覆盖，火势越来越小。当泡沫喷射 14s 时，仅存贴近油盘壁的少量火焰，且火焰高度不超过 0.5m，这时基本控火；当泡沫喷洒 19s 时，完全扑灭油池火。从灭火过程可以看出，与压缩空气 A 类泡沫相同，压缩空气 AFFF 泡沫对于隧道顶部高温烟气层的扰动也较小，会导致少量高温烟气下降到隧道中上部，但对隧道下部可见度影响较小，故此也不会影响人员逃生疏散。试验结果表明，在泡沫溶液供给强度约为 5L/(min·m²)、气液比为 14∶1 条件下，压缩空气泡沫系统结合 AFFF 泡沫灭火剂可快速控制并扑灭隧道油池火，控火时间为 14s，灭火时间为 19s。

4.5.6　变压器火灾

变压器是输配电的基础设备，广泛应用于工业、农业、交通、城市社区等领域。变压器火灾的主要原因是内部故障导致电压将变压器油的绝缘强度击穿，产生高能量电弧，电弧将变压器油加热分解产生大量可燃气体，从而导致压力急剧上升造成套管或者油箱破裂，泄漏出的可燃气体和油的混合物与空气接触，引发自燃甚至爆炸，油箱上方的油枕内储存大量变压器油，全部泄漏后会导致火势增大。变压器油的闪点一般不小于 135℃，属于重油，灭火时遇到水还会发生沸溢喷溅，危险性极大[56]。应急管理部天津消防研究所的胡成等通过采用缩尺变压器全液面溢油火试验模型，开展了压缩空气泡沫灭变压器全液面溢油火的试验，考察压缩空气泡沫扑救油浸变压器典型火灾的有效性[57]。

1. 试验设备及步骤

1) 试验设备

试验模型为变压器全液面溢油火灾缩尺模型,如图 4.85 所示,主要考虑油箱和油枕。油箱长宽高尺寸为 800mm×400mm×210mm,采用高 500mm 钢制支架支撑,放置在 1500mm×1500mm 的方油盘内。调整油枕高度,使油枕内的变压器油受重力作用能够以 2kg/min 的速度流入油箱内。在油箱底部和油枕底部均设置可移动燃气灶,采用燃气灶进行加热。考虑最不利条件,油箱上端全部撕裂形成全液面火灾,并在油箱上部开 100mm 长、20mm 高的溢流口。变压器油一般为矿物油,是饱和的碳氢化合物,受热分解成为甲烷、乙炔等碳氢化合物可燃气体。试验选用 KI50X 变压器油。

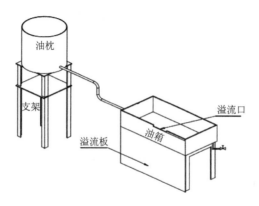

图 4.85　变压器全液面溢油火灾缩尺模型

采用多通道数据采集系统和 φ3mm 的 K 型热电偶测量油箱内部及上方不同位置的温度,具体布置如图 4.86 所示。

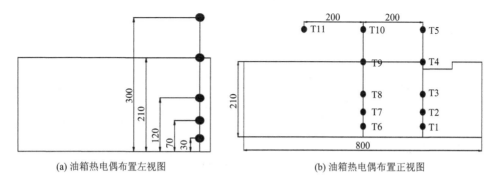

(a) 油箱热电偶布置左视图　　　　　　　(b) 油箱热电偶布置正视图

图 4.86　油箱热电偶布置图(图中数据单位为 mm)

采用自行研制的压缩空气泡沫产生装置提供压缩空气泡沫，并通过4只压缩空气泡沫喷头进行释放，4只压缩空气泡沫喷头按照正方形布置于模型正上方，间距1m，高2.5m。采用自主研制的1% AFFF 灭火剂，气液比10∶1。采用手持压缩空气泡沫枪直接喷射的模式，直接对油箱施加泡沫进行灭火。

2) 试验步骤

试验时，由于变压器油受热体积膨胀，向油箱内添加适量变压器油，使变压器油加热到设定温度时正好充满油箱，向油枕内加入40L变压器油，向底部油池加入5L变压器油；采用燃气加热油枕和油箱，当油枕内温度达到90℃、油箱内温度达到设定温度后，移走燃气加热系统，并采用点火棒在油箱点火，待稳定燃烧后，打开球阀，油枕内变压器油流入油箱，形成溢油火灾；待变压器油溢油火持续燃烧2min后，启动压缩空气泡沫系统，直至火灾被完全扑灭，温度降低至100℃以下；观察记录泡沫与溢油火作用过程的温度、火焰变化、燃油飞溅情况。试验工况如表4.23所示。

表4.23 试验工况

灭火方式	油箱加热油温/℃	油枕加热油温/℃	溶液流量/(L/min)	空气流量/(m³/h)	气液比	泡沫溶液供给强度/[L/(min·m²)]
喷淋系统	200	90	125	75	10∶1	11.4
泡沫枪	150		150	90		—

2. 试验结果分析

1) 喷淋系统灭火

通过缩尺灭火试验，可得到压缩空气泡沫喷淋系统对变压器全液面溢油火灾的灭火性能。表4.24为喷淋系统试验结果，在泡沫溶液供给强度为11.4L/(min·m²)、气液比为10∶1条件下，压缩空气泡沫喷淋系统能够完全扑灭变压器全液面溢油火灾，灭火时间为207s。

表4.24 喷淋系统试验结果

灭火方式	泡沫性能			预燃时间/s	持续供泡时间/s	底部油盘火灭火时间/s	溢油火火灭火时间/s	完全灭火时间(遮挡)/s
	发泡倍数	环境温度/℃	25%析液时间/s					
喷淋系统	7	9.5	169	140	316	11	191	207

图4.87所示为火灾发展过程及灭火过程。在加热过程中，变压器油持续产生

大量白色烟气，为受热分解的碳氢化合物气体，温度达到 200℃时超过了燃点温度，用点火棒能够立即引燃，油箱全液面燃烧。此时打开油枕与油箱之间的球阀，油枕内的变压器油因重力作用以 2kg/min 的速度流入油箱，油箱内燃烧的变压器油从溢流口流出，形成溢油火灾，同时底部油盘的变压器油渐渐被引燃，52s 后底部油盘液面全部燃烧，产生大量的黑色烟气。此时形成底部油盘、油箱内全液面火灾和溢油火灾、油箱支架遮挡火同时出现的工况。预燃 140s 后，开始施加压缩空气泡沫灭火。系统开启瞬间，压缩空气泡沫喷洒下来，对火势有显著的压制作用，黑色烟气逐渐减少，火焰逐渐减小，泡沫受高温作用瞬间汽化，形成大量水蒸气，烟气很快由黑转白，火焰出现短暂的强化现象。产生火焰强化的原因主要是水分到达燃料表面后急剧沸腾汽化产生过压，大大提高了燃料沸腾速率，从而加剧了燃烧。泡沫很快在油箱和底部油盘形成覆盖层，火势减小，11s 时底部油盘火熄灭，油箱大部分液面火熄灭，只剩余油箱溢流口处的溢油火和支架内部少许遮挡火。油箱壁面尚保持在约 190℃，在变压器油的燃点以上，油箱液面虽然熄灭，但是变压器油溢流碰到油箱壁面，无泡沫覆盖，被引燃继续燃烧，燃烧的变压器油流淌到底部油盘后，被泡沫覆盖熄灭。因为有水分进入，油箱液面为滚动沸溢状态，但是泡沫仍覆盖在液面上，不受沸溢影响，实现持续抗复燃作用。191s 后溢油火熄灭，207s 后支架内的遮挡火熄灭，火势完全被扑灭，10min 后，未曾发生复燃。

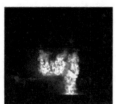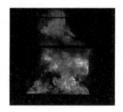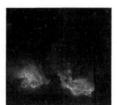

(a)点火 0s　　　　　　(b)溢油火 53s　　　　　　(c)立体火灾 104s　　　　　(d)施加泡沫 140s

图 4.87　火灾发展过程及灭火过程照片

　　由图 4.88 可以看出，点火后油箱液面上方火焰温度迅速上升，140s 时达到 880℃以上($T5$、$T11$)，$T4$、$T9$ 也达到了 500℃以上。施加压缩空气泡沫后，火焰温度急速下降，110s 时间内 $T5$、$T10$、和 $T11$ 全部降到 100℃以下。变压器油温在点火时为 200℃，施加泡沫后，受泡沫冷却作用，油温开始下降，溢油火熄灭时，变压器油温下降到燃点 145℃以下，溢油火熄灭不再复燃，说明将温度降低到变压器油的燃点以下，可以有效控制溢油火灾。

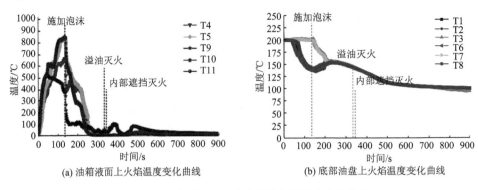

(a) 油箱液面上火焰温度变化曲线　　　(b) 底部油盘上火焰温度变化曲线

图 4.88　压缩空气泡沫喷头喷淋火焰温度变化曲线

2) 泡沫枪灭火

同样通过缩尺灭火试验，可得到压缩空气泡沫枪对变压器全液面溢油火灾的灭火性能结果。表 4.25 为泡沫枪试验结果，在泡沫溶液流量为 150L/min、气液比为 10：1 条件下，压缩空气泡沫枪能够完全扑灭变压器全液面溢油火灾，灭火时间为 125s。

表 4.25　泡沫枪试验结果

灭火方式	泡沫性能			预燃时间/s	持续供泡时间/s	底部油盘火灭火时间/s	溢油火灭火时间/s	完全灭火时间(遮挡)/s
	发泡倍数	温度/℃	25%析液时间/s					
泡沫枪	8.7	7.5	290	197	133	43	73	125

图 4.89 为压缩空气泡沫枪喷射火焰温度变化曲线。将变压器油加热到 150℃，用点火棒点火，火灾发展过程基本与上次试验一致。预燃 197s 后，开始施加压缩空气泡沫灭火。人手持压缩空气泡沫枪从油箱的左前侧 5m 左右进行喷射，泡沫呈开花状态。前部火势很快被压制，7s 时油箱液面前部和底部油盘液面前部火熄灭，由于泡沫的流动覆盖作用，43s 时底部油盘火熄灭，73s 时溢油火熄灭，只剩余支架内的遮挡火。此时人员转换方向，从油箱后部进行喷射，125s 完全灭火。10min 后，未曾发生复燃。点火后油箱液面上方火焰温度迅速上升，125s 时达到880℃以上(T10、T11)并维持在这一水平，证明达到稳定燃烧状态。施加压缩空气泡沫后，火焰温度急速下降，39s 时间内 T5、T10、T11 全部降到 100℃以下。变压器油在点火时的温度为 150℃，施加泡沫后，受泡沫冷却作用，油温开始下降，当溢油火熄灭时，变压器油温下降到燃点 129℃以下，溢油火熄灭不再复燃。采用压缩空气泡沫枪的灭火时间更短。一是因为压缩空气泡沫喷头为均匀喷洒，压缩空气泡沫枪为集中射流，局部泡沫供给强度大，对于灭火有利；二是因为压

缩空气泡沫枪为人为操作，可以定向施加，转换喷射角度，对于扑救内部遮挡火灾有利。

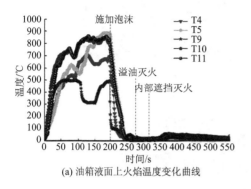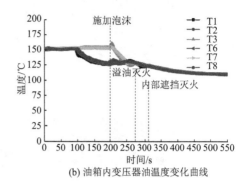

(a) 油箱液面上火焰温度变化曲线　　　　　　(b) 油箱内变压器油温度变化曲线

图 4.89　压缩空气泡沫枪喷射火焰温度变化曲线

由以上分析可得到如下结果：采用成膜型压缩空气泡沫对于扑救变压器全液面溢油火是有效的，压缩空气泡沫能够快速压制火焰，在变压器油表面形成一层稳定的泡沫覆盖层，有效减少变压器油汽化速度，且不会发生沸溢喷溅，造成火势扩大；压缩空气泡沫具有较好的冷却作用和稳定性，通过水分蒸发带走大量热量，能够有效降低变压器油温，防止火灾复燃的发生；降低变压器油温是扑救变压器溢油火灾的关键因素，将变压器油温降到燃点以下，能够有效扑灭溢油火灾并防止发生复燃；建议开展全尺寸实体火试验或更大规模的变压器全液面溢油火灾试验，对压缩空气泡沫灭火系统扑救大型油浸变压器典型火灾的灭火应用参数进一步进行试验验证，为工程应用提供技术支撑。

4.6　压缩空气泡沫消防车灭火有效性研究

压缩空气泡沫消防车是进行高空灭火的主要装备，随着高层建筑的增多及石化火灾扑救需求增长，50m 级以上举高压缩泡沫消防车逐渐成为主力灭火装备[58]。除压缩空气泡沫自身理化性质外，压缩空气泡沫消防车灭火有效性还受到管路内流动特性及泡沫射流轨迹的影响[59]。对此，中国矿业大学的靳翠军[60]开展了大量试验研究。

4.6.1　压缩空气泡沫管路流动特性

为测试压缩空气泡沫流体在管路中的压力分布，需进行测点选取及传感器布置，由于伸缩水管的可伸缩性，不便于将压力测量点安装在伸缩水管的管壁上，考虑连接水管的不同位置，且测点易于安装确定，图 4.90 为管道测压点布置示意图。

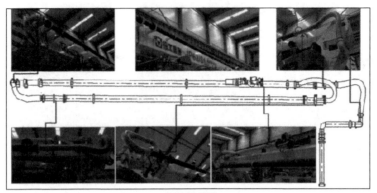

(a) 测点布置图

(b) 整车实物图

图 4.90 整车管道测压点布置图

测点 1 为管路的初始测点,测点 1 和测点 2 之间主要为弯管和局部压力损失,测点 2 和测点 3 之间主要是波纹软管的压力损失,测点 3 和测点 4 之间主要是一号臂伸缩水管的压力损失,测点 4 和测点 5 之间主要是一号臂和二号臂连接水管的压力损失,测点 5 和测点 6 之间主要是二号臂伸缩水管的压力损失,测点 6 和测点 7 之间主要是二号臂到曲臂的压力损失,同时测点 7 所测得压力表示消防炮前的入口压力。消防炮入口压力决定了整个系统的工作能力,同时也是反映整个消防系统动力特性的重要指标,与初始测点 1 相结合即可计算消防管路中的压力损失。

1)试验测试位置工况

压缩空气泡沫流动较为复杂,由于泡沫具有析液特性及与管路的相互作用影响,很难用准确的数值模型得到理想结果,且国内外基于小尺度水平管路等效仿真模型具有较大的局限性。为详细地研究其流动规律，可选择多姿态全工况进行试验研究，图 4.91 为各工况的示意图。测试工况测点布置位置如表 4.26～表 4.28所示。

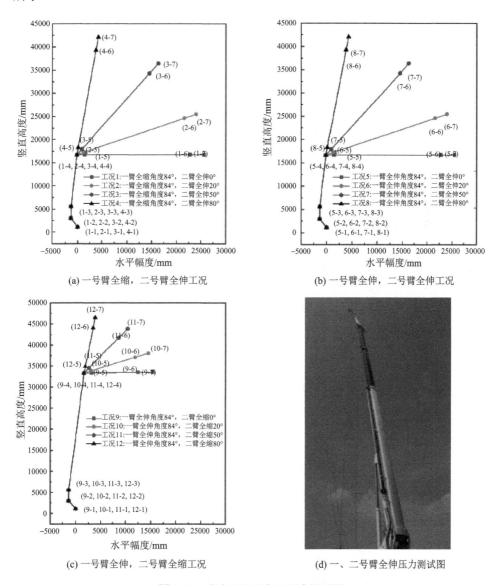

(a) 一号臂全缩，二号臂全伸工况

(b) 一号臂全伸，二号臂全伸工况

(c) 一号臂全伸，二号臂全缩工况

(d) 一、二号臂全伸压力测试图

图 4.91　试验工况示意及压力测试图

为研究湿泡沫、中等泡沫、干泡沫在管道内的流动特性，设置试验条件工况如表 4.29 所示。

表 4.26　压缩空气泡沫测试工况表 1(一号臂全缩，二号臂全伸)

测点/坐标	工况 1		工况 2		工况 3		工况 4	
	水平位置/mm	高度位置/mm	水平位置/mm	高度位置/mm	水平位置/mm	高度位置/mm	水平位置/mm	高度位置/mm
1	0.0	1141.0	0.0	1141.0	0.0	1141.0	0.0	1141.0
2	−1347.0	2988.0	−1347.0	2988.0	−1347.0	2988.0	−1347.0	2988.0
3	−1336.6	5581.6	−1336.6	5581.6	−1336.6	5581.6	−1336.6	5581.6
4	−172.7	16655.6	−172.7	16655.6	−172.7	16655.6	−172.7	16655.6
5	1413.5	16695.4	1318.1	17236.5	848.4	17907.3	106.2	18253.4
6	22761.5	16695.4	21594.8	24616.6	14570.7	34260.8	3813.3	39277.1
7	25571.5	16695.4	24019.2	25499.0	16376.9	36413.4	4301.3	42044.4

表 4.27　压缩空气泡沫测试工况表 2(一号臂全伸，二号臂全伸)

测点/坐标	工况 5		工况 6		工况 7		工况 8	
	水平位置/mm	高度位置/mm	水平位置/mm	高度位置/mm	水平位置/mm	高度位置/mm	水平位置/mm	高度位置/mm
1	0.0	1141.0	0.0	1141.0	0.0	1141.0	0.0	1141.0
2	−1347.0	2988.0	−1347.0	2988.0	−1347.0	2988.0	−1347.0	2988.0
3	−1336.6	5582.2	−1341.9	5582.2	−1341.9	5582.2	−1336.6	5581.6
4	1573.0	33264.2	1573.0	33264.2	1537.0	33264.2	1537.0	33264.2
5	3159.2	33303.9	3063.8	33845.0	2594.1	34515.8	1851.9	34861.9
6	24507.2	33303.9	23124.3	41146.5	16316.3	50869.3	5559.0	55885.6
7	27317.2	33303.9	25764.9	42107.5	18122.5	53021.9	6046.9	58652.9

表 4.28　压缩空气泡沫测试工况表 3(一号臂全伸，二号臂全缩)

测点/坐标	工况 9		工况 10		工况 11		工况 12	
	水平位置/mm	高度位置/mm	水平位置/mm	高度位置/mm	水平位置/mm	高度位置/mm	水平位置/mm	高度位置/mm
1	0.0	1141.0	0.0	1141.0	0.0	1141.0	0.0	1141.0
2	−1347.0	2988.0	−1347.0	2988.0	−1347.0	2988.0	−1347.0	2988.0
3	−1336.6	5582.2	−1336.6	5582.2	−1336.6	5582.2	−1336.6	5581.6
4	1573.0	33264.2	1573.0	33264.2	1537.0	33264.2	1537.0	33264.2
5	3159.2	33331.5	3063.8	33845.0	2594.1	34515.8	1851.9	34861.9
6	12507.2	33494.7	11848.0	37042.2	8602.8	41676.8	3475.2	44067.9
7	15317.2	33543.7	14488.6	38003.3	10409.1	43829.4	3901.5	46485.6

表 4.29 试验工况表

工况	试验组别	水泵出口压力/MPa	水泵流量/(L/min)	泡沫比例	空气流量/(L/min)	混合液压力/MPa	发泡倍数	泡沫类型
1	1-1	0.85	335.4	0.7	4974.7	0.43	13.5	干泡沫
	1-2	0.83	536.3	0.5	4484.7	0.67	7.3	中等泡沫
	1-3	0.83	573.2	0.3	3788.8	0.76	5.8	湿泡沫
2	2-1	0.85	347.3	0.7	4958.5	0.42	13.2	干泡沫
	2-2	0.83	540.6	0.5	4398.6	0.67	7.2	中等泡沫
	2-3	0.83	560.4	0.3	3974.1	0.76	5.9	湿泡沫
3	3-1	0.85	330.2	0.7	5124.1	0.43	13.9	干泡沫
	3-2	0.83	534.4	0.5	4356.5	0.67	7.2	中等泡沫
	3-3	0.83	590.6	0.3	3749.8	0.79	5.7	湿泡沫
4	4-1	0.85	594.3	0.7	5082.5	0.43	13.4	干泡沫
	4-2	0.83	536.5	0.5	4226.4	0.67	6.9	中等泡沫
	4-3	0.83	594.3	0.3	3822.7	0.80	5.7	湿泡沫
5	5-1	0.85	326.4	0.7	5049.7	0.43	13.8	干泡沫
	5-2	0.83	506.4	0.5	4417.1	0.68	7.4	中等泡沫
	5-3	0.83	574.3	0.3	3716.8	0.80	5.8	湿泡沫
6	6-1	0.85	325.4	0.7	4995.7	0.44	13.6	干泡沫
	6-2	0.83	507.5	0.5	4196.0	0.70	7.3	中等泡沫
	6-3	0.83	587.4	0.3	3893.0	0.80	5.8	湿泡沫
7	7-1	0.85	320.4	0.7	5142.4	0.47	14.2	干泡沫
	7-2	0.83	491.4	0.5	4083.1	0.72	7.3	中等泡沫
	7-3	0.83	552.7	0.3	3709.6	0.80	5.9	湿泡沫
8	8-1	0.85	317.5	0.7	5172.0	0.49	14.3	干泡沫
	8-2	0.83	502.2	0.5	4220.3	0.73	7.4	中等泡沫
	8-3	0.83	526.5	0.3	3804.3	0.83	5.8	湿泡沫
9	9-1	0.85	310.3	0.7	5112.3	0.43	14.8	干泡沫
	9-2	0.83	510.4	0.5	3813.7	0.53	7	中等泡沫
	9-3	0.83	590.7	0.3	4102.9	0.73	5.9	湿泡沫
10	10-1	0.85	360.4	0.7	4993.1	0.43	13.1	干泡沫
	10-2	0.83	505.3	0.5	4001.2	0.69	6.9	中等泡沫
	10-3	0.83	595.5	0.3	3949.9	0.80	5.7	湿泡沫
11	11-1	0.85	318.3	0.7	5064.2	0.46	14	干泡沫
	11-2	0.83	531.3	0.5	4094.2	0.74	6.8	中等泡沫
	11-3	0.83	560.5	0.3	3936.3	0.76	5.6	湿泡沫
12	12-1	0.85	320.3	0.7	5079.4	0.46	13.6	干泡沫
	12-2	0.83	491.6	0.5	4344.4	0.70	7.5	中等泡沫
	12-3	0.83	552.5	0.3	3636.3	0.80	5.6	湿泡沫

2）测点压力测试结果分析

根据试验设计工况，图 4.92 中(a)图对应工况 4、(b)图对应工况 8、(c)图对应工况 12。

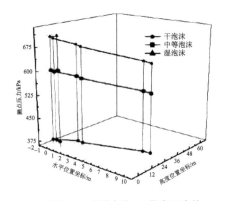

(a) 工况4：一号臂全缩、二号臂76°全伸

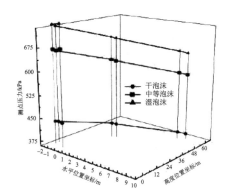

(b) 工况8：一号臂全伸、二号臂76°全伸

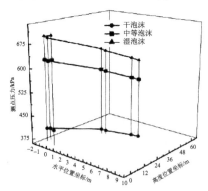

(c) 工况12：一号臂全伸、二号臂76°全缩

图 4.92　压力损失随测点位置变化趋势

通过分析可知，随着测点位置的升高，测点压力逐渐减小，泡沫在管路中的流动过程中，一号臂的压力梯度较二号臂的压力梯度大，一方面主要由受到弯头、软管异型过流元件的扰动，引起局部流速的变化导致；另一方面可能由二号臂相比较一号臂测点压力偏小，以及泡沫具有的析液特性，引起管路中的流体介质为变密度流体导致。此外，湿泡沫的测点压力大于中等泡沫和干泡沫的测点压力。在局部过流元件中，重力压降的影响和局部过流元件的压力损失，以及由泡沫黏性导致的摩擦阻力损失，各有差异，但局部压降是导致压力损失的因素之一。对于直管管路，湿泡沫、中等泡沫、干泡沫均显示了明显的线性关系，但是对于变化的铰点部位，以及涉及的变径部位，内部流体较为复杂，其压力为湍流引起的

压力突变。

3) 长管路压力梯度变化分析

通过臂架不同姿态试验测试，得到了大量的测点数据，针对水平、倾角 20°、倾角 48°、倾角 76°四种工况进行数据分析，由于在试验方案设计中提到受伸缩水管的影响，测点布置于三节伸缩水管的头部和尾部。从图 4.92 看出，一号臂和二号臂在全缩和全伸两种状态下基本接近线性，故以长度和角度为变量，对压力损失进行分析。

图 4.93 为压力损失随管道角度变化趋势，可以发现，压力损失随着管道变幅角度的增大而增大。在水平状态时，压力损失主要来源于摩擦压降以及伸缩水管的变径引起的局部阻力损失，由于湿泡沫和中等泡沫的质量流速较干泡沫大，表现出湿泡沫大于干泡沫的一致性结果。对于全缩的管路，从水平 0°～48°变化过程压力损失呈现明显增大的趋势，48°～76°之间变化相对变缓。而对于全伸管路，在水平 0°～20°的过程，压力变化较为明显，分析主要为重力压降、摩擦压降以及局部压降之间存在位置差异导致，总体变化趋势一致。

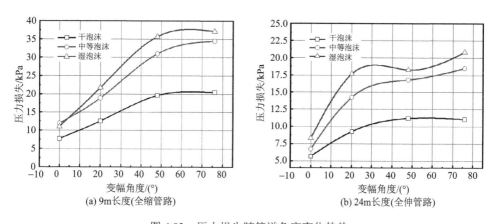

图 4.93　压力损失随管道角度变化趋势

在不同角度下，压力损失随着管道长度变化趋势如图 4.94 所示。可以得到，干泡沫在水平角度时，压降梯度为 136.2Pa/m；在 20°时，压降梯度为 215.8Pa/m；在 48°时，压降梯度为 551.3Pa/m；在 76°时，压降梯度为 617.1Pa/m。中等泡沫在水平角度时，压降梯度为 340.1Pa/m；在 20°时，压降梯度为 304.9Pa/m；在 48°时，压降梯度为 932.9Pa/m；在 76°时，压降梯度为 1050.6Pa/m。湿泡沫在水平角度时，压降梯度为 178.9Pa/m；在 20°时，压降梯度为 268.4Pa/m；在 48°时，压降梯度为 1148.1Pa/m；在 76°时，压降梯度为 1075.5Pa/m。总体上，湿泡沫的压降梯度大于中等泡沫和干泡沫，随着角度的增大，压降梯度逐渐增大，长管路的压力损失主要来源于重力压降。

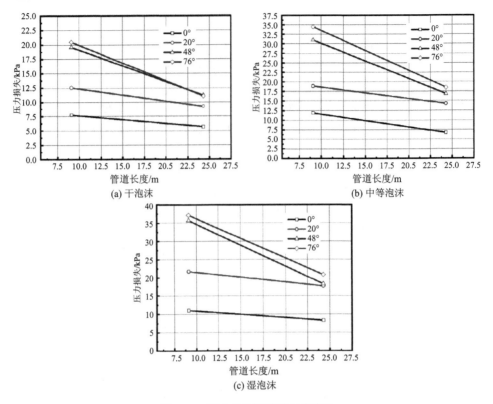

图 4.94　压力损失随管道长度变化

4) 软管压力损失分析

消防软管是连接相对运动构件常用的过流通道，由于存在软管结构的差异，流动阻力特性的变化较大，也是在泡沫流动中较为复杂的流动状态，针对测试的多工况不同角度的变化，结合测试数据，得到软管压力损失随着角度变化的趋势，如图 4.95 所示。

由软管压力损失随角度变化趋势看出，在不同的压力以及不同的变幅姿态下，软管内的压力损失波动较大，主要由于软管不同的姿态导致泡沫流体在流动过程产生旋涡，臂面剪切力随着软管的形态变化而发生变化。其中干泡沫在水平角度时，压降梯度为 3089.5 Pa/m；在 20°时，压降梯度为 3421.5 Pa/m；在 48°时，压降梯度为 3647.2 Pa/m；在 76°时，压降梯度为 3470.8 Pa/m。中等泡沫在水平角度时，压降梯度为 4630.4 Pa/m；在 20°时，压降梯度为 4407.3 Pa/m；在 48°时，压降梯度为 4871.6 Pa/m；在 76°时，压降梯度为 4378.7 Pa/m。湿泡沫在水平角度时，压降梯度为 4339.8 Pa/m；在 20°时，压降梯度为 4555.1 Pa/m；在 48°时，压降梯度为 4715.9 Pa/m；在 76°时，压降梯度为 4596.6 Pa/m。总体上，湿泡沫相较干泡沫具有含气率低、质量流速大的特性，变化趋势较为平缓，干泡沫有较为明显的变化趋势，而中等泡沫介于干泡沫和湿泡沫之间。

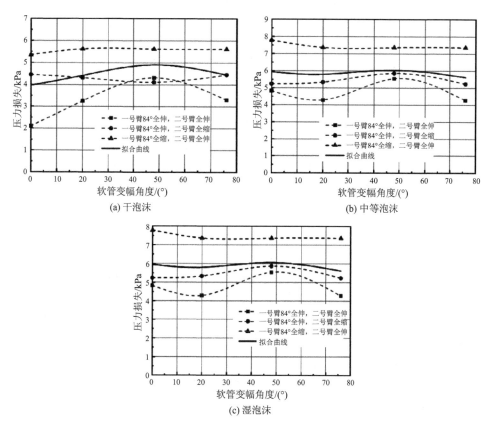

图 4.95 压力损失随角度变化趋势

5) 测试结果误差分析

为了分析试验测试结果与理论计算的误差，利用动力学模型，计算了压缩空气泡沫消防车系统管路不同臂架姿态各关键零部件的压力损失，对比了工况 8，即一号臂在 84°全伸，二号臂在 76°全伸情况下的测试结果与理论解，如表 4.30 所示，测量值与误差如图 4.96 所示。

分析得出，在短测点之间，存在多个异型过流管件。受管件形状的影响，泡沫在流动过程中，表现得更为复杂，所以压力损失较大，对于软管、弯头、变径等导致的误差高达 19%。而对于较为平滑的直管，压力损失的误差在 10%左右。通过理论与测试结果分析，压缩空气泡沫采用分相流-并流模型中摩擦阻力系数方法，所得压力损失整体误差在 10%之内，对于异型管路导致的压力损失，占比约 20%，可见选择合适的管路形状，对于减少压力损失有重要意义。

表 4.30 管路压力损失测试结果与理论解对比表

压力损失来源	泡沫类型	理论压力损失			测试压力损失 /kPa	误差/%
		重力压力损失 /kPa	摩擦压力损失 /kPa	局部压力损失 /kPa		
下车尾部-转台后部	湿泡沫	1.95	0.97	4.56	8.75	17.0
	中等泡沫	1.71	1.01	4.8	8.65	15.0
	干泡沫	0.94	0.79	3.69	6.26	15.5
转台-伸缩水管尾部	湿泡沫	3.52	0.65	2.59	7.86	16.3
	中等泡沫	3.09	0.68	2.72	7.23	11.4
	干泡沫	1.70	0.53	2.06	5.36	24.9
水管尾部-水管前端	湿泡沫	32.34	6.87	3.29	46.78	10.1
	中等泡沫	28.35	7.15	3.43	42.56	9.3
	干泡沫	15.59	5.55	2.54	26.62	12.4
水管前端-伸缩水管尾部	湿泡沫	0	0.84	2.46	3.83	16.1
	中等泡沫	0	1.08	3.20	4.87	13.8
	干泡沫	0	1.04	3.04	4.85	18.9
水管尾部-水管前端	湿泡沫	28.28	6.25	3.43	38.82	2.3
	中等泡沫	24.77	6.00	2.89	35.26	4.8
	干泡沫	13.62	4.83	2.00	22.16	8.4
水管前端-水炮尾部	湿泡沫	0.58	0.54	3.36	5.21	16.3
	中等泡沫	1.05	0.70	4.42	6.66	7.9
	干泡沫	1.20	0.67	4.21	6.87	13.0
合计	湿泡沫	66.67	16.12	19.69	111.25	8.6
	中等泡沫	58.97	16.62	21.46	105.23	8.4
	干泡沫	33.05	13.41	17.54	72.12	12.7

4.6.2 压缩空气泡沫射流轨迹

受泡沫黏度影响,泡沫射流轨迹差异较大,解决泡沫灭火实战中精准定位的问题十分必要,因此需要通过对压缩空气泡沫射流轨迹进行研究,建立泡沫射流轨迹理论预测模型,并通过试验对比验证,实现压缩空气泡沫在消防车上的应用。

1. 压缩空气泡沫喷射理论模型

通过试验测试,泡沫喷射轨迹及流动示意图如图 4.97 所示,在泡沫炮的出口位置形成紧密的泡沫柱,因为空气阻力作用以及存在速度差异,在紧密段喷射的泡沫存在垂直方向的环境扰动作用,所以在泡沫紧密段有微波动的现象存在。随着喷射距离的增大,外界环境对于射流泡沫的影响增大,表现为波动幅度变大,

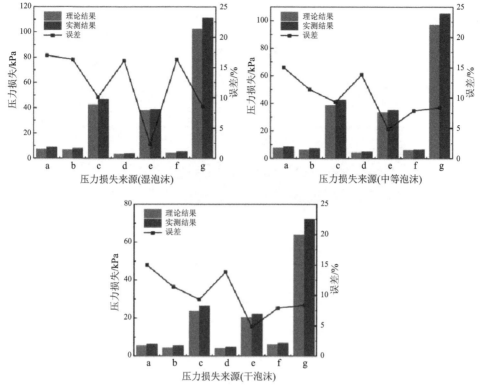

图 4.96　压力损失理论值与实测值

a～g 对应表 4.30 中第一列

紧密结构的泡沫流束开始逐渐转化为泡沫团簇状结构。当泡沫的黏度聚合力不足以平衡空气阻力影响时，泡沫团簇结构发生扩散，此时仍表现为泡沫特性，这为灭火火源的有效喷射距离。当喷射距离再增大时，由于泡沫的析液及离散特性，主要呈现为泡沫以雾滴的形式存在，压缩空气泡沫射流进入消散阶段。综上分析，用于泡沫灭火中，应该使泡沫在基本段集中喷射到火源，此为最佳灭火段。

1) 压缩空气泡沫射流轨迹数学模型

根据质点运动学基本理论以及均相流基本方程，微元受力模型如图 4.98 所示。图中 v 为射流微元体的速度；θ 为速度方向与 x 轴的夹角；F_t 为空气阻力，与速度反向偏离一定角度；mg 为微元体所受的重力，方向竖直向下。

设 i 和 j 分别为速度方向和垂直速度法向单位矢量，射流微元体加速度可以表示为

$$\frac{\mathrm{d}v}{\mathrm{d}t} = \frac{\mathrm{d}v}{\mathrm{d}t}i + vj\frac{\mathrm{d}\theta}{\mathrm{d}t} \tag{4.39}$$

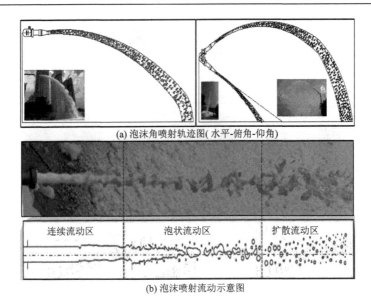

(a) 泡沫角喷射轨迹图(水平-俯角-仰角)

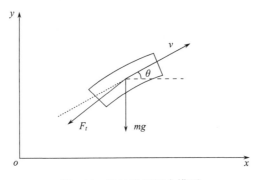

连续流动区　　　泡状流动区　　　扩散流动区

(b) 泡沫喷射流动示意图

图 4.97　泡沫喷射轨迹及流动示意图

（图中：y、v、θ、F_t、mg、o、x）

图 4.98　泡沫微元受力模型

将式(4.39)向 i 和 j 方向进行投影，并乘以射流微元体的质量，根据受力平衡关系可以得到：

$$
\begin{cases}
m\dfrac{\mathrm{d}v}{\mathrm{d}t} = -F_\tau - mg\sin\theta \\[2mm]
m\dfrac{\mathrm{d}\theta}{\mathrm{d}t} = -k_i\dfrac{mg\cos\theta}{v}
\end{cases}
\tag{4.40}
$$

以泡沫炮每秒喷出的介质作为射流微元体，压缩空气泡沫在喷射过程中，从泡沫喷射流动示意图可以看出，主要受到重力 G 和空气阻力 F_τ 的影响。同时，从泡沫喷射轨迹可以看出，在上升段和下降段存在沿射流轨迹切线方向的变化，所以需考虑角加速度存在的差异情况[61]，引入 k_1 和 k_2 作为上升段和下降段的比例系

数，泡沫轨迹方程可表示为

$$
\begin{cases}
\dfrac{\mathrm{d}v}{\mathrm{d}t} = \dfrac{-F_\tau}{m} - g\sin\theta \\[2mm]
\dfrac{\mathrm{d}\theta}{\mathrm{d}t} = -k_i\dfrac{g\cos\theta}{v} \\[2mm]
\dfrac{\mathrm{d}x}{\mathrm{d}t} = v\cos\theta \\[2mm]
\dfrac{\mathrm{d}y}{\mathrm{d}t} = v\sin\theta
\end{cases}
\tag{4.41}
$$

式中，x、y 分别为垂直和水平方向射程；k_i 为角加速度修正系数，其中 $i=1$ 代表上升段，$i=2$ 代表下降段。

泡沫微元体阻力与空气密度、泡沫射流横截面面积，以及空气阻力系数有关系，根据弹道学原理，射流阻力可以用式 (4.42) 表示：

$$
F_\tau = \frac{1}{2}\rho v_0^2 S_A C_x
\tag{4.42}
$$

式中，ρ 为空气密度；v_0 为出口速度；S_A 为泡沫射流横截面面积；C_x 为空气阻力系数。

2) 空气阻力系数

空气阻力主要由摩阻和涡阻两部分组成[62]，阻力系数采用下式进行计算：

$$
\begin{cases}
C_{xf} = \dfrac{a}{Re^n} & Re < 10^6,\ a = 0.072,\ n = 2 \\[2mm]
C_{xb} = \dfrac{0.029}{C_{xf}^{0.5}} & 10^6 < Re < 10^{10},\ a = 0.032,\ n = 0.145
\end{cases}
\tag{4.43}
$$

对于压缩空气泡沫的雷诺数，根据试验工况得到 $Re<106$，空气阻力系数等于摩阻系数和涡阻系数之和，可以由式 (4.44) 计算：

$$
C_x = C_{xf} + C_{xb} = \frac{0.072}{Re^{0.2}} + 0.108 Re^{0.1}
\tag{4.44}
$$

通过试验观察泡沫射流轨迹，上升段和下降段的截面积公式分别为

$$
S_A = \begin{cases}
A_0\left[1 + a\ln(1+x)\right] & \text{上升段} \\[2mm]
A_0\left[1 + b\ln(1+y_0-y)\right] & \text{下降段}
\end{cases}
\tag{4.45}
$$

式中，A_0 为初始截面积，m^2；a、b 为在上升和下降射流轨迹中引入的截面积变化参数；y_0 为射流最高点的射高，m。

3) 炮口初始喷射速度

压缩空气泡沫为可压缩气体和泡沫混合液的混合物，根据气液两相流均相流理论，针对一定的比例及气液比形成的泡沫类型，由于压缩空气泡沫实际最大喷

射速度不受喷嘴出口的临界速度限制[63]，压缩空气泡沫在喷射口形成柱状射流团簇，根据流体力学知识，炮口初始喷射速度可以用式(4.46)计算：

$$V_0 = \frac{4W}{\pi D^2 \rho_m} \tag{4.46}$$

由式(4.46)可得到泡沫炮出口的流速，如式(4.47)所示：

$$V_0 = \frac{4(Q_l \rho_l + Q_g \rho_g)}{\pi D^2 \left[\rho_l + \beta(\rho_g - \rho_l)\right]} \tag{4.47}$$

式中，ρ_m 为平均密度；ρ_g 为空气密度；ρ_l 为泡沫和水混合液密度；β 为体积含气率。

2. 压缩空气泡沫喷射轨迹模型计算

对于压缩空气泡沫射流轨迹理论模型的微分方程，应用 Runge-Kutta 算法求解，采用式(4.48)计算：

$$y_{i+1} = y_i + \frac{h}{6}(c_1 + 2c_2 + 2c_3 + c_4) \tag{4.48}$$

Runge-Kutta 算法整体截断误差为 Δx^5，该方法主要是通过抑制误差迭代实现求解，计算如式(4.49)所示：

$$\begin{cases} c_1 = f(x_i, y_i) \\ c_2 = f\left(x_i + \dfrac{h}{2}, y_i + \dfrac{h}{2} c_1\right) \\ c_3 = f\left(x_i + \dfrac{h}{2}, y_i + \dfrac{h}{2} c_2\right) \\ c_4 = f(x_i + h, y_i + h c_3) \end{cases} \tag{4.49}$$

式中，c_1 为计算起点处斜率；c_2 为时间段中点处斜率，由 c_1 计算；c_3 为时间段中点处斜率，由 c_2 计算；c_4 为计算终点处斜率；h 为迭代步长。

为评价理论和试验测试结果的拟合度，引入相关系数 R，两者相似度越高则拟合结果越准确，关于射高的相关系数计算公式为

$$R^2 = 1 - \frac{\sum(y_i - \hat{y}_i)^2}{\sum(y_i - \overline{y})^2} \tag{4.50}$$

式中，y_i、$\hat{y}_i$、$\overline{y}$ 分别为仿真、试验和平均值。

采用 Matlab 对所建立模型进行仿真分析，并将各参数数值代入后对泡沫炮射流模型进行求解，可得到仿真射流轨迹。轨迹曲线微分方程包括四个未知参数，分别为 a、b、k_1、k_2，其数值的不同对轨迹线的影响不同，图 4.99 给出了四个参

数变化对轨迹线的影响曲线。

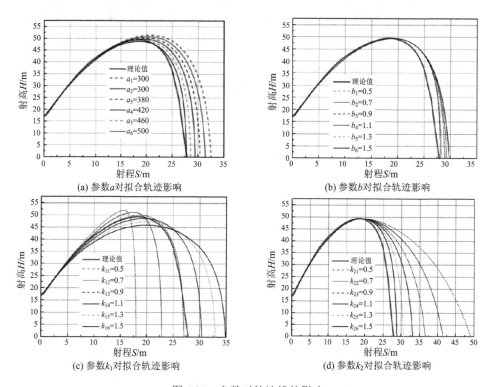

(a) 参数 a 对拟合轨迹影响　　　　　　(b) 参数 b 对拟合轨迹影响

(c) 参数 k_1 对拟合轨迹影响　　　　　　(d) 参数 k_2 对拟合轨迹影响

图 4.99　参数对轨迹线的影响

从图中可以看出，参数 a 值主要影响射流最高点数值，当射高误差较大时，可以通过调整 a 拟合，同时最高点也会影响下降段的轨迹。参数 b 主要影响射流轨迹上升段的斜率，当实测坡度与模拟值差距较大时，可以调整 b 值。参数 k_1 主要影响下降段靠下部分的斜率，而 k_2 值主要影响下降段靠上部分的斜率，两者均可影响射程的大小。

3. 压缩空气泡沫喷射轨迹试验验证

干泡沫主要用途为阻燃火灾，在泡沫喷射灭火中受外环境影响，不推荐使用，由于中等泡沫和湿泡沫具有基本相同的特性，因此以中等泡沫为研究对象开展喷射轨迹理论模型的试验验证。

为了测试中等泡沫的喷射轨迹，结合喷射条件及举高消防车跨障能力，选取本章 4.6.1 节中工况 1(一号臂 84° 全缩，二号臂水平全伸)，采用水炮俯仰角度，测试–20°、45°、60°、75° 四种不同俯仰角下喷射射流轨迹，泡沫射流轨迹如图 4.100 所示，工况参数如表 4.31 所示。

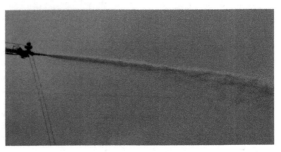

(a) 测试工况图　　　　　　　　　　　　　　(b) 出口位置射流轨迹

图 4.100　泡沫射流轨迹图

表 4.31　射流轨迹工况参数

泡沫炮高度/m	泡沫炮出口直径/mm	水流量/(L/min)	泡沫比例	空气流量 ρ_g/(L/min)	雷诺系数 Re	出口流速/(m/s)
17.3	60	536.3	0.5%	4484.7	90881	29.6

　　试验过程采用无人机定点拍摄，分别进行上升段和下降段轨迹描点，落点选取泡沫量集中的直径 1m 的中心位置作为标记射程，绘制出测试工况下的试验射流轨迹。将泡沫喷射的工况以及关键参数输入 Matlab 程序，得到在不同角度下射流轨迹参数，如表 4.32 所示。理论预测曲线与实测位置点对比如图 4.101 所示，可以看出，当仰角在 –20°、45°、60° 时，射流预测模型的轨迹和试验测试轨迹在上升段和下降段均基本重合；在仰角 75° 时，下降段的理论预测模型和试验测试结果误差相对较大，这主要是基于理论模型截面积和实际截面积的差异导致。在非簇状射流轨迹中，泡沫受到的空气外阻力变得十分复杂，实际测量的射流轨迹受风的激励影响。按照要求，拟合优度 R^2 需要在 0.98～1 范围之间，但是经过试验发现，工况 2 在 60° 仰角和工况 1 在 75° 仰角拟合优度虽然小于 0.98，但各参数误差为 1×10^{-3} 级，满足使用需要。不同仰角下射流轨迹预测与实际测试曲线重合度较高，有助于实现消防泡沫精准定位以及定点喷射的智能控制，提高灭火效率。

表 4.32　射流轨迹计算参数

工况	理论角度/(°)	实际角度/(°)	参数				
			a	b	c_1	c_2	R^2
1	75	72	450	1	0.9	1.5	0.9647
2	60	61	800	0.05	0.9	2	0.9777
3	45	42	1200	0.6	0.8	1.62	0.9901
4	–20	–21	—	1	—	0.45	—

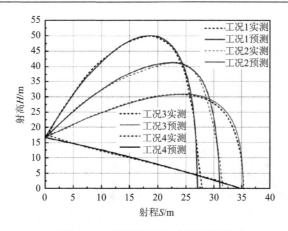

图 4.101　不同姿态的喷射轨迹图

4.6.3　灭火有效性试验

压缩空气泡沫在扑救石油火灾中，泡沫质量对压缩空气泡沫喷淋灭火系统的灭火效率和抗回燃性能有显著影响[64,65]。全面积火灾由于面积大，辐射热强度大，目前主要采用固定罐顶钩管式消防系统进行防护，如图 4.102 所示。固定式灭火消防系统缺乏高机动灵活性，同时按照石化企业施工设计要求，石化储罐周圈设置 6～10m 隔离防火堤，储罐高度达 20m，常规消防车无法远距离跨障碍喷射，难以满足石化火灾灭火要求。大型储罐全面积火灾主要应用移动式举高喷射泡沫装备，图 4.103 给出了大型储罐直径与泡沫需求的关系[66,67]。

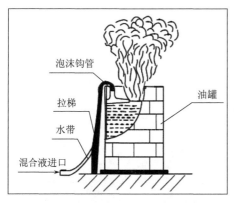

图 4.102　储罐现有灭火示意图

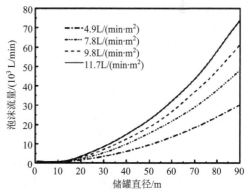

图 4.103　不同泡沫溶液供给强度下储罐直径与泡沫流量的关系

对压缩空气泡沫射流轨迹预测模型，联合某大型研究机构采用举高喷射消防车进行了实际灭火测试试验，如图 4.104 所示。本次试验中灭火油池深度和直径分别为 1m 和 26m，等效面积相当于 $1\times10^4 m^3$ 的储罐，试验前加水至油池液位 0.7m，后加入柴油 12000kg、汽油 1000kg，油层厚度约 0.03m，按照储罐直径与泡沫流量关系，泡沫流量需求约 6500L/min，试验采取举高消防车和常规消防车对比的方式进行试验测试。

(a)举高喷射消防车泡沫灭火图　　　　　　(b)常规消防车泡沫灭火图

图 4.104　灭火现场图

根据泡沫喷射轨迹计算结果，将车辆停放于热辐射安全范围外，调整车辆回转中心距油池边缘直线距离为 35m，待油池全面燃烧后，二号臂开始伸臂，臂架到达预定位置后启动消防系统，系统平稳后消防流量为 79L/s，从出泡沫到灭火结束约 90s。经测算，用水约 7000kg，泡沫 250kg，气体用量约 56×10^3L；第二次重新调整臂架角度并加大气体供给量，消防系统平稳后流量为 76L/s，约 60s 成功灭火，经测算，用水约 4500kg，泡沫 150kg，气体用量约 35×10^3L，第二次喷射油池灭火如图 4.105 所示。同时，为了对比验证灭火效果，采用 12 t 常规泡沫消防车进行测试，消防泵最大流量可达 60L/s，距离罐体约 10m，用时 210s 将火扑灭，但灭火期间出现已扑灭油面复燃现象。

图 4.105　举高喷射消防车灭火过程图

通过调整臂架姿势及炮口角度,可以看出从较高位置喷射向下的泡沫,泡沫在射流过程受到风载的影响,同时在泡沫抵达着火面后受到火焰羽流的影响,会有部分泡沫未能产生灭火效能;当调整炮口喷射角度,加大流量后,在试验测试过程发现,过大的"集簇"泡沫直接注入液面以下位置,无法起到覆盖灭火的作用。通过两次试验对比,可以得出,在压缩空气泡沫灭火过程,泡沫的喷射角度、流量以及喷射速度均会影响灭火效果,在喷射泡沫时应注意喷射角度,避免对液面造成扰动,同时减少泡沫损失,以达到较好的灭火效果。

通过表 4.33 数据分析,常规泡沫消防车灭火时间长,消防液消耗量大,由消防液消耗量可知,灭火效率提升了 70%。对于举高喷射消防车,泡沫喷射方式、泡沫炮喷射角度以及泡沫层在着火面上的流动状态均会影响灭火效率,从泡沫供给量和泡沫灭火时间关系,以及泡沫流动状态分析,较快的泡沫流动速度下泡沫可以快速地覆盖着火面,由于泡沫的析液特性和黏度特性,可以有效地降低温度,吸附火焰,达到灭火效果。

表 4.33　试验数据对比表

项目	灭火时间/s	消防流量/(L/s)	灭火距离/m	消防液消耗量/kg	备注
第一次热喷	90	79	35	7000	
第二次热喷	60	76	35	4500	最优
常规泡沫车	210	60	10	10500	

4.7　压缩气体泡沫与其他物质协效灭火有效性研究

压缩空气泡沫的灭火机理主要为物理作用,包括隔氧窒息、冷却降温、降低热辐射等,虽然其灭火效率相对于负压式泡沫有所提高,但对于特殊燃料或应用场景仍无法达到理想灭火效果。因此,为了克服压缩空气泡沫的效能的局限性,国内外学者引入能够捕捉燃烧自由基、中断链式反应的化学灭火剂或惰性气体,通过与压缩空气泡沫灭火系统联用的理化协效方式提高灭火效率,扩大应用范围。

4.7.1　压缩气体泡沫与七氟丙烷

针对空气泡沫无法有效扑灭低沸点可燃液体储罐火灾的状况,原公安部天津消防研究所和杭州新纪元消防科技有限公司共同开展了七氟丙烷气体泡沫灭火技术研究[68]。其中,灭火时利用泡沫产生装置产生空气泡沫,主要靠泡沫层的覆盖隔离作用灭火;七氟丙烷是一种洁净的气体灭火剂,主要靠化学抑制作用灭火,可用于扑救电气火灾、液体火灾、固体表面火灾等。七氟丙烷气体泡沫灭火技术将这两种灭火剂相结合，利用七氟丙烷替代空气发泡，所得到的七氟丙烷泡沫具有空气泡沫和七氟丙烷气体的双重灭火功效。

1. 试验对象及系统

1) 试验对象

环氧丙烷和正戊烷的沸点分别为 34.24℃ 和 36.1℃，在低沸点可燃液体中属于灭火难度极大的液体，若七氟丙烷气体泡沫能够扑灭这两种液体火灾，则也能扑灭其他低沸点可燃液体火灾。同时考虑到环氧丙烷为水溶性液体，正戊烷为非水溶性液体，可代表两种性质不同的液体，使用抗溶泡沫液和普通泡沫液进行试验。因此，选用环氧丙烷和正戊烷进行七氟丙烷气体泡沫灭火试验。

2) 试验系统

选用直径为 3.5m 的燃料储罐进行试验，为防止液体外泄或其他意外，在储罐外围加筑了保护水池。七氟丙烷采用压缩氮气驱动，泡沫混合液采用压缩空气驱动。试验时，采用在管道上打孔的方式进行水冷却。试验系统如图 4.106 所示。

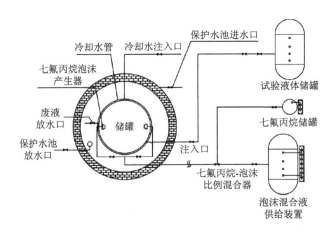

图 4.106　试验系统图

2. 试验结果分析

灭火试验结果如表 4.34 所示。

对环氧丙烷进行了两次灭火试验，发现利用七氟丙烷气体泡沫可以实现快速控火和灭火，试验前后对比如图 4.107 所示。从试验结果可以看到，在 12L/(min·m²) 的泡沫混合液供给强度下，七氟丙烷气体泡沫控火时间小于 2min，灭火时间小于 3min。

表 4.34　低沸点可燃液体采用七氟丙烷气体泡沫灭火试验结果

序号	试验液体	环境温度/℃	灭火剂种类	泡沫混合液供给强度/[L/(min·m²)]	冷却水流量/(L/s)	混合液混合比/%	控火时间/s	灭火时间/s
1	环氧丙烷	12.0	6%抗溶合成泡沫液	12.0	4.8	5.2	60	110
2	环氧丙烷	13.5	6%抗溶合成泡沫液	12.0	4.8	8.25	70	160
3	正戊烷	19.7	3%水成膜泡沫液	6.7	2.7	6.04	55	390
4	正戊烷	19.7	3%水成膜泡沫液	13.1	2.7	5.71	30	120

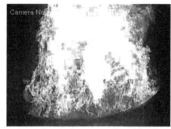

(a) 环氧丙烷灭火试验预燃　　　　(b) 环氧丙烷灭火试验灭火后

图 4.107　环氧丙烷灭火试验

　　对正戊烷同样进行了两次灭火试验，试验前后对比如图 4.108 所示。第一次试验的混合液供给强度为 6.7L/(min·m²)，供给泡沫 55s 后控火，供给泡沫 6.5min 时停止供泡，此时仅剩离泡沫产生器最远端的小部分边缘火未灭，停止供泡 5min 后边缘火熄灭。第二次试验供给强度为 13.1L/(min·m²)，供泡 30s 后控火，2min 后灭火。

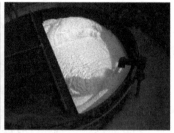

(a) 正戊烷灭火试验预燃　　　　(b) 正戊烷灭火试验灭火后

图 4.108　正戊烷灭火试验

在试验过程中，对七氟丙烷气体泡沫的发泡倍数和析液时间进行了测试，当混合液混合比在 6%左右时，发泡倍数约为 11，25%析液时间大于 1h。和空气泡沫相比，七氟丙烷气体泡沫致密，覆盖性能好，泡沫质量高。上述试验表明，七氟丙烷气体泡沫的灭火效率远高于空气泡沫，以较小的强度供给泡沫时，能够在较短的时间内控火和灭火。

4.7.2　压缩气体泡沫与 2-BTP

灭火剂的联用会产生协同效应，尤其对于物理灭火剂和化学灭火剂的联用，可实现物理灭火效能和化学灭火效能的结合。但是两种灭火效能的结合并非简单的物理叠加，其复合效果呈现非线性规律。氟蛋白泡沫灭火剂具有良好的疏油性、流动性，相比于普通蛋白泡沫灭火剂具有更好的灭火性能，在石油罐区被广泛应用。为了提高压缩空气氟蛋白泡沫的灭火效率，中国科学技术大学赵媚等[69]将压缩空气氟蛋白泡沫与洁净灭火气体复合，研究两者之间的协同效应及复合灭火机理，探索其作为含泡沫替代品的前景。

1. 试验设备及步骤

1) 试验设备

试验在长 3.0m、宽 3.0m、高 3.0m 的玻璃密闭空间内进行，试验平台主要由压缩空气泡沫发生器、火源和数据采集仪器组成，如图 4.109 所示。其中，压缩空气泡沫系统由压缩空气、泡沫溶液储存容器、2-BTP(2-溴-3,3,3-三氟丙烯)储存容器、流量计、泡沫同轴混合室和泡沫输送管道等组成；泡沫溶液流速、2-BTP 流速和空气流速均由玻璃转子流量计控制；泡沫溶液为市售的 6%氟蛋白泡沫溶液，2-BTP 采用溶液法合成，纯度在 99.4%以上；喷嘴到地面的距离保持 2.0m。采用汽油火作为火源，每次灭火试验取 500mL 汽油倒入油盘中引燃，油盘直径为50cm，放置于喷头正下方 45cm 高的支架上。数据采集装置主要包括 DV、热电偶、手提电脑、电子天平，其中 DV 主要用于录取试验过程并读取灭火时间；热电偶每隔 15cm 布置于油盘上方处，共 6 根，用于测量油盘中心及上方火焰温度；电子天平用于测量灭火剂用量，精度为 0.001kg。

2) 试验步骤

在引燃油火 30s 后开始释放泡沫，系统的压力均为 0.4MPa。每组试验重复 3次，所有试验结果为 3 次试验的平均值，尽量减小人为误差。保持气液流量比 $\beta=9$(设定泡沫液、压缩空气的体积流量为定值，分别设定为 $Q_{fs}=40L/h$，$Q_{air}=360L/h$)，2-BTP 的添加量通过 2-BTP 的体积流量与泡沫液体积流量比 α 描述，分别设定为 1.875%、3.75%、5.625%、7.50%和 15.0%五种工况，并以 $\alpha=0$ 作为空白参照。

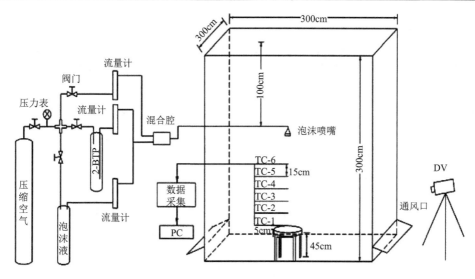

图 4.109　复合泡沫灭火试验平台示意图

2. 试验结果分析

1) 灭火性能影响

图 4.110 为复合泡沫灭火时间、泡沫液用量与添加量之间的关系。可以看到，复合泡沫灭火时间先随 α 增加而缩短，而后逐渐延长，其临界点为添加量 α=3.75%处；在临界点处的灭火时间 T_{ext}=16s，相对于未添加 2-BTP 试验工况（灭火时间 T_{ext}=28s）的灭火时间可缩短近 43%。对于泡沫液用量，其变化趋势与灭火时间的变化趋势相同，在临界点 α=3.75%处泡沫液用量（m_{fs}=167g），相比 α=0（m_{fs}=295g）处节省 43%以上。

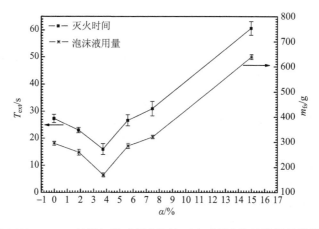

图 4.110　2-BTP 的添加量对复合泡沫灭火时间和泡沫液用量的影响

2)抗烧性能研究

抗烧时间指从开始引燃油罐到油盘 50%面积覆盖火焰时的时间间隔。图 4.111 为 2-BTP 添加量对压缩空气氟蛋白泡沫抗烧性能的影响关系：添加 2-BTP 的氟蛋白泡沫的抗烧时间明显比未添加的氟蛋白泡沫抗烧性能好；但是当添加量 α 大于 3.75%后，添加量的增加对泡沫抗烧性能的改善效果并不明显。

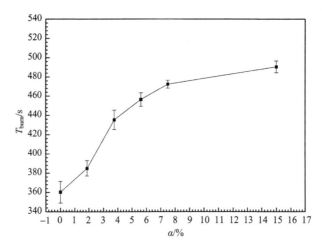

图 4.111   2-BTP 添加量对复合泡沫抗烧时间的影响

在抗烧试验过程中，发现 $\alpha=0$、$\alpha=3.75\%$、$\alpha=15.0\%$三种添加工况中，复合泡沫在抗烧试验前后的形态比较具有代表性，如图 4.112 所示。由图可知，在抗烧试验前(即灭火试验后)，灭火后油盘内燃料表面覆盖的泡沫层厚度随 α 的增加而逐渐变薄；与此同时，油盘中心泡沫堆积的现象逐渐消失，油盘边缘附近的泡沫变得稀疏。抗烧试验后，添加 2-BTP 的压缩空气氟蛋白泡沫的泡沫层比做抗烧试验前泡沫层更厚[如图 4.112 中(b)和(b′)、(c)和(c′)对比所示]，而未添加 2-BTP 的泡沫在抗烧试验后其泡沫层几乎被完全破坏[如图 4.112 中(a)和(a′)对比所示]。由此可推测：2-BTP 的加入对泡沫自身的发泡性能有一定的不利影响，且随着含量的增加影响越明显；但在抗烧试验过程中，随着泡沫中 2-BTP 的蒸发，落入油盘中的泡沫液的发泡性能有所恢复，因此油盘上的泡沫层比抗烧试验前厚，而"恢复的泡沫"的隔氧、衰减热辐射对改善氟蛋白泡沫抗烧性能具有促进作用。对于未添加 2-BTP 的泡沫，仅依靠泡沫层自身阻碍汽油蒸气穿透泡沫层到达空气累积到其最低燃烧浓度进而复燃。因此，对于 $0<\alpha\leqslant3.75\%$的泡沫而言，原有泡沫层的保护及 2-BTP 含量的增加对延长泡沫的抗烧时间十分有利；对于 $\alpha>3.75\%$，2-BTP 的添加及泡沫液含量的增多都有利于泡沫抗烧性能的改善；随着 α 的增加，复合泡沫的抗烧时间也在延长。

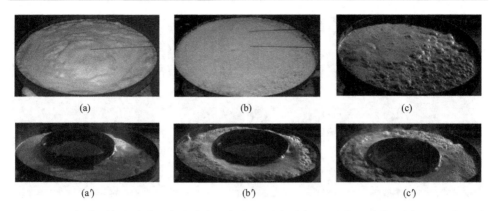

图 4.112 三组典型复合泡沫抗烧试验前后泡沫对比图：(a)α=0 抗烧试验前，(a')α=0 抗烧试验后；(b)α=3.75%抗烧试验前，(b')α=3.75%抗烧试验后；(c)α=15.0%抗烧试验前，(c')α=15.0%抗烧试验后

3) 灭火过程分析

灭火过程中火焰温度变化规律、油盘火焰形态的变化和距油盘表面 20cm 处火焰温度梯度的变化如图 4.113～图 4.118 所示。

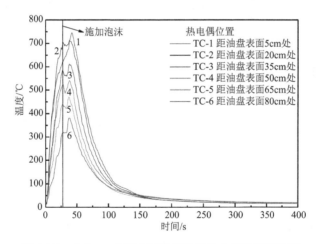

图 4.113 β=9，α=0 灭火试验所对应的火焰温度变化图

在 β=9，α=0 灭火试验中，压缩空气氟蛋白泡沫不能快速抑制油盘火，需释放较长时间的泡沫才可使火焰温度明显降低(图 4.113)。在向油盘中释放泡沫 20s 后，虽然油盘内燃油表面大部分已被泡沫覆盖，但油盘边缘附近仍有部分小火持续燃烧，再持续释放泡沫灭火剂 8s 后油盘边缘火才被彻底扑灭，由此可知压缩空气氟蛋白泡沫的流动性能有限，对于边缘火的控制较差(图 4.114)。

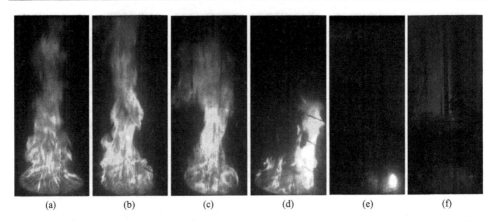

(a)　　　　(b)　　　　(c)　　　　(d)　　　　(e)　　　　(f)

图 4.114　在 β=9，α=0 复合灭火试验过程中火焰形态变化图：(a) 点火 30s 后；(b) 开始释放灭火剂；(c) 释放灭火剂 5s 后；(d) 释放灭火剂 20s 后；(e) 释放灭火剂 27s 后；(f) 释放灭火剂 28s 后

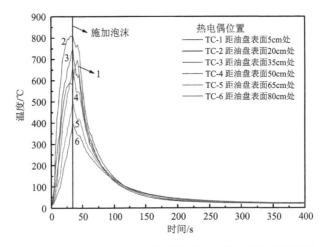

图 4.115　β=9，α=3.75%灭火试验所对应的火焰温度变化图

　　不同于压缩空气氟蛋白泡沫，当在压缩空气氟蛋白泡沫中添加 2-BTP 后（α=3.75%），其可以在 16s 内快速扑灭汽油火，相对于纯压缩空气氟蛋白泡沫，灭火时间缩短了近 43%。释放灭火剂后，火焰区的温度迅速下降（图 4.115）；与此同时，油盘内的火在灭火剂释放 10s 后就得到了控制，而且油盘中的泡沫层未出现堆积现象，油盘边缘火也可快速熄灭（图 4.116）。

　　在 β=9，α=15%的灭火试验中，热电偶的温度相对于前两组试验下降速度最为缓慢（图 4.117）。结合灭火过程火焰形态变化图（图 4.118）可知，在释放灭火剂 20s 后，油盘内大面积的燃料仍处于燃烧旺盛阶段，在喷洒 50s 左右油盘中的火才基本被抑制，其灭火时间相对最长。

图 4.116　在 β=9，α=3.75%复合灭火试验过程中火焰形态变化图：(a)点火 30s 后；(b)开始释放灭火剂；(c)释放灭火剂 5s 后；(d)释放灭火剂 10s 后；(e)释放灭火剂 15s 后；(f)释放灭火剂 16s 后

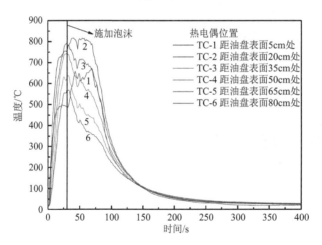

图 4.117　β=9，α=15%灭火试验所对应的火焰温度变化图

　　火焰温度梯度能够反映泡沫灭火时间和灭火速率，为此分析了三组典型试验中距油盘 20cm 处火焰温度随时间变化的温度梯度对比图(图 4.119)。其中，灭火时间指从泡沫释放到火焰温度梯度最低点处的时间间隔；$dT/dt<0$，表明火焰受到抑制，相反，火焰处于扩张状态。由图可知，在 α=0 试验中，dT/dt 在灭火剂释放后立即小于 0，但一段时间后却大于 0，随后才一直小于 0，直至油火被扑灭；在 α=3.75%试验中，dT/dt 从灭火剂释放后一直小于 0，直至油火被完全扑灭；而在 α=15%时，灭火剂释放后需要最长时间到达 dT/dt 的最小值点，故其所需灭火时间最长。此外，dT/dt 与时间曲线的斜率反映了泡沫的灭火速率，对比三条曲线可知，α=3.75%对应曲线的斜率最大，灭火速率最快；α=15%对应曲线的斜率最小，

灭火速率最慢。

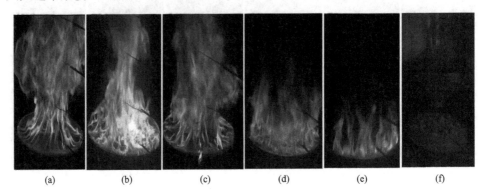

（a）　　　　　（b）　　　　　（c）　　　　　（d）　　　　　（e）　　　　　（f）

图 4.118　在 β=9，α=15%复合灭火试验过程中火焰形态变化图：（a）点火 30s 后；（b）开始释放灭火剂；（c）释放灭火剂 5s 后；（d）释放灭火剂 20s 后；（e）释放灭火剂 50s 后；（f）释放灭火剂 56s 后

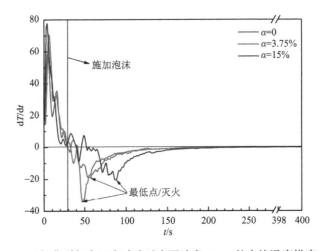

图 4.119　三组典型复合灭火试验对应距油盘 20cm 处火焰温度梯度对比图

4.7.3　压缩气体泡沫与氮气

为了研究不同气源对压缩气体泡沫灭火性能的影响，陈涛等[70]分别利用压缩氮气泡沫及压缩空气泡沫进行了缩尺油盘火扑灭试验，并分析探讨适宜的供气方案，为压缩气体泡沫灭火技术在石油化工行业的工程应用提供了支撑。

1. 试验设备及步骤

1）试验设备

试验油盘直径 500mm，高 200mm，盘壁厚 3mm，整体面积约为 0.2m^2。在油盘内部靠近盘壁距底部 45mm 及 90mm 处各布置一只热电偶(测点 T1、T2)，用于测试燃料内部及表面的温度。油盘中心位置距底部 90mm、200mm、340mm、540mm、740mm 处各布置一只热电偶(测点 T3、T4、T5、T6、T7)，用于测试泡沫层内部温度与火焰温度。热电偶为直径 3mm 的 K 型铠装镍铬-镍硅热电偶，测温范围为 0～1200℃，数据采集器为 cDAQ-9174 型。试验装置采用泡沫液预混方式，流量范围为 0.26～2.6L/min，气液比在 0～50∶1 范围内连续可调。供气设备分别采用空压机及高压氮气瓶。泡沫喷射管采用支架固定在油盘上方距油盘上沿95mm 位置处，其内径为 10mm，长为 1.2m。试验装置如图 4.120 所示。试验灭火剂类型为 3%型水成膜泡沫灭火剂，混合比为 3%；试验燃料为标准燃料 120#溶剂油。

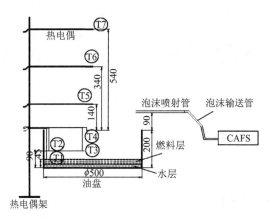

图 4.120　试验装置示意图(图中数据单位为 mm)

2)试验步骤

首先开启摄像机及温度数据采集器，向油盘中加入 4.5L 水，加入 5L 试验燃料并点火后开始计时；燃料预燃 60s 后，开始向油盘喷射压缩气体泡沫，持续供泡 3min，记录 90%控火时间、灭火时间等；供泡结束 1min 后，将盛有 1L 燃料的抗烧罐放入油盘中心位置并点燃抗烧罐，开始抗烧试验，记录 25%抗烧时间；抗烧试验结束后扑灭残火，停止温度数据测量并保存数据；启动压缩气体泡沫系统，调整装置参数与灭火试验一致，按照《泡沫灭火剂》(GB 15308—2006)规定方法测试泡沫发泡倍数和 25%析液时间。

2. 试验结果分析

1)灭火性能比较

在泡沫溶液流量为 0.5L/min，泡沫溶液供给强度为 2.5L/(min·m²)的条件下，分别以压缩空气和压缩氮气作为气源，考察了压缩空气泡沫和压缩氮气泡沫对

120#溶剂油火灾的灭火性能，试验结果如图 4.121 和表 4.35 所示。

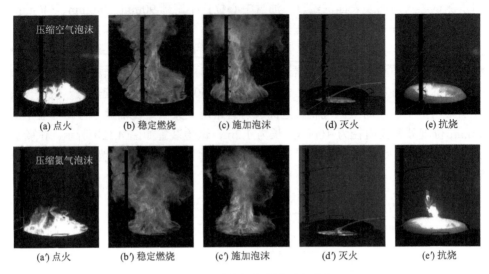

图 4.121　压缩气体泡沫灭火试验

表 4.35　不同气源压缩气体泡沫灭 120#溶剂油火灾试验结果

发泡类型	泡沫性能			灭火结果			
	发泡倍数	温度/℃	25%析液时间/s	90%控火时间/s	灭火时间/s	25%抗烧时间/s	100%抗烧时间/s
压缩空气泡沫	20.0	18.5	5.1	38.0	40.0	19.3	19.7
压缩氮气泡沫	15.9	15.7	5.1	35.0	38.0	16.5	17.4

可以看出，在泡沫溶液流量和气液比相同的情况下，压缩空气泡沫和压缩氮气泡沫发泡倍数相近，25%析液时间也相同，这说明空气和氮气两种气源的发泡性能相差不大。值得说明的是，采用相同的 3% AFFF 泡沫灭火剂，低倍数泡沫管枪所产生的泡沫发泡倍数为 8，25%析液时间为 2.5min，表明压缩空气泡沫和压缩氮气泡沫的稳定性明显优于低倍数泡沫。相同试验条件的情况下，压缩氮气泡沫的 90%控火时间和灭火时间比压缩空气泡沫分别缩短了 3s 和 2s，25%抗烧时间也缩短了约 3min。

2）灭火过程中温度变化对比

图 4.122 和图 4.123 分别为压缩空气泡沫和压缩氮气泡沫灭火及抗烧过程中温度变化曲线。从图中可以看出，点燃燃料后各测点的温度迅速上升，预燃 30s 后各测点温度基本稳定，表明试验中 60s 预燃时间能够使燃料充分预燃。在预燃阶段，燃料层内部温度（测点 T1）缓慢上升，预燃 60s 后燃料层内部温度上升到 40℃

左右，油盘上方温度最高达到约 800℃。施加泡沫后，随着泡沫层厚度不断增大，首先被泡沫层覆盖的测点(T2、T3)温度开始下降，而油盘上方各测点的温度则先是继续上升，直到泡沫控火和灭火后才开始下降。压缩氮气泡沫与压缩空气泡沫的灭火降温趋势基本一致，但压缩氮气泡沫灭火、降温速度稍快。在抗烧阶段，压缩氮气泡沫与压缩空气泡沫的温升曲线相差不大，这说明这两种泡沫的抗烧性能基本相同。由此可见，对于 120#溶剂油火灾，在相同条件下，压缩氮气泡沫的控灭火性能略优于压缩空气泡沫。

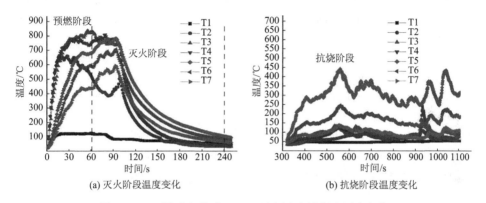

图 4.122　压缩空气泡沫灭 120#溶剂油火过程中温度变化

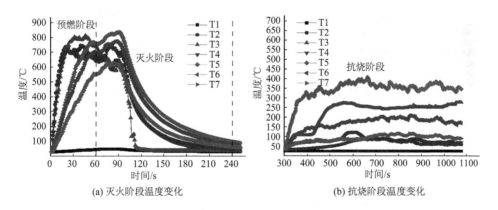

图 4.123　压缩氮气泡沫灭 120#溶剂油火过程中温度变化

参 考 文 献

[1] Wang K, Fang J, Shah H R, et al. A theoretical and experimental study of extinguishing compressed air foam on an *n*-heptane storage tank fire with variable fuel thickness[J]. Process Safety and Environmental Protection, 2020, 138: 117-129.

[2] Wang K, Fang J, Shah H R, et al. Research on the influence of foaming gas in compressed

air/nitrogen foam on extinguishing the *n*-heptane tank fire[J]. Journal of Loss Prevention in the Process Industries, 2021, 72: 10.

[3] 王堃. 压缩气体泡沫抑制油罐燃料蒸发与熄灭火焰实验研究[D]. 合肥: 中国科学技术大学, 2021.

[4] Fay J A. The Spread of Oil Slicks on a Calm Sea[M]. Boston: Springer, 1969.

[5] Fay J A, Hoult D P. Physical processes in the spread of oil on a water surface[C]. International Oil Spill Conference Proceedings, 1971: 21.

[6] Jia X H, Luo Y Z, Huang R, et al. Spreading kinetics of fluorocarbon surfactants on several liquid fuels surfaces[J]. Colloids and Surfaces A-Physicochemical and Engineering Aspects, 2020, 589: 7.

[7] Persson B, Lonnermark A, Persson H. Modelling of foam spread on a burning liquid fuel surface[J]. Fire Safety Science, 2003, 7: 667-678.

[8] Lattimer B Y, Trelles J. Foam spread over a liquid pool[J]. Fire Safety Journal, 2007, 42(4): 249-264.

[9] Persson B, Anders L, Henry P. FOAMSPEX: large scale foam application: Modelling of foam spread and extinguishment[J]. Fire Technology, 2003, 39: 347-362.

[10] Persson B, Dahlberg M. Simple model of foam spreading on liquid surfaces[J]. NASA STI/Recon Technical Report N, 1994, 95: 30630.

[11] Pan W, Zhang M, Gao X, et al. Establishment of aqueous film forming foam extinguishing agent minimum supply intensity model based on experimental method[J]. Journal of Loss Prevention in the Process Industries, 2019, 63: 103997.

[12] NFPA. Fire Protection Handbook[M]. 20th ed. Quincy: National Fire Protection Association, 1981.

[13] Persson B, Dahlberg M. A Simple model for predicting foam spread over liquids[J]. Fire Safety Science, 1994, 4: 265-276.

[14] Turns S R. An Introduction to Combustion: Concepts and Applications[M]. 3rd ed. New York: McGraw-Hill Education, 2000.

[15] Law C K. Combustion Physics[M]. Cambridge: Cambridge University Press, 2006.

[16] Glassman, Yetter R A, Glumac N G. Combustion[M]. New York: Academic Press, 2014.

[17] Quintiere J G. Fundamentals of Fire Phenomena[M]. Chichester: John Wiley and Sons, 2006.

[18] Lattimer B Y, Hanauska C P, Scheffey J L, et al. The use of small-scale test data to characterize some aspects of fire fighting foam for suppression modeling[J]. Fire Safety Journal, 2003, 38(2): 117-146.

[19] Hinnant K M, Giles S L, Ananth R. Measuring fuel transport through fluorocarbon and fluorine-free firefighting foams[J]. Fire Safety Journal, 2017, 91: 653-661.

[20] Plathner F V, Quintiere J G, van Hees P. Analysis of extinction and sustained ignition[J]. Fire Safety Journal, 2019, 105: 51-61.

[21] Koutmos P. A Damkohler number description of local extinction in turbulent methane jet

diffusion flames[J]. Fuel, 1999, 78(5): 623-626.

[22] Beyler C. A brief history of the prediction of flame extinction based upon flame temperature[J]. Fire and Materials, 2005, 29(6): 425-427.

[23] Colletti D J. Compressed air foam systems and fire hose[J]. Fire Engineering, 1996, 149(7): 50.

[24] 林霖. 多组分压缩空气泡沫特性表征及灭火有效性实验研究[D]. 合肥: 中国科学技术大学, 2007.

[25] Ash M, Ash I. 表面活性剂大全[M]. 王绳武, 罗惠萍, 译. 上海: 上海科学技术文献出版社, 1988.

[26] Pandey S, Bagwe R P, Shah D O. Effect of counterions on surface and foaming properties of dodecyl sulfate[J]. Journal of Colloid & Interface Science, 2003, 267(1): 160-166.

[27] Plegue T H, Frank S G, Fruman D H, et al. Studies of water-continuous emulsions of heavy crude oils prepared by alkali treatment[J]. SPE Production Engineering, 1989, 4(2): 181-183.

[28] Rosen M J, Wang H, Shen P, et al. Ultralow interfacial tension for enhanced oil recovery at very low surfactant concentrations[J]. Langmuir, 2005, 21(9): 3749-3756.

[29] 徐星喜. 阴离子表面活性剂的应用与创新[J]. 中国洗涤用品工业, 2012(8): 46-50.

[30] 孟亚伟. 无氟合成泡沫灭火剂制备关键技术研究[D]. 广汉: 中国民用航空飞行学院, 2018.

[31] 张宪忠, 靖立帅, 包志明, 等. 高效低粘易降解型抗溶压缩空气泡沫灭火剂及其制备方法: CN110538414A[P]. 2019-12-06.

[32] 包志明, 张宪忠, 靖立帅, 等. 一种高浓缩型环保无氟压缩空气泡沫灭火剂: CN 110507944B[P]. 2021-11-23.

[33] Lin L, Liao G X, Fang Y D, et al. Liquid drainage process of the fire fighting compressed air foam[C]. 5th International Symposium on Safety Science and Technology, 2006: 1438-1442.

[34] 林霖, 翁韬, 房玉东, 等. 压缩空气泡沫析液过程分析[J]. 中国科学技术大学学报, 2007, (01): 70-76.

[35] 刘洋鹏. 细水雾与障碍物遮挡火焰相互作用的模拟研究[D]. 合肥: 中国科学技术大学, 2021.

[36] 徐正龙. 受限空间内细水雾熄灭油池火过程发生强化火焰现象的机理研究[D]. 天津: 河北工业大学, 2016.

[37] 徐学军. 压缩空气泡沫管网输运特性及其在超高层建筑中应用研究[D]. 合肥: 中国科学技术大学, 2020.

[38] Mawhinney J R. Fixed fire protection systems in tunnels: Issues and directions[J]. Fire Technology, 2013, 49(2): 477-508.

[39] Sheinson R S, Williams B A. Preserving shipboard AFFF fire protection system performance while preventing hydrogen sulfide formation[J]. Fire Technology, 2008, 44(3): 283-295.

[40] 张玉春, 肖晗, 李硕雨, 等. 水雾作用下隧道火灾竖向温度分布试验研究[J]. 中国安全科学学报, 2014, 24(9): 58-63.

[41] 何坤, 徐林志, 陆兆勇, 等. 压缩空气泡沫扑救大型油类火灾全尺寸实验研究[J]. 中国安

全生产科学技术, 2022, 18(9): 154-159.

[42] Hurley M J. SFPE Handbook of Fire Protection Engineering[M]. 5th ed. New York: Springer, 2016.

[43] 张玉春, 向冬, 郭瀚文, 等. 川西南森林可燃物分布调研及潜在火行为研究[J]. 自然灾害学报, 2023, 32(2): 108-116.

[44] 黄淙葆, 代张音, 陈有成, 等. 不同驱动压力下灭火剂对云南松木垛的灭火效能研究[J]. 消防科学与技术, 2023, 42(11): 1549-1554.

[45] 汪洋, 朱国庆, 柴国强, 等. 充装压力对改性干水灭火剂灭火效能影响研究[J]. 消防科学与技术, 2021, 40(6): 906-908+922.

[46] 李颖臻. 含救援站特长隧道火灾特性及烟气控制研究[D]. 成都: 西南交通大学, 2010.

[47] 钟声远. 特长铁路隧道救援站内压缩空气泡沫灭火性能研究[D]. 天津: 天津商业大学, 2017.

[48] 钟声远, 刘万福, 韩伟平, 等. 特长铁路隧道内压缩空气泡沫灭火机理研究[J]. 消防科学与技术, 2017, 36(5): 679-682.

[49] 中华人民共和国国家质量监督检验检疫总局, 中国国家标准化管理委员会. A类泡沫灭火剂: GB 27897—2011[S]. 北京: 中国标准出版社, 2011.

[50] 夏建军, 韩伟平, 傅学成, 等. 铁路隧道紧急救援站及灭火技术研究进展[C]//张清林, 刘昍亚. 2015消防工程技术国际学术研讨会论文集. 天津: 天津大学出版社, 2015: 62-69.

[51] 刘万福, 许琪娟, 戚务勤, 等. 固体标准燃烧物火灾特性实验研究[J]. 消防科学与技术, 2014, 33(7): 729-731.

[52] 张莹, 刘欣, 李毅, 等. 固体标准燃烧物热释放速率的无量纲化研究[J]. 消防科学与技术, 2014, 33(9): 983-986.

[53] 中华人民共和国国家质量监督检验检疫总局, 中国国家标准化管理委员会. 细水雾灭火系统及部件通用技术条件: GB/T 26785—2011[S]. 北京: 中国标准出版社, 2011.

[54] 张文华. 公路隧道自动灭火系统应用研究[J]. 消防科学与技术, 2015, 34(4): 492-494.

[55] 傅学成, 陈涛, 胡成, 等. 不同类型压缩空气泡沫灭隧道油池火性能比较[J]. 消防科学与技术, 2017, 36(11): 1563-1567.

[56] Feng J R, Yu G, Zhao M, et al. A dynamic fire risk assessment framework of critical UHV converter transformer[C]. 2022 4th International Conference on System Reliability and Safety Engineering (SRSE), 2022: 271-277.

[57] 胡成, 陈涛, 傅学成, 等. 压缩空气泡沫扑灭变压器全液面溢油火灾试验研究[J]. 消防科学与技术, 2020, 39(7): 959-962.

[58] 晁储贝. 消防车CAFS系统半实物仿真研究[D]. 徐州: 中国矿业大学, 2020.

[59] 劳煜强. 压缩空气泡沫消防车混合器与管道系统的研究[D]. 广州: 广东工业大学, 2022.

[60] 靳翠军. 举高消防车管道压缩空气泡沫流动特性研究[D]. 徐州: 中国矿业大学, 2021.

[61] 廖赤虹, 坂本直久, 李召文. 压缩空气泡沫喷射速度的探讨[C]//中国消防协会. 2012中国消防协会科学技术年会论文集(上). 北京: 中国科学技术出版社, 2012: 142-145.

[62] 胡国良, 龙铭, 李忠, 等. 室内大空间自动寻的喷水灭火系统水射流轨迹分析[J]. 制造业

自动化, 2012, 34(15): 57-60.

[63]　孙靖. 定流量消防水炮射流流场数值模拟与轨迹研究[D]. 秦皇岛: 燕山大学, 2018.

[64]　Giles S L, Snow A W, Hinnant K M, et al. Modulation of fluorocarbon surfactant diffusion with diethylene glycol butyl ether for improved foam characteristics and fire suppression[J]. Colloids and Surfaces A-Physicochemical and Engineering Aspects, 2019, 579: 123660.

[65]　Kwon K, Kim Y, Kwon Y, et al. Study on accidental fire at a large-scale floating-roof gasoline storage tank[J]. Journal of Loss Prevention in the Process Industries, 2021, 73: 104613.

[66]　郎需庆, 刘全桢, 厉建祥, 等. 采用大流量泡沫炮扑救大型储罐全面积火灾的探讨[J]. 安全、健康和环境, 2011, 11(5): 49-51.

[67]　Pan W J, Zhang M G, Gao X Y, et al. Establishment of aqueous film forming foam extinguishing agent minimum supply intensity model based on experimental method[J]. Journal of Loss Prevention in the Process Industries, 2020, 63: 103997.

[68]　张清林, 徐康辉, 秘义行, 等. 七氟丙烷气体泡沫灭火技术试验研究[J]. 消防科学与技术, 2011, 30(3): 217-220.

[69]　Zhao M, Ni X, Zhang S, et al. Improving the performance of fluoroprotein foam in extinguishing gasoline pool fires with addition of bromofluoropropene[J].Fire and Materials, 2016, 40(2): 261-272.

[70]　陈涛, 胡成, 包志明, 等. 不同气源压缩气体泡沫灭 B 类火灾性能比较[J]. 消防科学与技术, 2020, 39(5): 645-648.

第5章 压缩空气泡沫灭火技术的工程应用

在大量灭火作战中,压缩空气泡沫已被证明是十分有效的防灭火介质,在石油化工储罐、高层建筑、森林草原、交通隧道、变配电站、机场区域等场所得到了广泛应用。需要注意的是,各个场所使用的压缩空气泡沫灭火系统,在施工、安装及调试、验收、维护与管理方面均具有特殊的要求。本章通过介绍压缩空气泡沫灭火技术在典型场景的应用案例,剖析不同应用场景对系统的要求,分析压缩空气泡沫灭火技术的发展趋势。

5.1 压缩空气泡沫灭火技术适用场所

5.1.1 石油化工储罐

随着全球经济的蓬勃发展,石油和天然气的消费量持续增加,石油成为主要的能源,储油罐作为一种能够承受一定压力的密闭容器在石油和化学工业领域得到了广泛的应用。然而,由于静电、人为操作、自然灾害和设备损坏等因素作用,储油罐爆炸火灾事故发生的数量不断上升。当储油罐发生火灾时,可能会导致罐体发生非常严重的变形、倾斜,造成储油罐内储存的液体或气体泄漏,进而导致爆炸事故。这往往会造成非常严重的社会灾害,包括人员伤亡、经济损失和环境污染等[1]。石油化工储罐火灾的典型特点包括火灾范围大,易形成大规模的地面流淌火;油罐着火变形,易形成有遮蔽的全面积池火;燃烧热辐射强,易发生油品沸溢、喷溅;因素复杂,易发生复燃、复爆等连锁灾害[2]。

我国石化罐区目前消防灭火的主要方式为采用吸入式泡沫灭火系统,而罐区设置的传统固定灭火系统中,泡沫产生器的设置、日常使用维护、泡沫原液与消防水的混合均匀性、泡沫混合液质量等方面出现问题,极易造成整个系统失效而无法起到灭火作用。此外,吸入式系统产生的泡沫混合液质量劣质,附着力小,泡沫动能低,不但起不到隔绝空气的作用,大幅度降低泡沫混合液的析液时间,还会造成罐区火灾大面积复燃,极易引发二次火灾,增加了救援难度,对人员生命安全造成严重威胁[3]。

相较传统吸入式泡沫灭火系统,固定式压缩空气泡沫灭火装置具备独有的优势,系统在稳定性、安全性、效率性方面表现良好。系统设置上,压缩空气泡沫系统的泡沫产生装置(核心装置)通常设置在保护区域外(非爆炸危险区域),系统通过一系列的连锁控制过程，可程序精准控制满足消防要求的泡沫混合液配比，通过管路输送至防护区内进行释放。泡沫产生原理上，较传统吸入式泡沫灭火系统，压缩空气泡沫灭火系统将压力气体正压输入，通过气液混合器、长距离输送管路保证泡沫混合液均匀、细腻且带有较高压力，确保泡沫混合液在系统最末端的喷射装置处仍具有较高动能，可穿越火灾现场的火羽流，喷射距离远，灭火效率高[4,5]。

5.1.2　高层建筑

近年来，随着经济的迅速发展和科技的飞速进步，全球出现了很多高层建筑和超高层建筑，新材料、新技术和新结构体系的不断出现，为高层建筑和超高层建筑的设计与施工提供了技术支撑，而高层建筑火灾问题也得到了广泛关注。高层建筑火灾隐患多，成因复杂；火势迅猛，蔓延迅速；结构复杂，人员疏散困难，灭火救援难度大[6]。

建筑火灾扑救主要依赖于水，然而常规的消防车供水仅能到达 100 余米，消防队员到场后如果需要沿楼层敷设水带，至少需要 20min，这将会错失非常宝贵的灭火时机。同时，对于更高的楼层，无法大量外供消防用水，所以现在的超高层建筑火灾主要依靠初期的自救，但是灭火时所需水量较多，水箱需要占据较大空间，目前楼顶的消防水箱一般仅可以满足半小时的消防用水量。面对越来越严峻的高层建筑消防灭火形势，传统的以水为灭火剂的消防设施及扑灭火灾的技术手段已经很难应对高层甚至超高层建筑火灾的巨大挑战[7-9]。

新型车载式压缩空气泡沫灭火系统可以快速将高效灭火介质压缩空气泡沫垂直输送到高层甚至超高层楼层内，对火势进行迅速有效控制，大大提高了灭火速度，降低了高层建筑火灾蔓延发展风险，进一步解决了高层建筑灭火供水困难的难题。压缩空气泡沫灭火技术在高层建筑火灾中具有以下优势[10]。

（1）供液能力强。压缩空气泡沫消防车产生的空气泡沫比水的密度小，水带压力损失小，具有较强供液能力，可以满足较高建筑供液的要求。由于其内部均匀分布大量的压缩空气，在同等的体积流量条件下压缩空气泡沫灭火剂的质量更轻。据调查，欧美进口的压缩空气泡沫消防车通过实地测试最高可喷射 375m，在经过消防管网长距离输运后仍能保持较好的泡沫稳定性，其 25%析液时间超过 2.5min，末端输出压力仍可达到 0.25MPa。

（2）灭火效能高。高层建筑大多是写字楼或住宅，内部可燃物大多属于固体 A 类。压缩空气泡沫系统将水、压缩空气、A 类泡沫按照一定比例组合在一起，灭火效率是纯水的 6～9 倍，并且能够在垂直光滑的建筑表面以及钢材表面进行附着，从而对建筑关键钢结构以及室内墙壁进行持续高效降温并阻隔火源带来的热辐射。

(3)水渍损失小。当高层建筑的重要通信设备、电子计算机房、精密仪器、档案资料发生火灾时，如配备气体灭火装备失灵，可以使用 A 类压缩空气泡沫进行覆盖保护，起到窒息灭火的作用。同等灭火条件下，压缩空气泡沫消防车直接扑灭高层建筑内 A 类火灾的用水仅为传统用水量的 1/3 以下，当采用干泡沫灭火时，用水量仅为传统用水量的 1/10～1/20，克服了常规水罐消防车用水量大的缺点，减少了水渍损失，不会对民用建筑造成不当伤害。

(4)工作强度小。压缩空气泡沫在水带中的占比仅为水的 1/2 左右，水带内80%为空气，水带整体质量轻，便于转移水枪阵地，可降低消防员的工作强度。同时，压缩空气泡沫减小了与水带的摩擦，重力势能小，沿程水带压力损失小，良好的伸缩性可避免压力剧变时对消防水带的水锤冲击，保证了供水输送时消防员操作的安全可靠。

5.1.3　森林草原

火灾对森林和草原的破坏性极大，它不仅烧毁大量的森林资源，破坏自然环境和生态平衡，而且直接影响工农业生产，严重威胁着人民生命财产的安全。目前，世界森林资源日益减少，而森林火灾仍然严重，因此，预防和控制森林火灾仍是世界各国今后一定时期内普遍关注的问题[11,12]。

扑灭森林火灾的基本原理为破坏它的燃烧条件，即阻止燃烧的三要素可燃物、氧气和火源结合。航空灭火和化学灭火是目前国际上常用的林火扑救技术，随着泡沫灭火在油罐火、建筑火灾和易燃液体等火灾上的应用，其对于森林火灾的灭火有效性也逐渐得到关注。美国得克萨斯州森林管理机构于 1972 年率先引入压缩空气泡沫灭火系统，实际灭火效率比传统的水灭火提高了 6～9 倍[13]。

经过多年的技术发展，压缩空气泡沫扑灭森林火灾得到了研究人员的广泛认可，其优点如下[14]。

(1)泡沫动量大，射程远，且不易被风吹散。与纯液体的射流相比，泡沫流的迎风阻力较大，不易获得较远的射程，而压缩空气泡沫系统产生的泡沫由于气泡小而均匀，内聚力大，不易吹散，再加上出口处泡沫动量大，因而其射程远大于真空吸入系统所产生的泡沫射程。此外，压缩空气泡沫系统可通过管线内静压和余压的调整来提高泡沫在出口处的动能，增加射程，同时可通过对压缩空气压力和流量等的调整减小反作用力，以减轻消防人员的工作强度。

(2)泡沫稳定性好，有效阻火时间长。在蔓延火线的前方，预先喷洒泡沫覆盖地表可燃物以形成连续的阻火隔离带，是扑灭森林大火的间接灭火方法，此时特别要求泡沫析液时间长、稳定性好，使泡沫隔离带形成后在较长时间内能有效地阻挡蔓延火，通常要求泡沫隔离带的有效阻火时间在 0.5～2h，有时甚至更长。压缩空气泡沫系统产生的泡沫小而均匀，在同样的膨胀比之下，其稳定性明显优于常规的真空吸入系统所生成的泡沫，具有十分明显的阻火性能。

(3)可获得泡沫的膨胀比范围大，容易调节。压缩空气泡沫系统最显著的特点之一是在实际灭火操作中，消防人员可以根据不同的燃烧物、燃烧状态，或直接、间接灭火的需要，调整泡沫混合液中混入压缩空气的体积，从而产生不同类型的泡沫，最大限度地提高扑救火灾的能力。

(4)压缩空气泡沫系统扑火效率高，灭火用水量少。森林火灾现场往往缺少就近的灭火水源，需采用直流水枪喷水灭火时，实际起灭火作用的水量并不多，白白流失的水可多达90%，还常常因供水不足而延误灭火，而采用压缩空气 A 类泡沫，其灭火效率为同等质量纯水的6～9倍，因此可以大大节省灭火用水量。

(5)充满泡沫的水带很轻，泡沫输送距离长。压缩空气泡沫系统的管线内由于有相当数量的压缩空气，比充满水的管线轻，这对减轻火场上消防队员的生理、心理压力有着重大的意义。

5.1.4　交通隧道

20 世纪五六十年代以来，随着隧道在公路、铁路上的广泛运用，隧道火灾也随之增多，其特殊的火灾环境对人员的生命和财产安全构成了巨大的威胁[15]。

由于隧道内空气流通性差，火灾常处于贫氧燃烧状态，有机质燃烧不充分会导致产生大量的浓烟和有毒气体并聚集在隧道空间的上部，随着火灾的发展，高温烟气逐步下降，威胁逃生人员的生命健康；同时隧道内燃烧产生的热量容易聚集，而隧道四周墙壁的导热性能差，无法很好地散热，致使火灾发展迅速；而隧道空间封闭狭长，安全出口数量有限，加之处于浓烟、有毒气体、高温、缺氧等恶劣环境的影响，使人员疏散困难、扑救难度大[16]。

目前对于隧道固定灭火技术，研究和应用较多的主要是水喷淋、细水雾、泡沫-水喷淋等水基灭火系统，表 5.1 显示了各种固定灭火系统在交通隧道内应用的特点。其中，水喷淋灭火系统用水量大，灭火效能低，且对于油类火灭火作用有限，只能起到冷却降温的作用，易产生大量热气流危及人员安全；水喷雾灭火系

表 5.1　隧道固定灭火装置特点

系统名称	灭火机理	降温冷却效果	用水量	对人员疏散的影响
水喷淋灭火系统	水蒸发吸热	较好	大	影响较小
水喷雾灭火系统	液滴直径减小，蒸发加快	好	大	降低能见度，影响疏散
细水雾灭火系统	液滴直径0～200μm，高体表比，快速蒸发窒息	好	小	降低能见度，影响疏散
压缩空气泡沫灭火系统	泡沫堆积覆盖完成窒息	较好	较小	影响较小

统的缺点是耗水量较大，灭火后需排积水，电气绝缘性差，工程造价较高，如果系统启动时间太晚，会导致有害物质以及烟尘产生量的增加；细水雾灭火系统因具有耗水量小、不易造成液体燃料扩散、环境友好等特点而受到越来越多的关注，但在非密闭、有通风的隧道空间，细水雾灭火能力有限，仅能起到抑制火灾和冷却降温作用，且易破坏位于隧道顶部的高温烟气层，危及隧道内人员安全[17,18]。

压缩空气泡沫灭火系统在隧道火灾中的应用逐渐得到关注，与传统的吸气式泡沫灭火系统相比具有灭火速度快、水利用率高、水渍损失少等特点，其泡沫液具有隔氧窒息、吸热冷却作用，能够快速扑灭火灾，且压缩空气泡沫系统可最大限度减小火灾对隧道、人员及车辆的破坏，保护隧道结构不被高温破坏，并且对高温烟气扰动小，利于人员疏散，非常适用于扑救具有 A、B 类混合火特征的隧道火灾。德国施密茨有限责任公司研发的一七式压缩空气泡沫灭火系统[19]已在德国某公路隧道中得到了实际应用，其针对正庚烷火以及汽车火在内的多次实体试验结果表明该系统具有良好的灭火效能，泡沫输送距离远的同时可以准确射中起火点，可出色地应对隧道内的危险品运输等交通环境。

5.1.5 变配电站

油浸式变压器具有散热性能强、制造及维护成本低、回收利用较为方便等特点，其经济效益往往优于干式变压器，因此被广泛采用。绝缘油是油浸式变压器的主要绝缘及冷却介质，油浸式变压器内部及顶部油枕也充有大量可燃的变压器油，若在故障、高温条件下起火，危害性极高。

油浸式变压器器身多为封闭结构，故障状态下的高温常引起绝缘油或气体膨胀，在失控状态下易发生爆炸，而位于油箱顶部油枕内的大量变压器油会在重力作用下从箱体开裂处向外猛烈喷出，助长了火势的蔓延，大大增加了火灾扑救的难度；此外，变压器火灾出现的爆燃现象，可能对变压器本体结构、防护屋顶、防火墙和消防设施造成破坏，导致火灾发展过程的多变性。因此，油浸式变压器油泄漏燃烧可能会引发喷射火、油池火、流淌火等多种复杂的燃烧形式。油浸式变压器火灾事故的特点可以概括为爆炸性、快速性、破坏性、多变性和火灾形式多样性[20]。

传统的油浸式变压器自动灭火技术包括水喷雾、细水雾等，然而多起大型油浸式变压器套管爆炸事故案例表明，水喷雾、细水雾系统易受套管爆炸、火灾高温等影响而失效，无法有效扑灭大型油浸式变压器套管爆炸火灾。成膜型压缩空气泡沫对于扑救变压器全液面溢油火十分有效，压缩空气泡沫能够快速压制火焰，在变压器油表面形成一层稳定的泡沫覆盖层，有效减小变压器油汽化速度，且不会发生沸溢喷溅造成火势扩大；同时可通过水分蒸发带走大量热量，有效降低变压器油温，防止火灾复燃的发生；而压缩空气泡沫灭火装置可以设置在距保护对象有一定安全距离的位置，避免了套管爆炸使得灭火系统失效。压缩空气泡沫喷淋灭火系统可以实现对大型油浸电力变压器外表面和事故油池的全覆盖，管网设置和喷头布置采取适当防爆措施，可实现快速启动，高效扑救变压器燃烧形成的流淌火、立体火和油池火[21,22]。

5.1.6　机场区域

近年来我国航空业稳步发展，民航旅客运输及货物运输需求量旺盛。机场的建设以及飞机数量的急剧增加导致飞机库需求量不断增长，在大多数飞机库中，维修服务工作都是昼夜进行的，因此火灾危险性较高，存在一定安全隐患，又因飞机库具有特殊性，出现大型非受控火灾的可能性较大。在机场范围内，有飞行场区、飞行保障单位和办公生活区，可能发生的火灾有飞机火灾、草地火灾、油料火灾、弹药火灾、仓库火灾、车辆火灾、电气火灾和营房火灾。相较其他灭火系统，压缩空气泡沫灭火系统针对机场各种可能出现的火情，有较强的处置应对能力；泡沫量大，射程远，能够在较短时间内延缓火势，灵活处理机场不同环境出现的火灾；用水量小，对环境影响较小，灭火后处理简单，保护设备能力强[23,24]。

飞机作为机场核心装备，是机场消防工作的重点。一般来讲，飞机结构分为机身、机翼、尾翼、发动机和起落架，所用的材料主要是合金。飞机火灾的发生主要是由于飞机本身具有多种可燃材料，如机身的镁铝合金、钛合金，飞机携带的燃油、弹药，飞机轮胎的橡胶材料，以及飞机内部的塑料、玻璃钢、木质材料、棉纺织物、电子设备和线路等。飞机易发生火灾的部位主要有发动机、起落架、燃油系统和电气系统。发动机发生火灾主要属于 B 类和 D 类火灾，起落架发生火灾主要属于 A 类火灾，燃油系统发生火灾主要属于 B 类火灾，电气系统发生火灾主要属于 E 类火灾[24,25]。

因此，飞机库为火灾危险区域，燃油泄漏、清洗维护、电气故障、人为因素均可能导致火灾发生，其特点为燃烧速度快、热量大、火灾发展迅速，并且易发生爆燃事故。根据国内外飞机库消防灭火设施设置经验以及《飞机库设计防火规范》（GB 50284—2008）[26]要求，飞机库须设置泡沫灭火系统，主要包括泡沫-水雨淋灭火系统、泡沫枪、翼下泡沫灭火系统、远控消防泡沫炮灭火系统、自动喷水灭火系统、高倍数泡沫灭火系统等，根据飞机库的不同情况，可设置一种或多种灭火系统。

针对停机坪火灾，同样可采用压缩空气泡沫灭火系统灭火，实际使用时多为由泡沫剂罐、压缩空气瓶和泡沫枪组成的便携式设备，总质量不超过 25kg，适用于初期火灾及小规模火灾的扑救。其工作原理与车载系统基本相同，压缩空气瓶向灭火剂罐施压，灭火剂罐中混合灭火剂经由枪管至特制喷嘴并在此与压缩空气瓶中的空气混合，由此产生致密均匀的湿泡沫，其可以直流或开花的方式喷出，喷射时间大约为 20s，最大射程约 12m。由于其携带灵活方便，对及时控制、延缓火势的发展起到关键作用。

5.1.7　其他场所

1) 货品仓库

近年来，大跨度大空间建筑结构逐渐成为部分工业、企业生产储存用房形式的首要选择，此类建筑内部平面面积大、空间跨度大、垂直尺度高且建筑内部存在的分隔较少的建筑结构形式，在建筑学上被定义为单位跨度不小于 60m 的大型建筑。大跨度大空间仓库火灾事故特征主要包括：大量堆积的各类可燃、易燃物品在高温辐射作用下，短时间内即可产生大量的有毒有害气体；由于该类结构的建筑物内部普遍具有空间体量大、纵深跨度长的特点，火灾发生后极易形成大面积立体式燃烧并随时间的延长不断增加热释放速率，建筑主体受热后在极短的时间内极可能发生部分倾斜或整体性坍塌等二次事故；此外，在大跨度大空间建筑火灾的实战处置过程中，由于该类建筑结构通常建设在郊区或者人员较为稀少且远离城市的位置，建筑周边可有效利用的消防水源相对较为匮乏。

针对货品仓库火灾的特点，压缩空气泡沫灭火技术具有优异的适用性[27]：①压缩空气泡沫具有良好的黏附效果和冷却效率，当泡沫射流直接冲击起火建筑的天花板时，反射后的射流能够冲击墙壁及建筑内部的周边空间，随着蒸发作用的不断加强，可以有效降低起火建筑的室内温度，降低室内氧气含量，并有效阻止火势的进一步蔓延扩大。当起火建筑通透性相对较好或形成较大开口部位的起火现场，压缩空气泡沫干泡沫能够长时间黏附在建筑主体钢架结构上，保证建筑结构主体始终得到均匀的冷却保护，有效防止建筑结构主体由于温度过高或冷热骤变而发生整体性坍塌事故，最大限度保障一线消防救援人员的人身安全。②压缩空气泡沫灭火系统可精确调节气液混合比，在实际处置过程中，特别是起火的大跨度大空间建筑内部设置有多个较大体积的燃烧堆垛时，在应用湿泡沫对堆垛实施有效降温并达到预期灭火效果的前提下，应同步应用湿泡沫对周边未燃烧堆垛实施覆盖保护，火势得到有效压制后迅速改变泡沫类型，应用干泡沫对起火堆垛实施二次覆盖，保证燃烧物质与空气的彻底隔绝，由于泡沫冷却效果相对较好且实际流失速度相对较慢，能够最大限度地有效防止复燃、阴燃现象的发生。

2) 农村火灾

随着我国农村经济快速发展，城乡一体化建设步伐加快，大量农村民营企业出现，城区企业逐步向农村迁移，农村及小城镇的经济建设与农村消防规划、消防设施之间的矛盾日益突出[28]。

农村火灾以居民火灾为主，火灾类型主要是堆垛、民房等 A 类火灾及部分 B

类火灾。农村建筑多为三、四级耐火等级，屋内的可燃物较多，火灾发生后由于防火间距不足，燃烧速度快且火势迅猛。当偏远村镇发生火灾后，消防部队很难在火灾初期到达现场，同时由于道路状况复杂，大型的消防装备、车辆往往在通过一些路桥时受阻，不能顺利开展灭火救援。此外，大部分农村地区缺少市政消防设施，无消火栓、消防水池等补水设施，因此在缺水地区，消防水源十分匮乏。

压缩空气泡沫系统既可产生扑救 A 类火灾的泡沫，又可根据需要调节泡沫比例产生扑救 B 类火灾的泡沫，因此十分适用于扑救农村火灾常见的 A 类火灾或普通 B 类火灾，达到多用途的目的。同时，压缩空气泡沫系统具有高效节水的优点，可有效解决农村的基础条件差、可用水源有限的问题。

3）矿井火灾

煤炭是地球上储量最丰富、分布范围最广的化石燃料，近十年来煤炭在我国的能源生产结构中的占比一直在 65% 以上，其在我国能源体系中的主体地位在短期内不会发生改变，而煤矿自燃灾害是制约煤炭安全开采与清洁利用的关键因素。

煤自燃是具有自燃倾向性的煤，在有适宜的供氧量、有蓄热氧化的环境和时间的条件下，发生物理化学变化的结果，压缩空气泡沫是煤矿常用的煤自燃防治技术之一，主要分为压缩空气凝胶泡沫以及压缩空气三相泡沫[29]。压缩空气凝胶泡沫是将聚合物分散在水中，加入发泡剂并在压缩气体作用下发泡形成的复杂混合体系。它既具有凝胶的性质，又具有泡沫的特点，抗温、抗烧、封堵及阻化性能较好，成膜性好，能长期有效覆盖煤体，防复燃效果突出。压缩空气三相泡沫是将不溶性固体不燃物(黄泥或粉煤灰)分散在水中，通入气体(空气或氮气)并添加发泡剂，通过泡沫发生器充分搅拌混合，形成固体颗粒均匀附着在气泡壁上的气-液-固三相体系。覆盖于煤体表面的泡沫破灭后固相介质仍能均匀地覆盖在浮煤上，可持久地阻碍煤对氧的吸附，防止煤的氧化，从而有效地防治煤炭自然发火[30]。

4）非消防应用

在除消防外的其他领域，压缩空气泡沫同样也得到了广泛应用。

将压缩空气泡沫与水泥浆均匀混合，其料浆可以自流平、自密实，施工和易性好，便于泵送及整平，与所有其他建材几乎都有较好的相容性，且强度可调整。经自然养护所形成的气泡混凝土是一种轻质、保温、隔热耐火、隔音和抗冻的优质建筑材料[31]。

压缩空气泡沫在矿井降尘领域内能够良好地发挥喷雾抑尘和化学抑尘的优点，是将空气、高压水和发泡剂经过专用发泡器产生大量泡沫覆盖到尘源处而降尘。液体发泡成为泡沫后，体积会增大 30～50 倍，这增加了粉尘与泡沫的接触面积，同时复合表面活性剂会降低水的表面张力，减小与粉尘的接触角，增大水对粉尘的润湿性和黏附性，进而通过惯性碰撞、截留、扩散、黏附、重力沉降等多种机理综合作用捕集到粉尘，从源头上有效抑制粉尘向外界扩散[32]。

利用压缩空气泡沫可改善砂性地层渗透性,其原理是将压缩空气泡沫注入开挖出的渣土中,通过泡沫来调节黏度、含水量和流动性。压缩空气泡沫成膜强度和稳定性好,挤压后不易破碎;同时,微小的气泡进入土壤后填充了土壤颗粒之间的空隙并围绕在土壤颗粒周围,泡沫中的液体在土体中起到润滑油的作用[33]。

5.2　压缩空气泡沫灭火系统使用要求

为了保证灭火有效性,压缩空气泡沫灭火系统的使用,包括施工、安装、调试、验收及维护管理等,均须按规定进行。

5.2.1　施工

依据《泡沫灭火系统技术标准》(GB 50151—2021)[34]以及《压缩空气泡沫灭火系统技术规程》(T/CECS 748—2020)[35],压缩空气泡沫灭火系统施工具有以下一般规定。

(1)压缩空气泡沫灭火系统分部工程、子分部工程、分项工程应按表 5.2 进行划分。

表 5.2　压缩空气泡沫灭火系统分部工程、子分部工程、分项工程划分

分部工程	序号	子分部工程	分项工程
压缩空气泡沫灭火系统	1	进场检验	系统组件进场检验
			材料进场检验
	2	系统施工	压缩空气泡沫产生装置(供水装置、供气装置)安装
			压缩空气泡沫释放装置安装
			管道、阀门和泡沫消火栓安装
			控制装置安装
	3	系统调试	压缩空气泡沫产生装置(含消防泵、供气装置)调试
			动力源和备用动力源切换试验
			压缩空气泡沫释放装置冷喷试验
			管道、分区阀试验
			火灾自动报警联调试验
	4	系统验收	系统施工质量验收
			系统功能验收

(2)压缩空气泡沫灭火系统的施工现场应具有相应的施工技术标准,施工现场质量管理应按表 5.3 的要求检查记录。

表 5.3　施工现场质量管理检查记录

工程名称			
建设单位		项目负责人	
设计单位		项目负责人	
监理单位		监理工程师	
施工单位		项目负责人	
施工许可证		开工日期	
序号	项目	内容	
1	现场质量管理制度		
2	质量责任制		
3	操作上岗证		
4	施工图审查		
5	施工组织设计、方案及审批		
6	施工技术标准		
7	工程质量检验制度		
8	现场材料、系统组件存放与管理		
9	其他		
检查结论	施工单位项目负责人：(签章)	监理工程师：(签章)	建设单位项目负责人： (签章)

（3）压缩空气泡沫灭火系统的施工应按有效的施工图设计文件和相关技术标准的规定进行，需改动时，应由原设计单位修改。

（4）压缩空气泡沫灭火系统施工前应具备有效的施工图设计文件及主要组件的安装使用说明书，泡沫产生装置、泡沫比例混合器(装置)、泡沫液储罐、电机或柴油机及其拖动的泡沫消防水泵、动力瓶组和驱动装置、报警阀组、压力开关、水流指示器、水泵接合器、泡沫消火栓箱、泡沫消火栓、阀门、压力表、管道过滤器、金属软管、泡沫液、管材及管件等系统组件和材料应具备通过了自愿性认证或检验的有效证明文件和产品出厂合格证。

（5）压缩空气泡沫灭火系统施工前，设计单位应向施工单位进行设计交底，并有记录；系统组件、管材及管件的规格、型号应符合设计要求；与施工有关的基础、预埋件和预留孔，经检查应符合设计要求；场地、道路、水、电等临时设施应满足施工要求。

（6）压缩空气泡沫灭火系统施工过程质量控制包括：采用的系统组件和材料应按标准 GB 50151—2021 的规定进行进场检验，合格后经监理工程师签证方可安装使用；各工序应按施工技术标准进行质量控制，每道工序完成后应进行检查，合格后方可进行下道工序施工；相关各专业工种之间应进行交接认可，并经监理工程师签证后方可进行下道工序施工；应对施工过程进行检查，并应由监理工程师组织施工单位人员进行；隐蔽工程在隐蔽前应由施工单位通知有关单位进行验收；安装完毕，施工单位应按标准 GB 50151—2021 的规定进行系统调试，调试合格后，施工单位应向建设单位提交验收申请报告申请验收。

材料和系统组件进场检验时，应符合以下规定。

(1)应按表 5.4 及表 5.5 填写进场检查记录、系统安装检查记录，结果应为合格。

表 5.4　系统进场检查记录

工程名称			
施工单位		监理单位	
子分部工程名称	系统进场	执行规范名称及编号	
分项工程名称	项目名称	施工检查记录	监理检查记录
系统组件外观检查	压缩空气泡沫产生装置		
	压缩空气泡沫释放装置		
	控制柜、阀门		
泡沫灭火剂检查	泡沫灭火剂		
检查结论	施工单位项目负责人：(签章)	监理工程师：(签章)	

表 5.5　系统安装检查记录

工程名称			
施工单位		监理单位	
子分部工程名称	系统安装	执行规范名称及编号	
分项工程名称	规范条款	施工检查记录	监理检查记录
压缩空气泡沫产生装置安装			
压缩空气泡沫释放装置安装			
参加单位及人员	施工单位项目负责人：(签章)	监理工程师：(签章)	

(2)材料和系统组件进场抽样检查时有一件不合格，应加倍抽查；若仍有不合格，应判定此批产品不合格。

(3)当对产品质量或真伪有疑义时，应由监理工程师组织检测或核实。

(4)泡沫液进场后，应由监理工程师组织取样留存，按全项检测需要量，观察检查和检查泡沫液的自愿性认证或检验的有效证明文件、产品出厂合格证。

(5)管材及管件的材质、规格、型号、质量等应符合国家现行有关产品标准规定和设计要求。

(6)管材及管件的外观质量除应符合其产品标准的规定外,应按照全数检查法进行观察检查,并符合下列规定:表面无裂纹、缩孔、夹渣、折叠、重皮和不超过壁厚负偏差的锈蚀或凹陷等缺陷;螺纹表面完整无损伤,法兰密封面平整光洁无毛刺及径向沟槽;垫片无老化变质或分层现象,表面无褶皱等缺陷。

(7)管材及管件的规格尺寸和壁厚及其允许偏差应使用钢尺和游标卡尺测量,每一规格、型号的产品按件数抽查20%,且不得少于1件。

(8)压缩空气泡沫产生装置、泡沫比例混合器(装置)、泡沫液储罐、电机或柴油机及其拖动的泡沫消防水泵、动力瓶组及驱动装置、报警阀组、压力开关、水流指示器、水泵接合器、泡沫消火栓箱、泡沫消火栓、阀门、压力表、管道过滤器、金属软管等系统组件的规格、型号、性能应符合国家现行产品标准和设计要求,其中拖动泡沫消防水泵的柴油机的压缩比、带载扭矩、极限启动温度等应符合设计要求;盛装 100%型水成膜泡沫液的压力储罐、动力瓶组及驱动装置应符合压力容器相关标准的规定。

(9)压缩空气泡沫产生装置、泡沫比例混合器(装置)、泡沫液储罐、电机或柴油机及其拖动的泡沫消防水泵、盛装 100%型水成膜泡沫液的压力储罐、动力瓶组及驱动装置、报警阀组、压力开关、水流指示器、水泵接合器、泡沫消火栓箱、泡沫消火栓、阀门、压力表、管道过滤器、金属软管等系统组件的外观质量,应符合下列规定:无变形及其他机械性损伤;外露非机械加工表面保护涂层完好;无保护涂层的机械加工面无锈蚀;所有外露接口无损伤,堵、盖等保护物包封良好;铭牌标记清晰、牢固。

(10)电机或柴油机及其拖动的泡沫消防水泵手动盘车应灵活,无阻滞,无异常声音;压缩空气泡沫产生装置用手转动叶轮应灵活;固定式压缩空气泡沫炮的手动机构应无卡阻现象。

(11)压缩空气泡沫缓释罩应采用奥氏体不锈钢材料制作,不锈钢板材厚度不应小于 1.5mm,检查时应使用观察检查和尺量,按设计要求数量的 10%抽查,且不少于 2 个。

(12)动力瓶组及驱动装置的进场检验应符合下列规定:动力瓶组及气动驱动装置储存容器的工作压力不应低于设计压力,且不得高于其最大工作压力,气体驱动管道上的单向阀应启闭灵活,无卡阻现象;电磁驱动器的电源电压应符合系统设计要求。通电检查电磁铁芯,其行程应能满足系统启动要求,且应动作灵活,无卡阻现象。

(13)压缩空气泡沫喷头应带有过滤网。

(14)阀门的进场检验应符合下列规定:各阀门及其附件应配备齐全;控制阀

的明显部位应有标明水流方向的永久性标志；控制阀的阀瓣及操作机构应动作灵活、无卡阻现象，阀体内应清洁、无异物堵塞。

(15)阀门的强度和严密性试验应符合下列规定：强度和严密性试验应采用清水进行，强度试验压力应为公称压力的 1.5 倍；严密性试验压力应为公称压力的 1.1 倍；试验压力在试验持续时间内应保持不变，且壳体填料和阀瓣密封面应无渗漏；阀门试压的试验持续时间不应少于表 5.6 的规定；试验合格的阀门，应排尽内部积水并吹干，密封面应涂防锈油，应关闭阀门，封闭出入口，做出明显的标记，并应按表 5.7 记录。

表 5.6　阀门试压试验持续时间

公称直径/mm	试验持续时间/s		
	严密性试验		强度试验
	止回阀	其他类型阀门	
≤50	15	60	15
65～150	60	60	60
200～300	120	60	120
≥350	120	120	300

表 5.7　阀门的强度和严密性试验记录

工程名称										
施工单位						监理单位				
规格型号	数量	公称压力/MPa	强度试验				严密性试验			
			介质	压力/MPa	时间/min	结果	介质	压力/MPa	时间/min	结果
结论										
参加单位及人员	施工单位项目负责人：(签章)					监理工程师：(签章)				

5.2.2　安装

(1)压缩空气泡沫灭火系统中常压钢质泡沫液储罐的制作、焊接、防腐，管道的加工、焊接、安装，管道的检验、试压、冲洗、防腐，支、吊架的焊接、安装，阀门的安装，除应符合标准 GB 50151—2021 的规定外，还应符合国家现行标准

《工业金属管道工程施工规范》(GB 50235—2010)[36]、《现场设备、工业管道焊接工程施工规范》(GB 50236—2011)[37]的有关规定。

(2)火灾自动报警系统与压缩空气泡沫灭火系统联动部分的施工,应按现行国家标准《火灾自动报警系统施工及验收标准》(GB 50166—2019)[38]执行。

(3)压缩空气泡沫灭火系统的施工应按标准 GB 50151—2021 进行记录。

(4)压缩空气泡沫消防水泵的安装除应符合标准 GB 50151—2021 的规定外,尚应符合现行国家标准《风机、压缩机、泵安装工程施工及验收规范》(GB 50275—2010)[39]的有关规定。

(5)压缩空气泡沫消防水泵宜整体安装在基础上,并应以底座水平面为基准进行找平、找正。

(6)压缩空气泡沫消防水泵与相关管道连接时,应以消防水泵的法兰端面为基准进行测量和安装。

(7)压缩空气泡沫消防水泵进水管吸水口处设置滤网时,滤网架的安装应牢固;滤网应便于清洗。

(8)拖动压缩空气泡沫消防水泵的柴油机排气管应采用钢管连接后通向室外,其安装位置、口径、长度、弯头的角度及数量应满足设计要求。

(9)压缩空气泡沫液储罐的安装位置和高度应符合设计要求。储罐周围应留有满足检修需要的通道,其宽度不宜小于 0.7m,且操作面不宜小于 1.5m;当储罐上的控制阀距地面高度大于 1.8m 时,应在操作面处设置操作平台或操作凳。储罐上应设置铭牌,并应标识泡沫液种类、型号、出厂日期和灌装日期、有效期及储量等内容,不同种类、不同牌号的泡沫液不得混存。

(10)常压压缩空气泡沫液储罐的制作、安装和防腐应符合下列规定:常压钢质泡沫液储罐出液口和吸液口的设置应符合设计要求;常压钢质泡沫液储罐应进行盛水试验,试验压力应为储罐装满水后的静压力,试验前应将焊接接头的外表面清理干净,并使之干燥,试验时间不应小于 1h,目测应无渗漏;储罐内、外表面应按设计要求进行防腐处理,并应在盛水试验合格后进行;应根据储罐形状按立式或卧式安装在支架或支座上,支架应与基础固定,安装时不得损坏储罐上的配管和附件;储罐与支座接触部位的防腐,应按加强防腐层的做法施工。

(11)压缩空气泡沫液压力储罐安装时,支架应与基础牢固固定,且不应拆卸和损坏配管、附件;储罐的安全阀出口不应朝向操作面。

(12)压缩空气泡沫液储罐应根据环境条件采取防晒、防冻和防腐等措施。

(13)压缩空气泡沫比例混合器(装置)的标注方向应与液流方向一致,且与管道连接处应严密安装。

(14)压力式比例混合装置应整体安装,并应与基础牢固固定。

(15)平衡式比例混合装置的进水管道上应安装压力表,且其安装位置应便于观测。

(16)管线式比例混合器应安装在压力水的水平管道上,或串接在消防水带上,并应靠近储罐或防护区,其吸液口与泡沫液储罐或泡沫液桶最低液面的高度不得大于 1.0m。

(17)机械泵入式比例混合装置的安装应符合下列规定:应整体安装在基础座架上,安装时应以底座水平面为基准进行找平、找正,安装方向应和水轮机上的箭头指示方向一致,安装过程中不得随意拆卸、替换组件;与进水管和出液管道连接时,应以比例混合装置水轮机进、出口的法兰(沟槽)为基准进行测量和安装;应在水轮机进、出口管道上靠近水轮机进、出口的法兰(沟槽)处安装压力表,压力表的安装位置应便于观察。

(18)管道的安装应符合下列规定。

(i)水平管道安装时,其坡度、坡向应符合设计要求,且坡度不应小于设计值,当出现 U 形管时应有放空措施。

(ii)立管应用管卡固定在支架上,其间距不应大于设计值。

(iii)埋地管道安装应符合下列规定:埋地管道的基础应符合设计要求;埋地管道安装前应做好防腐,安装时不应损坏防腐层;埋地管道采用焊接时,焊缝部位应在试压合格后进行防腐处理;埋地管道在回填前应进行隐蔽工程验收,合格后应及时回填,分层夯实,并应按表 5.8 记录。

表 5.8 隐蔽工程验收记录

工程单位														
建设单位								设计单位						
监理单位								施工单位						
管道编号	设计参数				强度试验				严密性试验				防腐	
	管径/mm	材料	介质	压力/MPa	介质	压力/MPa	时间/min	结果	介质	压力/MPa	时间/min	结果	等级	结果
隐蔽前检查														
隐蔽方法														
简图或说明														
验收结论														
验收单位	施工单位				监理单位				建设单位					
	项目负责人:(签章)				监理工程师:(签章)				项目负责人:(签章)					

(iv)管道安装的允许偏差应符合表 5.9 的规定。

表 5.9　管道安装允许最大偏差

项目			允许偏差/mm
坐标	地上、架空及地沟	室外	25
		室内	15
	压缩空气泡沫喷淋	室外	15
		室内	10
	埋地		60
标高	地上、架空及地沟	室外	±20
		室内	±15
	压缩空气泡沫喷淋	室外	±15
		室内	±10
	埋地		±25
水平管道平直度		DN≤100	$2L$‰，最大 50
		DN>100	$3L$‰，最大 80
立管垂直度			$5L$‰，最大 30
与其他管道成排布置间距			15
与其他管道交叉时外壁或绝热层间距			20

(v)管道支架、吊架安装应平整牢固，管墩的砌筑应规整，其间距应符合设计要求。

(vi)当管道穿过防火墙、楼板时，应安装套管。穿防火墙套管的长度不应小于防火墙的厚度，穿楼板套管长度应高出楼板 50mm，底部应与楼板底面相平；管道与套管间的空隙应采用防火材料封堵；管道穿过建筑物的变形缝时应采取保护措施。

(vii)管道安装完毕应进行水压试验，并应符合下列规定：试验应采用清水进行，试验时环境温度不应低于 5℃，当环境温度低于 5℃时，应采取防冻措施；试验压力应为设计压力的 1.5 倍；试验前应将泡沫产生装置、泡沫比例混合器(装置)隔离；试验合格后，应按表 5.10 记录。

(viii)管道试压合格后，应用清水冲洗，冲洗合格后不得再进行影响管内清洁的其他施工，并应按表 5.11 进行记录。

(19)压缩空气泡沫混合液管道的安装除应满足(18)的规定外，尚应符合下列规定。

(i)当储罐上的泡沫混合液立管与防火堤内地上水平管道或埋地管道用金属软管连接时，不得损坏其编织网，并应在金属软管与地上水平管道的连接处设置管道支架或管墩，且管道支架或管墩不应支撑在金属软管上。

表 5.10 管道试水验收记录

工程单位											
施工单位							监理单位				
管道编号	设计参数				强度试验				严密性试验		
	管径/mm	材料	介质	压力/MPa	介质	压力/MPa	时间/min	结果	介质	压力/MPa	时间/min	结果
验收结论											
验收单位	施工单位			监理单位				建设单位			
	项目负责人：（签章）			监理工程师：（签章）				项目负责人：（签章）			

表 5.11 管道清洗验收记录

工程单位									
施工单位						监理单位			
管道编号	设计参数				冲洗				
	管径/mm	材料	介质	压力/MPa	介质	压力/MPa	流量/(L/s)	流速/(m/s)	冲洗时间或次数时间/min	结果
结论									
参加单位及人员	施工单位项目负责人：（签章）				监理工程师：（签章）				

(ii) 储罐上泡沫混合液立管下端设置的锈渣清扫口与储罐基础或地面的距离宜为 0.3~0.5m；锈渣清扫口可采用闸阀或盲板封堵，当采用闸阀时，应竖直安装。

(iii) 外浮顶储罐梯子平台上设置的二分水器，应靠近平台栏杆安装，并宜高出平台 1.0m，其接口应朝向储罐；引至防火堤外设置的相应管牙接口，应面向道路或朝下。

(iv) 连接压缩空气泡沫产生装置的泡沫混合液管道上设置的压力表接口宜靠近防火堤外侧，并应竖直安装。

(v) 压缩空气泡沫产生装置入口处的管道应用管卡固定在支架上，其出口管道在储罐上的开口位置和尺寸应满足设计及产品要求。

(vi)泡沫混合液主管道上留出的流量检测仪器安装位置应符合设计要求。

(vii)泡沫混合液管道上试验检测口的设置位置和数量应符合设计要求。

(20)液下喷射泡沫管道的安装除应符合(18)的规定外，尚应符合下列规定。

(i)液下喷射泡沫喷射管的长度和泡沫喷射口的安装高度，应符合设计要求。当液下喷射 1 个喷射口设在储罐中心时，其泡沫喷射管应固定在支架上；当液下喷射设有 2 个及以上喷射口，并沿罐周均匀设置时，其间距偏差不宜大于100mm。

(ii)半固定式压缩空气系统的泡沫管道，在防火堤外设置的压缩空气泡沫产生装置快装接口应水平安装。

(iii)液下喷射泡沫管道上的防油品渗漏设施宜安装在止回阀出口或泡沫喷射口处；安装应按设计要求进行，且不应损坏密封膜。

(21)泡沫液管道的安装除应符合(18)的规定外，其冲洗及放空管道应设置在泡沫液管道的最低处。

(22)阀门的安装应符合下列规定。

(i)压缩空气泡沫混合液管道采用的阀门应按相关标准进行安装，并应有明显的启闭标志。

(ii)具有遥控、自动控制功能的阀门安装应符合设计要求；当设置在有爆炸和火灾危险的环境时，应按相关标准安装。

(iii)液下喷射压缩空气泡沫灭火系统泡沫管道进储罐处设置的钢质明杆闸阀和止回阀应水平安装，其止回阀上标注的方向应与泡沫的流动方向一致。

(iv)泡沫混合液管道上设置的自动排气阀应在系统试压、冲洗合格后立式安装。

(v)连接泡沫产生装置的泡沫混合液管道上控制阀的安装应符合下列规定：控制阀应安装在防火堤外压力表接口的外侧，并应有明显的启闭标志；泡沫混合液管道设置在地上时，控制阀的安装高度宜为 1.1～1.5m；当环境温度为 0℃及以下的地区采用铸铁控制阀时，若管道设置在地上，铸铁控制阀应安装在立管上；若管道埋地或在地沟内设置，铸铁控制阀应安装在阀门井内或地沟内，并应采取防冻措施。

(vi)当储罐区固定式泡沫灭火系统同时又具备半固定系统功能时，应在防火堤外泡沫混合液管道上安装带控制阀和带闷盖的管牙接口，并应符合本条第(v)款的有关规定。

(vii)泡沫混合液立管上设置的控制阀，其安装高度宜为 1.1～1.5m，并应有明显的启闭标志；当控制阀的安装高度大于 1.8m 时，应设置操作平台或操作凳。

(viii)泡沫消防水泵的出液管上设置的带控制阀的回流管应符合设计要求，控制阀的安装高度距地面宜为 0.6～1.2m。

(ix)管道上的放空阀应安装在最低处，埋地管道的放空阀阀井应有排水措施。

(23)泡沫消火栓的安装应符合下列规定。

(i) 泡沫混合液管道上设置泡沫消火栓的规格、型号、数量、位置、安装方式、间距应符合设计要求。

(ii) 泡沫消火栓应垂直安装。

(iii) 泡沫消火栓的大口径出液口应朝向消防车道。

(iv) 室内泡沫消火栓的栓口方向宜向下，或与设置泡沫消火栓的墙面成90°，栓口离地面或操作基面的高度宜为1.1m，允许偏差为±20mm，坐标的允许偏差为20mm。

(24) 公路隧道泡沫消火栓箱的安装应符合下列规定：泡沫消火栓箱应垂直安装，且应固定牢固，当安装在轻质隔墙上时应有加固措施；消火栓栓口应朝外，且不应安装在门轴侧，栓口中心距地面宜为1.1m，允许偏差宜为±20mm。

(25) 报警阀组的安装应在供水管网试压、冲洗合格后进行，并应符合下列规定。

(i) 安装时应先安装水源控制阀、报警阀，然后安装泡沫比例混合装置、泡沫液控制阀、压力泄放阀，最后进行报警阀辅助管道的连接。

(ii) 水源控制阀、报警阀与配水干管的连接，应使水流方向一致。

(iii) 报警阀组应安装在便于操作的明显位置，距室内地面高度宜为1.2m，两侧与墙的距离不应小于0.5m，正面与墙的距离不应小于1.2m；报警阀组凸出部位之间的距离不应小于0.5m。

(iv) 安装报警阀组的室内地面应有排水设施。

(26) 报警阀组附件安装时，压力表应安装在报警阀上便于观测的位置，排水管和试验阀应安装在便于操作的位置，水源控制阀安装应便于操作，且应有明显开闭标志和可靠的锁定设施；在泡沫比例混合器与管网之间的供水干管上，应安装由控制阀、供水压力和流量检测仪表及排水管道组成的系统流量压力检测装置，其过水能力应与系统设计的过水能力一致。

(27) 安装湿式报警阀组时报警水流通路上的过滤器应安装在延迟器前，且便于排渣操作的位置，压力波动时，水力警铃不应发生误报警。

(28) 干式报警阀组的安装应符合下列规定。

(i) 安装完成后应向报警阀气室注入底水，并使其处于伺应状态。

(ii) 充气连接管接口应在报警阀气室充注水位以上部位，且充气连接管的直径不应小于15mm；止回阀、截止阀应安装在充气连接管上。

(iii) 气源设备的安装应符合设计要求和国家现行有关标准的规定。

(iv) 安全排气阀应安装在气源与报警阀之间，且应靠近报警阀。

(v) 加速器应安装在靠近报警阀的位置，且应有防止水进入加速器的措施。

(vi) 低气压预报警装置应安装在配水干管一侧。

(vii) 应在报警阀充水一侧和充气一侧、空气压缩机的气泵和储气罐及加速器上安装压力表。

(viii)管网充气压力应符合设计要求。

(29)压缩空气泡沫产生装置的安装应符合设计要求整体安装，不得拆卸，应牢固固定，进气端 0.3m 范围内不应有遮挡物，发泡网前 1.0m 范围内不应有影响泡沫喷放的障碍物。

(30)压缩空气泡沫喷头的安装应符合下列规定。

(i)喷头的规格、型号应符合设计要求，并应在系统试压、冲洗合格后安装。

(ii)喷头的安装应牢固、规整，安装时不得拆卸或损坏喷头上的附件。

(iii)顶部安装的喷头应安装在被保护物的上部，其坐标的允许偏差，室外安装为 15mm，室内安装为 10mm；标高的允许偏差，室外安装为±15mm，室内安装为±10mm。

(iv)侧向安装的喷头应安装在被保护物的侧面，并应对准被保护物体，其距离允许偏差为 20mm。

(v)地下安装的喷头应安装在被保护物的下方，并应在地面以下；在未喷射泡沫时，其顶部应低于地面 10～15mm。

(31)固定式压缩空气泡沫炮的安装应符合现行国家标准《固定消防炮灭火系统施工与验收规范》(GB 50498—2009)有关规定，安装在炮塔或支架上的泡沫炮应牢固固定，其立管应保持垂直安装，炮口应朝向防护区，并不应有影响泡沫喷射的障碍物。若消防炮为电驱动，则其控制设备、电源线、控制线的规格、型号及设置位置、敷设方式、接线等应符合设计要求。

(32)压缩空气泡沫喷雾系统泄压装置的泄压方向不应朝向操作面。

(33)压缩空气泡沫喷雾系统动力瓶组、驱动装置、减压装置上的压力表及储液罐上的液位计应安装在便于人员观察和操作的位置。

(34)压缩空气泡沫喷雾系统动力瓶组、驱动装置的储存容器外表面宜涂黑色，正面应标明动力瓶组、驱动装置和储存容器的编号。

(35)压缩空气泡沫喷雾系统集流管外表面宜涂红色,安装前应确保内腔清洁。

(36)压缩空气泡沫喷雾系统连接减压装置与集流管间的单向阀的流向指示箭头应指向介质流动方向。

(37)压缩空气泡沫喷雾系统分区阀上应设置标明防护区或保护对象名称或编号的永久性标志牌，并应便于观察；操作手柄应安装在便于操作的位置，当安装高度超过 1.7m 时，应采取便于操作的措施；分区阀与管网间宜采用法兰或沟槽连接。

(38)压缩空气泡沫喷雾系统动力瓶组、驱动气瓶的支、框架或箱体应固定牢靠，并做防腐处理；气瓶上应有标明气体介质名称和储存压力的永久性标志，并应便于观察。

(39)压缩空气泡沫喷雾系统气动驱动装置的管道安装应符合设计要求。竖直管道应在其始端和终端设防晃支架或采用管卡固定；水平管道应采用管卡固定，管卡的间距不宜大于 0.6m，转弯处应增设 1 个管卡。此外，气动驱动装置的管道安装后应做气压严密性试验。

(40)压缩空气泡沫喷雾系统动力瓶组和储液罐之间的管道应在隔离储液罐后进行水压密封试验。

(41)压缩空气泡沫喷雾系统用于保护变压器时，喷头的安装应保证有专门的喷头指向变压器绝缘子升高座孔口，同时喷头距带电体的距离应符合设计要求。

5.2.3 调试

(1)泡沫灭火系统调试应在系统施工结束和与系统有关的火灾自动报警装置及联动控制设备调试合格后进行。

(2)调试前施工单位应制订调试方案，并经监理单位批准。调试人员应根据批准的方案按程序进行。

(3)调试前应对系统进行检查，并应及时处理发现的问题。

(4)压缩空气泡沫灭火系统的调试应符合下列规定：当为手动灭火系统时，应按照最远或最不利灭火分区的条件，以手动控制方式进行一次冷喷试验；当为自动灭火系统时，应按照最远或最不利灭火分区的条件，以手动和自动控制的方式各进行一次冷喷试验；冷喷试验时，记录系统流量、响应时间、压缩空气泡沫产生装置的工作压力、压缩空气泡沫释放装置工作压力、泡沫液混合比、气液比，并均应达到设计要求。

(5)调试前临时安装在系统上经校验合格的仪器、仪表应安装完毕，调试时所需的检查设备应准备齐全。

(6)水源、动力源和泡沫液应满足相应系统调试要求，电气设备应具备与系统联动调试的条件。

(7)系统调试合格后，应按表 5.12 填写施工过程调试检查记录，并应用清水冲洗后放空、复原系统。

(8)压缩空气泡沫灭火系统的动力源和备用动力应进行切换试验,动力源和备用动力及电气设备运行应正常。

(9)水源测试应符合下列规定：应按设计要求核实消防水池(罐)、消防水箱的容量；消防水箱设置高度应符合设计要求；与其他用水合用时，消防储水应有不作他用的技术措施；应按设计要求核实消防水泵接合器的数量和供水能力，并应通过移动式消防水泵做供水试验进行验证。

(10)消防水泵应进行试验，并应符合下列规定：消防水泵应进行运行试验，其中柴油机拖动的泡沫消防水泵应分别进行电启动和机械启动运行试验，其性能应符合《风机、压缩机、泵安装工程施工及验收规范》(GB 50275—2010)[39]中的有关规定；泡沫消防水泵与备用泵应在设计负荷下进行转换运行试验，其主要性能应符合设计要求。

表 5.12　系统调试检查记录表

工程名称				
建设单位		设计单位		
监理单位		施工单位		
子分部工程名称	系统调试	执行规范名称及编号		
分项工程名称	调试项目名称	调试标准	调试内容记录	调试结果
系统调试	启动功能	手动和自动启动各功能正常		
	备用电源切换功能	主备电源切换功能正常		
	工作泵或装置性能	工作泵或装置功能正常		
	系统响应时间(最远灭火分区)	≤120s(特高压换流站) ≤60s(其他场所)		
	压缩空气泡沫产生装置工作压力	满足设计要求		
	泡沫混合液流量	满足设计要求		
	泡沫液混合比	不超出设计允许值范围		
	气液比	不超出设计允许值范围		
	覆盖效果	满足设计要求		
	发泡倍数	≥5(灭水溶性液体火) ≥7(灭汽车、飞机火灾及进行隔热防护)		
	25%析液时间	≥3.5min(灭水溶性液体火) ≥5min(灭汽车、飞机火灾及进行隔热防护)		
	与火灾自动报警系统的联动功能	满足设计要求		

(11)稳压泵、消防气压给水设备应按设计要求进行调试。当达到设计启动条件时，稳压泵应立即启动；当达到系统设计压力时，稳压泵应自动停止运行。

(12)压缩空气泡沫比例混合器(装置)调试时,应与系统喷泡沫试验同时进行,其混合比不应低于所选泡沫液的混合比。

(13)压缩空气泡沫释放装置的调试应符合下列规定：固定式泡沫炮应进行喷水试验，其进口压力、射程、射高、仰俯角度、水平回转角度等指标应符合设计要求；泡沫枪应进行喷水试验，其进口压力和射程应符合设计要求。

(14)报警阀的调试应符合下列规定：湿式报警阀调试时，在末端试水装置处放水，当湿式报警阀进口水压大于 0.14MPa、放水流量大于 1L/s 时，报警阀应及时启动；带延迟器的水力警铃应在 5~90s 内发出报警铃声，不带延迟器的水力警铃应在 15s 内发出报警铃声；压力开关应及时动作，启动消防泵并反馈信号。干式报警阀调试时，开启系统试验阀，报警阀的启动时间、启动点压力、水流到试验装置出口所需时间均应符合设计要求。

5.2.4　验收

(1)压缩空气泡沫灭火系统的验收应由建设单位组织设计、施工、监理、运维等单位共同进行。

(2)压缩空气泡沫灭火系统验收时，应提供下列资料：经审核批准的设计施工图、设计变更通知书；系统及主要组件符合市场准入制度要求的有效证明文件和产品出厂合格证，材料和系统组件进场检验的复验报告；系统及主要组件的安装使用和维护说明书；系统施工现场质量管理检查记录；系统施工过程质量检查记录；地下及隐蔽工程验收记录、系统调试记录；系统验收申请报告。

(3)压缩空气泡沫灭火系统的验收，应符合下列规定。

(i)隐蔽工程在隐蔽前的验收应合格，并应按表 5.8 记录。

(ii)质量控制资料核查应全部合格，并应按表 5.13 记录。

表 5.13　系统质量控制资料核查记录表

工程名称					
建设单位			设计单位		
监理单位			施工单位		
序号	资料名称		资料数量	核查结果	核查人
1	经批准的设计施工图、设计说明书				
2	设计变更通知书、竣工图				
3	系统组件的市场准入制度要求的有效证明文件和产品出厂合格证；材料的出厂检验报告与合格证；材料和系统组件进场检验的复验报告				
4	系统组件的安装使用说明书				
5	施工许可证(开工证)和施工现场质量管理检查记录				
6	压缩空气泡沫灭火系统施工过程检查记录及阀门的强度和严密性试验记录、管道试压和管道冲洗记录、隐蔽工程验收记录				
7	系统验收申请报告				
8	系统施工过程调试记录				
核查结论					
核查单位	建设单位		施工单位		监理单位
	项目负责人：(签章)		项目负责人：(签章)		监理工程师：(签章)

(iii) 施工质量验收和系统功能验收应合格，并应按表 5.14、表 5.15 记录。

表 5.14 系统施工质量验收记录

工程名称			
建设单位		设计单位	
监理单位		施工单位	
子分部工程名称	系统施工质量验收	执行规范名称及编号	
分项工程名称	验收项目名称	验收内容记录	验收评定结果
系统施工质量验收	压缩空气泡沫产生装置	规格、型号、数量、安装方式、安装位置及安装质量	
	压缩空气泡沫释放装置		
	阀门、压力与流量仪表		
	控制柜、管道过滤器		
	管道、管件及固定件	规格、型号、位置、坡度、连接方式及安装质量	
	管道支、吊架及管墩	位置、间距及牢固程度	
	管道和设备的防腐	涂料种类、颜色、涂层质量及防腐层的层数、厚度	
	消防泵房、水源及水位指示装置	消防泵房的位置和耐火等级；水池或水罐的容量及补水设施；天然水源水质和枯水期最低水位时确保用水量的措施；水位指示标志应明显	
	动力源、备用动力及电气设备	电源负荷级别；备用动力的容量；电气设备的规格、型号、数量及安装质量；动力源和备用动力的切换试验	

表 5.15 系统功能验收记录

工程名称				
建设单位		设计单位		
监理单位		施工单位		
子分部工程名称	系统功能验收	执行规范名称及编号		
分项工程名称	验收项目名称	验收标准	验收内容记录	验收结果
系统启动功能	手动启动功能验收试验	手动和自动启动各功能正常		
	主、备电源切换功能验收试验	主、备电源切换功能正常		
	工作泵或装置功能验收试验	工作泵或装置功能正常		
	联动控制功能验收试验	联动控制功能正常		

续表

系统喷泡沫试验	系统响应时间(最远灭火分区)	≤120s (特高压换流站) ≤60s (其他场所)		
	压缩空气泡沫产生装置工作压力	满足设计要求		
	泡沫混合液流量	满足设计要求		
	泡沫液混合比	不超出设计允许值范围		
	气液比	不超出设计允许值范围		
	覆盖效果	满足设计要求		
	发泡倍数	≥5 (灭水溶性液体火) ≥7 (灭汽车、飞机火灾及进行隔热防护)		
	25%析液时间	≥3.5min (灭水溶性液体火) ≥5min (灭汽车、飞机火灾及进行隔热防护)		

(4)压缩空气泡沫灭火系统应进行施工质量验收,并应包括下列内容。

(i)压缩空气泡沫产生装置(供水装置、供气装置、泡沫液储罐)、压缩空气泡沫释放装置、控制阀门、流量仪表、控制柜、管道过滤器等系统组件的规格、型号、数量、安装方式、安装位置及安装质量。

(ii)管道及管件的规格、型号、位置、坡向、坡度、连接方式及安装质量。

(iii)固定管道的支、吊架,管墩的位置、间距及牢固程度。

(iv)管道和系统组件的防腐措施。

(v)消防泵房、水源及水位指示装置。

(vi)动力源、备用动力及电气设备。

(5)压缩空气泡沫灭火系统应进行功能验收,功能验收应进行启动功能试验和喷泡沫试验。

(6)压缩空气泡沫灭火系统启动功能试验应包含下列内容:系统应进行手动启动功能验收试验;主、备电源的切换功能验收试验;工作泵或装置功能验收试验,包含工作泵或装置运行验收试验和主、备泵组自动切换功能验收试验;联动控制功能验收试验。

(7)压缩空气泡沫灭火系统喷泡沫试验应包含下列内容。

(i)当为手动灭火系统时,应按照最远或最不利灭火分区的条件,以手动控制方式进行一次冷喷试验。

(ii)当为自动灭火系统时,应按照最远或最不利灭火分区的条件,以手动和自动控制的方式各进行一次冷喷试验。

(iii)冷喷试验时,测试并记录系统流量、响应时间、压缩空气泡沫产生装置的工作压力、压缩空气泡沫释放装置工作压力、泡沫液混合比、气液比、发泡倍数、25%析液时间等,均应达到设计要求。

(8)压缩空气泡沫灭火系统启动功能试验和喷泡沫试验全部检查内容验收合格,方可判定为系统功能验收合格。

(9)压缩空气泡沫灭火系统验收合格后,应用清水冲洗后放空、复原系统,并且泡沫液、水和压缩气体的储量应符合灭火设计用量要求。

(10)压缩空气泡沫灭火系统验收合格后,施工单位应向建设单位提供下列文件资料:竣工图;压缩空气泡沫灭火系统施工过程检查记录;隐蔽工程验收记录;压缩空气泡沫灭火系统质量控制资料核查记录;压缩空气泡沫灭火系统验收记录;相关文件、记录、资料清单等。

5.2.5　维护和管理

(1)压缩空气泡沫灭火系统投入使用后,应建立管理、检测、维护和操作规程,并应保证系统处于正常工作状态。

(2)维护管理人员应熟悉压缩空气泡沫灭火系统的原理、性能和操作维护规程。

(3)压缩空气泡沫产生装置、压缩空气泡沫释放装置、控制装置、阀门等系统组件应设永久标志,并应清楚显示流体流向、阀门启闭情况。

(4)每月应对压缩空气泡沫产生装置的消防泵、泡沫泵、供气装置以及备用动力进行一次启动试验,连续运行时间不宜少于 15min,并应按表 5.16 记录。

表 5.16　系统每月检查记录

检查日期	检查项目				存在问题及处理情况	检查人(签字)	负责人(签字)	备注
	消防泵启动试验	供气装置启动试验	泡沫泵启动试验	备用动力启动试验				

注:检查项目栏内应根据系统选择的具体设备进行填写;检查项目若正常划"√"。

(5)每季度应对系统进行检查，并应按表 5.17 记录，检查内容及要求应符合下列规定。

表 5.17　系统季度检查记录

工程名称							
检查日期	检查项目	检查、试验内容	结果	存在问题及处理情况	检查人(签字)	负责人(签字)	备注

注：检查项目栏内应根据系统选择的具体设备进行填写；表格不够可加页；结果栏内填写"合格"或"部分合格"或"不合格"。

a. 压缩空气泡沫产生装置(消防泵、泡沫泵、泡沫液储罐、供气装置)、压缩空气泡沫释放装置、控制装置的外观应完好无损。

b. 压缩空气泡沫炮、压缩空气泡沫消火栓、阀门的开启和关闭应自如，无锈蚀。

c. 压力表、流量计、管道过滤器、管道及管件不应有损伤、锈蚀。

d. 对遥控功能或自动控制设施及操纵机构进行检查，性能应符合设计要求。

e. 对压缩空气泡沫喷头、压缩空气泡沫喷淋管等释放装置进行检查，应无变形和损伤，孔口应无杂物、不堵塞。

f. 采用压缩空气对压缩空气泡沫喷头、压缩空气泡沫喷淋管、压缩空气泡沫炮等释放装置进行冲洗，冲洗时间不低于 5min。

g. 动力源和电气设备工作状况良好。

h. 水源及水位指示装置正常。

(6)每年应对压缩空气泡沫灭火系统进行全面检查和试验，并应按表 5.18 记录，检查和试验内容及要求应符合下列规定。

表 5.18　系统年度检查记录

工程名称							
检查日期	检查项目	检查、试验内容	结果	存在问题及处理情况	检查人(签字)	负责人(签字)	备注

注：检查项目栏内应根据系统选择的具体设备进行填写；表格不够可加页；结果栏内填写"合格"或"部分合格"或"不合格"。

(i)应按规定进行喷泡沫试验，并对系统所有组件、设施、管道及管件进行全面检查。

(ii)系统检查和试验完毕，应对压缩空气泡沫产生装置的消防泵、泡沫液管道、泡沫混合液管道、管道过滤器以及泡沫管道、喷过泡沫的释放装置等用清水冲洗后放空、复原系统。

(iii)冷喷试验结束后，应及时补充泡沫液和消防水。

(iv)应按要求对空压机、消防泵、动力源等进行定期维护保养。

(v)检查和试验中发现的问题应及时解决，对损坏或不合格部件应立即更换，并应复原系统。

(vi)系统主要组件应按生产商标示的使用寿命定期更换。

5.3　压缩空气泡沫消防车使用要求

压缩空气泡沫消防车的特点主要为方便、安全、高效、环保四个方面，在试验和实战中均可表现出来。车载式压缩空气泡沫灭火系统可以安装在任何车辆上，如主战消防车、洗消车、高速公路抢险救援车等，还可装在石化等企业的大、中、小固定灭火装置上，是目前最常见的压缩空气泡沫灭火产品。

5.3.1　压缩空气泡沫消防车使用现状

压缩空气泡沫消防车在 A 类火灾的扑救中具有不可替代的作用，已成为一级普通消防站和特勤消防站装备的必配车辆。纵观我国 30 多家消防车改装厂压缩空气泡沫消防车产品公告目录及多年来各地区车辆的配备情况，该类车辆使用现状具有如下特点[40]。

(1)关键压缩空气泡沫系统以进口为主。国内大部分压缩空气泡沫消防车为高价进口车，部分国产车为国内生产厂家利用进口的压缩空气泡沫灭火系统进行组装，整车的关键部件，如泡沫比例混合系统、控制系统等不具备自主知识产权和制造能力。压缩空气泡沫灭火系统是一个复杂、精确、自动化程度高的系统，需要压力供水系统、泡沫产生控制系统、压缩空气控制系统三大系统有机配合，完成水、泡沫混合液、压缩空气的精确混合，才能达到理想的灭火效果。国内改装的压缩空气泡沫消防车，其压缩空气泡沫系统均以集成式进口为主，如美国希尔(Hale)、大力(Darley)、德国施密茨(Schmitz)、西格那(Ziegler)等公司的产品；而国内自行研制的压缩空气泡沫系统，其关键部件如空压机、泡沫泵、冷却器等仍然需要依赖于进口。压缩空气泡沫系统的控制系统是最主要的核心技术，若自行研制，消防车厂家须与消防研究院所或高校联合攻关，借助科研院校的技术优势，结合消防车企业自身的实践经验联合研发。

(2)底盘品牌多样化。目前用于国产压缩空气泡沫消防车改装的底盘多为普通商用车底盘，发动机功率偏小。国内用于压缩空气泡沫消防车改装而采用的二类底盘品牌有庆铃、重汽、解放、青年曼、东风日产、曼、沃尔沃等。其中国产系列中，庆铃 FVR34J2 底盘最多，在所有车型中约占35%；进口系列中，曼 TGMl8.280 底盘较多，约占18%。改装厂具有代表性的压缩空气泡沫消防车底盘型号统计如表 5.19 所示，表 5.20 为工业和信息化部公告的国内部分厂家压缩空气泡沫消防车车型统计。

表 5.19　压缩空气泡沫消防车底盘型号统计

序号	品牌	底盘型号	底盘允许载重/kg	发动机功率/kW	轴距/mm
1	庆铃	NKR77PLPACJAY	7300	96	3815
		NKR77PLLWCJAY	7300	96	3815
		NKR77LLLWCJAY	7300	96	3360
		QLI100TKARY	10000	129	3815
		FVR34J2	16000	191	4500
		FVR34G2	16000	191	3900
2	重汽	ZZ1167M4617C	1900	196/213/221	4600
		ZZ1257N4347C	32000	247/279	4325+1350/4300+1400
		ZZ1257S4347C	32000	247/279	4325+1350/4300+1400
3	曼	TGL12.240	12000	176	3900
		TGM18.280	18000	206	4425/4725
		TGA33.430	33000	316	4500+1400
4	青年曼	JNP1250FDIJ1	34000	301	4575+1400/4200+1350
5	东风日产	DND1163CKB273H	20000	246	4600
6	沃尔沃	FM40064RB	32000	294	4900+1370
7	解放	CA1160P19K2L3E	19000	270	4650

表 5.20　国内部分厂家压缩空气泡沫消防车车型统计

序号	厂家	车型	底盘型号	灭火剂体积/L		
				水	A 类	B 类
1	明光浩淼安防科技股份公司	MX5070GXFAP21	NKR77LLLWCJAY	2000	100	—
		MXS100GXFAP30	QL1100TKARY	2180	300	602
		MX5160GXFAP60AA	FVR34J2	4000	300	1504
		MXS160GXFAP60BA	FVR34J2	5700	300	—
		MX519GXFAP70AA	ZZ1167M4617C	5500	500	885
		MX519GXFAP70BA	ZZ1167M4617C	6500	500	—
		MX5190GXFAP70CAA	CA1160P19K2L3E	4700	3700	1354

续表

序号	厂家	车型	底盘型号	灭火剂体积/L		
				水	A 类	B 类
1	明光浩淼安防科技股份公司	MX5270GXFAP110AS	ZZ1257N4347C	7600	100	1859
		MX5270GXF110BS	ZZ1257N4347C	9700	1000	—
		MX5320GXFAP150	TGA33.430	15000	400	—
2	山东省天河消防车辆装备有限公司	LLX5073GXFAP20	NKR77PLPACJAY	2200	100	—
		LLX5152GXFAP50	FVR34J2	4800	177	—
		LLX5163GXFAP70M	TGM18.280	6160	390	—
		LLX5193GXFAP70H	ZZ1167M4617C	6350	200	—
		LLX5321GXFAP160	FM40064RB	12000	443	2655
		LLX5333GXFAP170Q	JNP1250FD1J1	14450	430	1504
3	中联重科股份有限公司	ZLJ5120GXFAP32	TGL12.240	2800	200	200
		ZLJS1S0GXFAP42	FVR34J2	3800	200	200
		ZLJS160GXFAP44	TGM18.280	4000	200	200
		ZLJ5170GXFAP45	CA1160P19K2L3E	4000	250	250
4	北京中卓时代消防装备科技有限公司	ZXF5070GXFAP20	NKR77PLLWCJAYFV	1500	100	—
		ZXF5180GXFAP40A	CA1160P19K2L3E	4100	230	—
		ZXF5150GXFAP50	FVR34J2	4700	300	—
		ZXF5160GXFAP50	TGM18.280	4220	220	500
		ZXF5190GXFAP70	DND1163CKB273H	6450	300	—
		ZXF3270GXFAP110	ZZ1257S4347C	11000	300	—
5	捷达消防科技（苏州）股份有限公司	SJD5060GXFAP10W	NKR77LLLWCJAY	800	170	—
		SJD5100GXFAP33W	QL1100TKARY	3100	200	—
		SJDS120GXFAP40W	TGL12.240	3800	200	—
		SJD5140GXFAP50W1	FVR34G2	5000	150	—
6	四川森田消防装备制造有限公司	SXF5070GXFAP1SWA	NKR77PLLWCJAY	1250	200	—
		SXF5140GXFAP40WA	FVR34G2	3970	30	—
		SXF5180GXFAP60MA	TGM18.280	6000	200	—
7	东莞市永强汽车制造有限公司	RYS155GXFAP40ATA	FVR34J2	1000	560	1900
		RY5155GXFAP40ATBA	FVR34J2	3500	560	—
		RY5161GXFAP40AT2A	TGM18.280	3160	300	500
		RY5161GXFAP40AT2BA	TGM18.280	3725	300	—
8	上海金盾消防安全科技有限公司	JDX5100GXFAP21	QL1100TKARY	1980	200	—
		JDX5150GXFAP24	TGM18.280	2000	200	200
		JDX5160GXFAP50	FVR34J2	4350	200	—

(3)价格竞争制约其创新能力。国内目前改装的压缩空气泡沫消防车在销售过程中为了竞标,常常一味进入低价竞争的迷局,结果往往得不到合理的价值回报,造成对技术研发缺少投入甚至没有投入的局面,导致各消防车厂研发的产品出现缺乏核心竞争力、创新力差、性能故障率高等问题。要保障国内企业的发展,一是要使企业的经营者树立技术为先的理念,二是要维护良好的市场秩序,保障企业的合理利润,使行业内形成良性循环的机制。

(4)东西部地区配备不平衡。CAFS 对于提高我国消防部队的灭火作战能力具有十分积极的意义,但其系统结构复杂,许多关键件仍需进口。在东部发达地区,近年来加大了对压缩空气泡沫消防车的配备;而调研显示目前在中西部地区和经济不发达地区,配备的压缩空气泡沫消防车数量少,且使用率较低,有的省份至今都没有使用过压缩空气泡沫功能。

(5)出动概率较低。按照作为第一出动力量喷射 A 类泡沫概率分析,压缩空气泡沫消防车常常只作为水罐/泡沫消防车出动,没有充分发挥其水渍损失小、初期火灾灭火高效的作用。究其原因可能是思想观念、灭火成本、培训不到位等问题,致使各消防救援站不愿意使用压缩空气泡沫消防车。

我国压缩空气泡沫消防车的发展趋势可总结如下。

(1)底盘更趋专用化。以 4×2 消防专用底盘为主,完全满足消防车改装需求;乘员人数多,不少于 8 人;发动机功率大(净功率≥220 kW,比功率≥12);底盘允许质量大,改装后整车满载质量≤18000kg;在接到火警后能迅速出动,机动灵活,通过性好,可满足城市街道社区等狭小区域的火灾扑救。

(2)灭火剂装载量适中。压缩空气泡沫作为一种高效的灭火形式,且压缩空气泡沫消防车作为第一出动车辆,主要控制或扑救初起火灾,因此装载的灭火剂不应过多,水罐体积一般在 4000L 左右,A 类泡沫体积≤300L,B 类泡沫体积≤500L。整车布置除灭火剂罐体和压缩空气系统管路外,还可预留大量的器材空间,放置火灾现场所需的各类救援器材。

(3)功能趋于多样化。整车器材配备向多功能、多用途发展。除可扑灭 A 类初起火灾、A 类大范围火灾和 B 类火灾外,还可增加照明、发电、牵引等功能。此外,还可在预留器材箱内放置大量的用于救生、排烟、破拆、警戒、堵漏等的救援类器材,以满足灭火现场需要大量处置的救援任务,真正使车辆实现一车多用。

(4)操作控制更趋人性化、智能化。智能化、人性化设计,人与装备的有机结合,必将是消防车装备发展的主流。为了在火灾现场能快捷、方便地操作,可设计由 PLC 控制全自动 CAFS 装置,将压力供水系统、泡沫控制及供给系统、压缩空气供气及控制系统三大系统有机配合并协调工作,真正实现一键式智能操作,节省消防员的体力,减轻消防员的工作强度。

(5)便于维护。性能良好、经久耐用、故障率低,将是压缩空气泡沫消防车用户的首选，这就要求各消防厂家注重整车制造工艺，从材料、设计、制造方面层层把关，不断提高整车消防性能，降低维护难度。

5.3.2　压缩空气泡沫消防车型号

由于我国目前压缩空气泡沫消防车使用型号较为多样，本节选择纯进口压缩空气泡沫消防车及国产改装压缩空气泡沫消防车各两类进行介绍。

1. 纯进口压缩空气泡沫消防车

1) 美国大力压缩空气泡沫消防车

SZX5060GXFAP11 型压缩泡沫消防车[41]是美国大力公司生产的新一代压缩空气泡沫车，该车采用庆铃汽车股份有限公司 NKR77PLLWCJAY 型底盘，配置大力公司集成式 Kodiak250/130 型压缩空气泡沫系统制造而成(图 5.1)。车辆外形尺寸为 6100mm×1890mm×2560mm，满载质量<680kg，灭火剂装载量为 1100L。

图 5.1　美国大力压缩空气泡沫消防车

水泵型号为 2.5 AGE，引水装置为 AP00951-12VDC 型直流电动滑片真空泵，工作电压 12 V，驱动功率为 2100 kW(启动功率为 2500 kW)，最大真空度 85 kPa，吸深>7m，引水时间<30s。

压缩空气泡沫系统发动机型号为 D704TE2 型，功率 59.5 kW，额定转速 3000 r/min，输出扭矩 432 N·m，额定流量 75L/s。配有电子 A/B 类泡沫液切换阀、整机润滑系统、管路清洗系统。控制面板位于消防车后端，主要包括控制面板照明系统面板、简要操作规程标牌、系统压力表、发动机操作控制开关、空气压缩机操作开关、电子 A/B 类泡沫液切换阀开关等。空气压缩机型号为 E6 螺杆式，流量为 61L/s，工作压力 0.86MPa。车辆启动时，发动机和水泵同轴连接，空气压缩机由同步带驱动。泡沫比例混合器为 FoamPro2100 型全自动正压比例混合器，工作电压 12 V，泡沫混合比为 0.1%～9.9%。

消防炮型号为 AJ510，工作压力为 0.8MPa，工作电压为 12 V，额定流量为 16L/s，射程>45m。

整车性能符合《汽车、挂车及汽车列车外廓尺寸、轴荷及质量限值》（GB 1589 —2016）[42]的规定，整车消防性能和技术条件符合《消防车第 1 部分：通用技术条件》（GB 7956.1—2014）[43]和《消防车第 6 部分：压缩空气泡沫消防车》（GB 7956.6—2015）[44]的规定，所有操作开关、仪表、器材架及车辆均有符合标准、规范的铭牌标志。

2) 德国施密茨压缩空气泡沫消防车

SZX5140GXFAP24 型压缩空气泡沫消防车[41]是德国施密茨有限责任公司生产的新一代车用组合式压缩空气泡沫灭火系统消防车，该车采用庆铃汽车股份有限公司 FVR34J2 型底盘，上装以德国施密茨有限责任公司内置压缩空气泡沫灭火系统为核心，结合消防离心泵制造而成的高效消防灭火系统(图 5.2)。车辆满载质量≤14500kg，外形尺寸(不包括拖车)为 7900mm×2480mm×3200mm，灭火剂装载量为 2400L。

图 5.2　德国施密茨压缩空气泡沫消防车

消防水泵为 FPN10-3000 型耐腐蚀铝合金材质单级离心泵(后置)，额定转速为 3000r/min，额定流量为 3000L/min，额定压力为 1.0MPa，最大压力可达到 1.5MPa，输入功率为 79kW。传动系统型号为 QSE590 型夹心式，通过气动方式控制，并配置带球面调心轴承支座。

压缩空气泡沫灭火系统为德国施密茨有限责任公司整套生产的车载内置式 OS3100-E 型。该系统耗水量为 440L/min，工作压力为 0.8MPa(打开喷嘴压力为 0.65MPa)。A 类泡沫混合比为 0.3%，B 类泡沫混合比为 0.5%。系统可提供干、湿两种压缩空气泡沫，流量均为 3600L/min，湿式泡沫主要用于灭火，干式泡沫用于热辐射爆燃物标的喷涂隔热掩护。空气压缩机型号为 T6 型，转速为 2000～8000r/min，额定转速为 5700r/min，最大供气量为 4290L/min，额定供气量为

3100L/min，功率为 3.9～33.0kW，额定功率为 20kW。泡沫比例混合器型号为 DZA8/0.1-1 FoamPro2001 型，泡沫液流量为 0～9.84L/min，最大工作压力为 2.8MPa，工作电压为 24V，最大工作电流为 40A，混合比为 0.1%～9.9%。

消防炮为 PL50 型可升降泡沫/水两用炮，工作压力为 0.8MPa，额定流量为 40L/s。水最大流量为 50L/s（1.0MPa），射程≥55m；压缩空气泡沫最大流量为 36L/s，射程≥45m。

消防系统管路系统中，管件、阀类均采用不锈钢制品，管道用沟槽式卡箍接头连接。2 个吸水口为 DN100 接口，位于车后，手动蝶阀控制；2 个出水口为 DN80 接口，位于车后，手动调节阀控制；A、B 类组合式出水口为 2 个 DN80 接口，位于车后，手动调节阀控制；炮出口为 DN80 管路，位于车顶，气动球阀控制；罐注水采用 DN40 管路，车后手动调节阀控制；罐外进水口为 1 个 DN65 接口，位于车后，手动蝶阀控制；罐至泵管路为 DN125 管路，气动球阀控制。

上装电器管理系统包括耐高温附加高电流电线（额定电流的 125%）、中继布线端子、车身后 1 个 24 V/70 W 照明灯、按要求配置的安全标志灯、示廓灯、黄色转向灯、车身后两侧 LED 警用爆闪灯、电气设备手控电瓶主开关、电瓶快速充电系统、车身后侧配置刹车灯、转向灯及停车灯、车载无线台天线、GPS 预留线和位置、手提电脑电源接口。

上装工艺及表面油漆中，管路采用卡箍式和法兰连接，制造工艺要求铆钉排列整齐，无松动、破裂、偏斜，连接件、紧固件、自锁装置配备牢固。上装整体与驾驶室外表为消防红（按驾驶室电脑配色），车顶边部、保险杠及挡泥板涂白色珍珠漆，轮毂、支座、加强件涂黑色橡胶面漆。

整车性能符合《汽车、挂车及汽车列车外廓尺寸、轴荷及质量限值》（GB 1589 —2016）[42]的规定，整车消防性能和技术条件符合《消防车第 1 部分：通用技术条件》（GB 7956.1—2014）[43]和《消防车第 6 部分：压缩空气泡沫消防车》（GB 7956.6—2015）[44]的规定，所有操作开关、仪表、器材架及车辆均有符合标准、规范的铭牌标志。

2. 国产改装压缩空气泡沫消防车

1）江南压缩空气泡沫消防车

JDF5380GXFAP200 型压缩空气泡沫消防车[45]是集灭火、救援、破拆、通信、发电、照明、防护等多功能的城市主战消防车，适用于扑救各类固体及一般性油类火灾，可以处理其他灭火及抢险救援任务，通过性能优越、出动迅速、整体具有大比功率、多功能、高性能、多成员、智能化、短轴距等特点（图 5.3）。该车采用德国曼恩商用车股份公司生产的 TGS41.480 消防车底盘改装而成。整车由消防员乘员室和车身两大部分组成，乘员室为原装双排驾驶室，可乘坐 6 人（前排 2

人，后排 4 人)，该车为内藏罐结构，车身前部为器材箱，中部为水罐，水罐两侧为器材箱，后部为泵房。载液罐体为 304 不锈钢，与底盘采用弹性连接，载水 3000kg，泡沫液量 1000kg，装备了德国迈凯公司生产的 MicroCAFS3000 型消防车用压缩空气泡沫系统，额定压缩空气泡沫流量 50L/s，可支持 8 支 400L/min 流量的 CAFS 泡沫枪同时作战；沿消防楼梯往上可铺设 380m 水带，支持 2 支 400L/min 流量的水枪使用 CAFS 同时灭火作战，末端枪口压力 5 bar①。该系统操作简单，一键即可喷射压缩空气泡沫，免维护，使用完后无需对泡沫泵进行清洗。

图 5.3　江南压缩空气泡沫消防车

该车具备以下优越性能：单车垂直 100m 高楼层供给压缩空气泡沫时，末端枪口压力不低于 6 bar，流量>1000L/min，供给到达时间不大于 10min；单车可出 8 支 400L/min 消防枪喷射压缩空气泡沫；单车水平铺设 500m 干线水带，末端使用 1000L/min 消防枪喷射压缩空气泡沫且枪口压力不低于 6 bar；单车扑灭>600 个充分燃烧的橡胶轮胎火时长不超过 5min。

整车消防性能符合《消防车第 6 部分：压缩空气泡沫消防车》(GB 7956.6—2015)[44]要求，底盘通过国家强制性产品认证，发动机排放符合《重型柴油车污染物排放限值及测量方法(中国第六阶段)》(GB 17691—2018)[46]要求，整车通过国家消防装备质量监督检验中心检测。

2) 博利牌压缩空气泡沫消防车

博利牌 BLT5180GXFAP60/S6 型压缩空气泡沫消防车[47]采用中国重汽集团生产的汕德卡 ZZ5206N471GF5 型专用二类底盘改制而成，配备夹心式全功率取力器驱动后置式消防泵(图 5.4)。具有发动机储备功率大、动力性能好、结构合理、造型美观等特点，可广泛适用于各专业消防队、油田码头、厂矿企业等场所，迅速扑救油类火灾或一般固体有机物质火灾。

整车安装贯通式副车架，上连接上装，下连接底盘，起到承上启下的作用，

---

① 1bar=10⁵Pa。

有效避免车辆在行驶过程中由于路面不平或者急刹车等产生的惯性力对上装产生应力集中，最大程度保护了上装，延长了整车的使用寿命。

图 5.4　博利牌 BLT5180GXFAP60/S6 型压缩空气泡沫消防车

车厢采用分体式结构。车厢骨架采用铝型材搭接成型，内外蒙板为铝合金蒙皮，采用粘接工艺，并进行封缝处理，用于防电化学腐蚀。

消防员乘员室可乘坐 6 人，前排 2 人，后排 4 人。该车罐体为内藏罐结构，优质不锈钢，载水量 4400kg，A 类泡沫 500kg，B 类泡沫 1050kg。罐体内部设有纵横防荡板，底部设有纵向托梁，罐顶设有人孔口，在保证方便维修保养的前提下，最大程度延长罐体的使用寿命。

压缩空气泡沫系统采用广东瑞霖特种设备制造有限公司生产的 RL-CAFS-60/6000 型压缩空气泡沫系统，涵盖了上海雄真消防设备有限公司生产的 CB10/60-XZ 型常压消防泵，额定流量 60L/s，额定压力为 1.0MPa。AB 型自动泡沫比例混合器采用泵组方式设计，最大泡沫液流量为 50L/min。空气压缩机为双螺杆压缩机，额定气量为 4.2m³/min，额定压力为 0.86MPa。车顶安装了成都威斯特消防机械有限公司生产的 PLKD8/48 型车用电控消防炮，炮额定流量为 48L/s，额定压力为 1.0MPa。

牵引系统采用了美国冠军动力装备公司生产的 N16800XF-24V 型电动绞盘，钢丝绳总长度≥38m，额定拉力 70 kN，置于车辆前方下部牵引箱内。

升降照明系统采用了上海华度信号设备有限公司生产的 YZH4-5.0CF 升降照明系统，采用 4×1000W 功率 LED 灯头，起升离地高度不小于 8m。

与照明系统配合电机为日本泽藤电机株式会社(Sawafuji Electric Co Ltd)生产的 SHT15000-HA 型发电机，额定输出功率为 12 kV·A。

整车消防性能符合《消防车第 6 部分：压缩空气泡沫消防车》(GB 7956.6—2015)[44]要求，底盘通过国家强制性产品认证，发动机排放符合《重型柴油车污染物排放限值及测量方法(中国第六阶段)》(GB 17691—2018)[46]要求，整车通过国家消防装备质量监督检验中心检测。

5.3.3 压缩空气泡沫消防车操作和维护

1. 系统工作原理

压缩空气泡沫消防车的工作原理如图 5.5 所示。工作原理是系统由消防泵供水,在泵的出口处有一转换阀,不出泡沫时,转换阀接通左侧的管路,水直接流向消防炮;当需要出泡沫时,使转换阀接通左侧管路,此时消防泵的出水与从泡沫泵输出的泡沫原液相混。混合液延管路向各喷射口输送,在管路的适当位置加

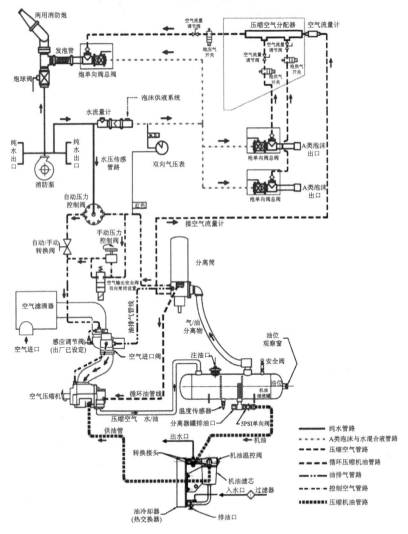

图 5.5 压缩空气泡沫消防车工作原理图

入压缩空气，最后由喷射器喷出。所有信息的收集与处理均是靠系统内部的微处理器完成，从而保证泡沫比例的精确、可靠。

（1）底盘。车辆底盘除了行驶时承载以外，还是上装部分的载体，同时为保证灭火系统正常工作，可靠、平稳地传递动力。

（2）取力器。取力器安装在底盘变速箱中间轴后端，通过水泵传动轴与水泵齿轮箱输入法兰相连，从而驱动水泵运转。

（3）液罐。液罐是车辆的基础件，在装载液体的同时，是车身骨架搭建的基础。水罐与副车架焊接为一体，副车架通过连接板与汽车大梁相连接。

（4）车厢。车厢骨架采用高强度铝合金型材搭建，蒙皮为铝板，与车身骨架采用粘接技术来连接。车厢左右各有若干个卷帘门，后部有一个卷帘门，车身设有器材箱，用于放置消防器材及附件。

（5）水泵。水泵是压缩空气泡沫灭火系统中的重要组成部分，它的主要作用是提供压力水源。对于水泵的要求是，它能够提供不低于 0.8MPa 的压力，并且流量要达到规定值，以保证系统正常运行。在实际操作中，如果水泵的压力或流量不能满足要求，可能会影响灭火效果，甚至可能导致系统无法正常工作。

（6）比例混合器。比例混合器是系统的核心部件，它的主要作用是提供精确的泡沫混合比例，确保在消防泵的整个流量范围内保证水与泡沫原液的比例正确。为了达到这个要求，机械控制方式已很难满足要求。因此，压缩空气泡沫系统普遍采用了电动泡沫泵与信号反馈式控制的组合方式。这种控制方式见图5.6。安装在消防泵出口处的流量计采集泵的流量参数并将此参数反馈至电动泡沫泵，控制单元将流量计采集的流量参数与预先设定的水/A 类泡沫原液的比例进行计算，并将计算得到的所需泡沫原液流量值转变为电信号用以控制电动泡沫泵的转速，从而达到在消防泵整个流量范围内保持混合比不变的要求。

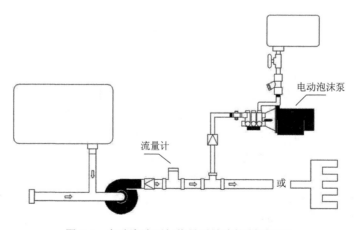

图 5.6　电动泡沫泵与信号反馈式控制原理图

　　大多数的比例混合器的混合比调节范围在 0.1%～6.0%之间，这个范围内的混合比能够满足大部分灭火需求。比例混合器的调节方式有自动和手动两种，由控制系统根据实际需要进行调节，以保证产生系统所需的混合液。这种精确的混合比控制，能够使泡沫灭火系统在灭火过程中，既有效地灭火，又最大限度地减少对环境的影响。

　　(7)空压机。空压机在系统中的作用也不容忽视。它的主要作用是向整个系统提供规定压力的足够的空气。空压机的工作原理是，将大气中的空气吸入，然后通过压缩提高空气的压力，再将压缩后的空气送入系统。这样就可以保证系统中的空气压力始终维持在规定范围内，从而使系统能够正常运行。在压缩空气泡沫系统工作时，水和压缩空气的压力始终要保持均衡。为了达到这一目的，目前压缩空气泡沫系统均预先设定压缩空气的压力(一般为 0.7～0.9MPa)，然后由控制装置均衡消防泵出口压力。水和压缩空气的压力差应控制在±10%内。由于系统的压力处于动态平衡，原动机转速变化或外部条件变化(如喷射口数量的改变等)均能引起系统压力的波动。为了防止水、泡沫原液和压缩空气相互倒流，在系统的出水管路、泡沫管路和压缩空气管路内均应安装单向阀。

　　(8)控制管路、电路及操作系统。控制管路、电路及操作系统是系统的控制部分。这部分是一个复杂、精确、自动化的系统，它把前面介绍的几部分有机地结合在一起，完成水、泡沫、压缩空气的精确混合，产生理想的灭火泡沫。控制管路主要负责连接各个部件，保证系统内液体和气体的流动；电路是负责提供电能，保证系统的电力供应；操作系统则是负责控制整个系统的运行，包括水泵、比例混合器、空压机的启动、停止以及参数调节等。

　　2. 操作流程

　　操作人员应熟悉压缩空气泡沫消防车的技术性能、规格参数，掌握消防系统的技术指标，按照操作规程的要求完成消防系统操作。

　　车辆使用前，须打开仪表板电源开关和气控总阀开关。

　　1)使用自然水源灭火

　　步骤 1：将消防车停靠在水池、河道等水位较深的地方，尽可能地在接近水源处操作，用吸水管扳手打开水泵后部进水口闷盖，将吸水管连接牢固，一端接上滤水器，另一端与泵进水口连接，然后将滤水器顺着水的流向沉入水中。需要注意的是，滤水器在水中深度应不小于 200mm，并且不应使泥沙污物堵塞滤孔，否则会严重影响泵的性能，缩短水泵使用寿命。

　　步骤 2：发动机怠速运转，踩下离合器，停顿 3～5s，打开取力器开关，缓慢松开离合器，使水泵低速运转。

　　步骤 3：进行引水操作。拉出引水泵引水开关，使引水泵运转，直至引水泵排气口有水连续流出，完成引水，关闭引水泵。注意：引水前应打开真空表球阀，引水结束后应关闭真空表球阀。

步骤 4：操作手油门，使水泵运转增速，观察仪表板上转速表，调节发动机转速，观察压力表，使水泵出口压力在 1.0MPa。

步骤 5：将车顶水炮调节至所需位置并打开炮出水球阀开关或将水泵出口与水带和水枪相连，打开出水口出水球阀。

2）使用罐内水灭火

步骤 1：拧紧后进水口扣盖，关闭泵出水口球阀及消防炮球阀，将水带一端接上水枪，另一端与泵出水口相连接。

步骤 2：打开后进水口开关。

步骤 3：操作手油门，使水泵运转增速，观察仪表板上转速表，调节发动机转速，观察压力表，使水泵出口压力在 1.0MPa。

步骤 4：将车顶水炮调节至所需位置并打开炮出水球阀开关或将水泵出口与水带和水枪相连，打开出水口出水球阀。

3）向水罐注水

步骤 1：用消火栓向水罐注水：将消防车停靠在消火栓旁，取下水带，一端与消火栓相连，另一端与水罐后部的水罐加水口相连。打开消火栓，即可向罐内注水，待溢水管流出水时，关闭消火栓。

步骤 2：用自然水源给水罐注水：将消防车停靠在自然水源旁，重复 1）中步骤 1 至步骤 3。打开操控面板罐注水开关。操作手油门，观察压力表，使其压力不超过 0.5MPa。观察水位计，水罐充满水时，关闭注水球阀，操作手油门，降低水泵转速。

4）余水排放

水路每次作业完毕，需要放净水泵、出水管路、吸水管路的余水。

5）水路操作规程

步骤 1：水泵启动前，发动机怠速运转。

步骤 2：从水罐吸水时，车辆后部的吸水口闷盖必须完全封闭。

步骤 3：从自然水源吸水，多次引水失败，应检查管路和水泵密封情况。

步骤 4：水泵运行停止之前，先降低发动机转速至怠速，再依次关闭水泵、阀门。

步骤 5：水泵严禁空转，只允许低速短时间（引水时）空转。

步骤 6：严禁出水阀不打开长时间运转水泵。

步骤 7：水泵叶轮转速不得超过所规定的转速（对应所规定的发动机转速和水泵输入转速）。

步骤 8：水泵使用完毕，应放净管道和消防炮内的残液。

步骤 9：环境温度低于 0℃时，注意防冻。

步骤 10：每隔 3 个月或每运行 25h 检查水泵齿轮箱油位，每隔 6 个月或每运行 50h 更换齿轮油。

步骤 11：真空泵每转 40 次应检查并添加润滑油，不得堵塞油箱顶部通气孔。

步骤 12：水泵泄漏控制在 40～60 滴/min 之内，当大于 60 滴/min 时，需上紧盘根。

水泵操作注意事项为：除非马上就要引水，否则不要让泵在无水的情况下运转。泵引水完毕后，发动机应该逐步加速，不要猛地加大油门，注意发动机温度，有过热信号时就应采取相应措施。泵吸水时最常见的故障是吸入管路漏气，泵每次工作完毕之后要立即打开排水阀排余水，特别是在寒冷的季节，在排完余水后不要忘记关上排水阀，否则将导致下次引水失败。不要让泵在出水口完全关闭的情况下长时间运转。泵齿轮箱的润滑油应加到油塞所示的油线位置，每运行 25h(或每隔 3 个月)检查油量，每运行 50h(或每隔 6 个月)换一次油，使所有的吸水阀和排水阀灵活方便，易于操作。泵抽吸完非淡水后，应该立即用清水冲洗水泵及管路，以免生锈，水泵从池塘、江河、湖泊等水源吸水时，要保证水源清洁并且与其他杂物分离。寒冷季节应时刻注意，采取对泵和管路等的防冻措施。消防泵应该定期检查并运转，吸水管末端应安装滤水器，以免吸进异物。吸水管的自由端必须浸入水中一个合适的深度，防止空气进入管路，特别是当泵的流量大时，必须浸入必需的深度；当浸入深度小时，空气进入管道，会在水表面形成小旋涡；当泵工作在最大流量时，推荐最小的浸入深度是管径的 4 倍，当不可能有适当的浸入深度时，在吸水管的末端放一块挡板可防止空气进入。吸水管末端不要太接近水源底部，否则很容易被水源底面的异物堵塞，一般应有 0.3m 的距离，过长的吸水管对泵不利，除增加吸入摩擦损失而减小流量外，还会产生汽蚀现象。

6)用压缩空气 A 类泡沫灭火

步骤 1：车辆停止，使用驻车制动，变速器置于空挡上。

步骤 2：先接合空压机，再接合取力器，连接相关灭火装备打开枪或炮 A 类泡沫出口，车辆处于喷水状态。

步骤 3：按泡沫控制单元上的泡沫钮，泡沫泵总开关灯亮，即打开了泡沫泵。此时，泡沫泵已向泡沫管路加注了泡沫，枪或炮 A 类泡沫出口可喷出水与泡沫的混合液。

步骤 4：泡沫比例的设定，按选择按钮到比例灯亮，按↑钮比例上升，按↓钮比例下降，所选定的比例即为泡沫比例。

步骤 5：打开压力平衡转换开关，选择压缩空气为"自动"。

步骤 6：打开相应连接出口的供气阀开关。调节对应出口的供气调节阀开度，可喷射不同类型的泡沫。供气调节阀开到中间位置时，可喷射湿泡沫；供气调节阀开到最大位置时，可喷射干泡沫。

步骤 7：调节发动机转速，观察双指针压力表使水和压缩空气的压力在 0.85MPa 左右。值得注意的是，每个出泡沫口对应一个空气开关，使用不同的泡沫出口要打开相应的空气开关。喷射干泡沫时要将空气开关开至最大，同时必须适度打开罐注水开关，以使水泵中的压力水部分回到水罐，达到循环冷却空气压缩机的目的。适当调整相应泡沫出口的开启度直至喷射出泡沫。此时，可用枪或炮喷射不同类型的泡沫。

步骤 8：用泡沫灭火后，将发动机转速适度降低，使水泵压力降到 0.3～0.5MPa，冲洗管路和水带，直至把泡沫冲洗干净。

步骤 9：使发动机降到怠速，首先脱离取力器，然后关闭水泵接合开关，然后再关闭空气压缩机接合开关，使水泵和空气压缩机脱离。

步骤 10：再次按泡沫系统控制单元上的泡沫键，关闭泡沫泵，开灯灭。

步骤 11：打开所有管路和水泵的放残水开关，放掉所有可能的残水，以免在冬季冻坏管路和水泵。需要注意的是，在接合和脱离空压机和水泵时，要严格遵守如下顺序：接合时，先空气压缩机，后水泵。脱离时，先水泵，后空气压缩机。

3. 日常维护保养

(1)车库应保持清洁、干燥，寒冷季节需适当保温。

(2)保持车辆有足够的燃料、润滑油、冷却水，定期检查并及时添加更换。

(3)检查电路、气路、油路是否正常，确保各种仪表、信号灯、照明灯、开关正常工作。

(4)水罐储有足够的水。

(5)检查发动机、动力分配器、传动系统及水泵运转是否正常。

(6)检查泵房、器材箱、水罐等消防部件的连接是否松动，若有损坏应及时更换。

(7)检查水泵、真空泵及进出水系统的密封性能。

(8)水泵使用时如有微小的滴漏属正常现象，如果滴漏超过正常值，应重新调整，但应在泵运行的情况下进行。

(9)真空泵和齿轮箱使用后必须检查油位是否在规定范围内。

(10)水管无损坏，密封圈保持完好。

(11)寒冷季节出车时应打开位于驾驶室内的加热开关,对出水球阀进行加热。

(12)水泵、出水阀等使用后应放尽剩水，在寒冷季节应对管线及球阀内部进行压力吹扫。

(13)所有阀门应经常启闭,并抹上少量油脂。

(14)车辆使用后应冲洗干净,外表用清洁柔软的纱头或毛巾擦干,保持外观光泽度。

(15)器材附件应装夹牢固,保持数量齐全。

4. 定期维护保养

(1)每月至少一次对泵、管道阀门、接头等进行水密性试验,具体步骤为:启动水泵,调整水压使压力表显示在 0.8MPa 左右;检查各部件、管道、接头等是否有渗漏现象;检验合格后关闭消防泵;打开排水阀放尽泵中余水;在水罐出水阀关闭的情况下开启真空泵,在几秒之内应达到 85 kPa;关闭发动机,用秒表检测真空度下降速度,在 1min 内真空度降低值小于等于 2.6 kPa,即为合格;如真空度低于规定值说明存在泄漏,可用静水压对泵系统检查。

(2)每季度或工作满 25h,应检查泵齿轮箱和真空泵油箱油位,若低于要求的油位应及时加油。

(3)每六个月或工作满 50h 应对泵齿轮箱和引水泵油箱进行换油。

(4)取力器每年至少换油一次,平时每次操作后应检查其油位。

(5)如果油色发白应立即换油。

(6)水泵盘根处的泄漏必须小于 60 滴/min,以保护泵轴和盘根,当泄漏大于 60 滴/min 时上紧盘根即可,如需添加应选用专用盘根。

(7)水液罐每年至少进行两次检查,检查时必须彻底排干,罐腹梁无顶距螺栓松动时应旋紧。

(8)消防车的润滑主要是回转机构的回转轴承、内齿圈与小齿轮以及减速机等。注油时可采用油枪注射或涂油,润滑油(脂)型号为 EG-3 钙基润滑脂,润滑周期为 15 天或实战作业后,使其高喷车各作业机构动作灵活自如、可靠。

(9)消防车液压系统的液压油是驱动各机构运动的工作介质,因此要保持液压油的清洁;高喷车作业一段时间后还应检查油量,油箱内的油在油标 4/5 以下时应予补充,以便保证各机构的正常作业;对于液压系统的管路,接头松动或出现漏油时,应采取紧固或更换密封垫等相应措施予以及时排除;消防车在日常演练中要随时检查并发现液压系统或元件是否有性能失调、失控现象,可根据情况进行修理或更换,做好维修工作,以确保在消防实战中的正常作业。

(10)消防车在消防灭火实战使用后,都应全面加以清洗、擦拭、注油润滑,并认真检查、维护和保养。

5.4　压缩空气泡沫灭火技术应用实例

5.4.1　储油罐应用案例

油储罐火灾处置风险极大，一旦发生油品沸溢、喷溅以及火灾爆炸等，所造成的人员伤亡和财产损失非常严重。美国某油品公司利用地下储油罐储存变压器油，储存空间为混凝土建造，长 83ft[①]，宽 35ft，高 15ft，还有一条行人隧道长 26ft，宽 5ft，高 9ft，同样使用混凝土建造，每个储油罐容量为 8000gal[②]，如图 5.7 所示。

图 5.7　地下储油罐现场图

查询标准 "Standard for Low-, Medium-, and High-Expansion Foam"（NFPA 11-2021）[48]后，该公司最终采用固定式压缩空气泡沫灭火系统作为防灭火装置。固定式压缩空气泡沫灭火系统管道比等效的泡沫-水喷淋系统更容易安装，直径也更小，降低了安装成本；同时，泡沫灭火剂更换为 2%浓度的 AFFF 泡沫浓缩液，使成本进一步降低（表 5.21）。更重要的是，该系统的用水量要求不高，因此原有的供水系统不需要改进。

表 5.21　各系统用水量对比

系统名称	水流量/(gal/min)	水消耗量/gal
泡沫-水喷淋系统	600	3600（60min）
高倍数泡沫系统	250	3000（12min）
固定式压缩空气泡沫系统	192	1920（10min）

① 1ft=0.3048m。

② 1gal=3.785L。

图 5.8 所示为压缩空气泡沫灭火系统设计方案。由于地下空间限制，油罐储蓄池的设备密度较高，空间内障碍物较多，为确保所有区域得到充分保护，该系统使用的喷头数量多于一般情况，另有 4 个喷头用于覆盖通往保护室的通道。经过保护区域面积计算后，整个区域共设计 32 个 TAR-225C 型喷头，安装在天花板水平位置，每个喷头的额定流量为 6gal/min，所需总流量即为 192gal/min，泡沫喷头排放压缩空气泡沫时间至少为 10min。

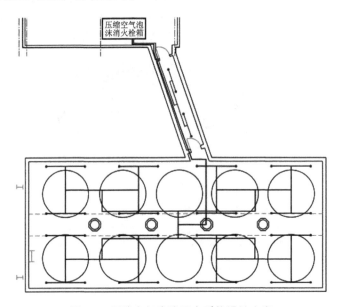

图 5.8　压缩空气泡沫灭火系统设计方案

在系统整体布局方面，完整的固定式压缩空气泡沫灭火系统本身占地面积很小 (图 5.9)，泡沫浓缩液储存在一个 50gal 的非加压罐中，通过 10 个高压压缩气瓶来为系统提供压力。工作人员将之设计安装在距离储罐近 200ft 外，供液及供气管道均保持最小直径，这种布局不会像泡沫-水喷淋系统中由于压力损失过大而对系统性能产生不利影响，同时出现问题时便于维修或更换。

5.4.2　高层建筑应用案例

广西南宁华润大厦 A 座位于广西壮族自治区南宁市青秀区东盟商务核心区域，青秀路与民族大道交汇处，建筑高度 403m，包括 170000m² 超甲级办公楼、5000m² 商业楼以及 45000m² 超五星级酒店。由于建筑高度超过了压缩空气泡沫的有效输运高度，中国科学技术大学的徐学军设计了"固移结合"的压缩空气泡沫灭火系统方案[6]。考虑一定安全余量，塔楼设置专用立管垂直输送压缩空气泡沫至起火楼层进行灭火；在大厦顶层及 43 层设备层各设置一套最大流量为 3000L/min

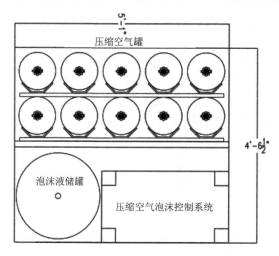

图 5.9 压缩空气泡沫灭火系统平面图

的固定式压缩空气泡沫系统，在火灾发生初期能够自动或手动启动，根据火灾发生楼层的高度，通过专用立管垂直向下、向上输送压缩空气泡沫进行高效扑救；在首层室外设置专用泡沫接合器，保证消防车能够垂直向上输送压缩空气泡沫。该系统整体设置如图 5.10 及图 5.11 所示。

具体设计应用方案及系统参数如下。

(1)楼顶固定式压缩空气泡沫系统通过专用竖管可向下输送压缩空气泡沫，覆盖建筑高度超过 57 层以上楼层；固定式压缩空气泡沫灭火系统的最大流量为 3000L/min，储水罐容积为 18m³，3%的 A 类泡沫原液储罐容积为 2m³。系统设置电控阀门与专用立管相连，且系统具有现场启动、消火栓箱内手动按钮启动(为避免误触，需由消防控制室确认后启动)、消防控制室手动启动、消防控制室报警联动启动四种启动模式。

(2)43 层设备层固定式压缩空气泡沫系统通过专用竖管可向下输送压缩空气泡沫，结合截止阀可以向上或向下输送压缩空气泡沫，可以覆盖建筑高度超 57 层以下的楼层，其系统参数与楼顶系统相同。

(3)通过地面的专用泡沫接合器，设置 DN100 接口，用泡沫消防车向上输运压缩空气泡沫，可以覆盖 31 层以下的楼层。

(4)系统中专用泡沫消防立管连接所有楼层，采用 DN80 热镀锌钢管、DN65 热镀锌钢管、特制同频接口(弯头)，耐压 1.6MPa。

(5)设置电动截止阀来对不同的楼层进行分段输运压缩空气泡沫，消防立管安装 6 个电动截止阀(6 层/19 层/31 层/43 层/57 层/70 层)，针对不同的楼层开启相应的截止阀。此外，在屋顶层、地下三层、设备避难层增设电动阀，实现系统的联动控制。所有的电动截止阀能承受的工作压力为 1.60MPa，可由手动、消防中心远程电动控制阀门状态(开、闭)返回消防中心。

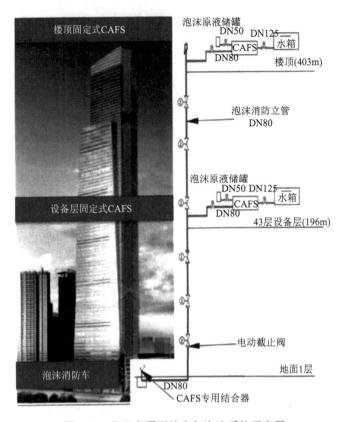

图 5.10　华润大厦压缩空气泡沫系统示意图

(6)每层设置两个消火栓箱(规格 800mm×650mm×240mm),每个消火栓箱配置 DN65 拴口 2 个、25m 的 65 型消防水带 2 条、ϕ9mm 水枪 2 个,确保能到达该层最远点。消火栓箱中设置手动报警按钮,每层的手动报警按钮采用二总线通信模式,并沿专用管路敷设至大厦顶层,用于启动大厦顶层、43 层设备层的固定式压缩空气泡沫系统,布置方式见图 5.12。

5.4.3　飞机库应用案例

随着民航技术的发展,众多公司配备了公务专用飞机,飞机库的配套建设也相应地进入了增长期。小型飞机库是维修小型飞机的工业建筑物,通常被归类为Ⅱ类机库。现代飞机技术密集、价值昂贵,又因飞机载有燃油而火灾危险性极大,在防火工程设计上具有特殊要求[49]。

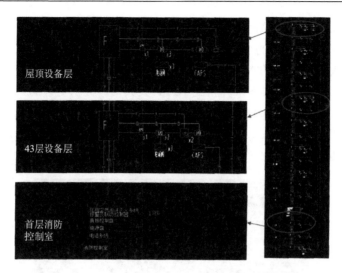

图 5.11 华润大厦压缩空气泡沫联动线路示意图

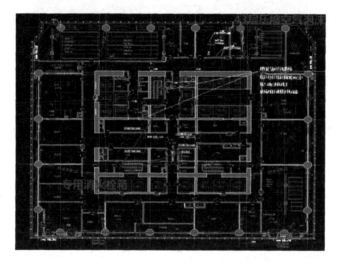

图 5.12 华润大厦 43 层压缩空气泡沫系统及专用消防栓箱设计

为了满足公务需求，英国《金融时报》设计并修建了内部小型飞机库，该飞机库面积约 3716m², 飞机库大门高度约 8.5m, 如图 5.13 所示。依据美国消防协会制定的 "Standard on Aircraft Hangars"（NFPA 409-2022）[50], 基于飞机库自身内部特点，设计师首先考虑采用固定式灭火系统，并提出了 4 种选择方案。然而，这几种传统的设计方案均对消防水源需求量较大，此机库的地理位置无法满足。因此，设计师与政府就固定式压缩空气泡沫灭火系统在该项目应用的可行性进行了探讨，通过对相关规定的深入分析，工作人员发现，尽管其中并未包含固定式压缩空气泡沫灭火系统的设计要求，但众多 B 类火灾的全尺寸试验表明，该系统在控制和扑灭 B 类火灾方面的性能相同甚至优于泡沫-水喷淋灭火系统，而且只需要传统灭火系统 25%的水量。最终，当地政府批准使用固定式压缩空气泡沫灭火系统作为第五个解决方案，并搭配 AFFF 灭火剂，提供更好的灭火能力。压缩空气泡沫灭火系统只需 0.04gal/min 的泡沫溶液即可保护 1ft^2 的建筑；此外，使用固定式压缩空气泡沫灭火系统也可以减少泡沫浓缩液的使用量，2%浓度的 AFFF 泡沫浓缩液即可代替常规 3%的其他泡沫灭火剂。

图 5.13　英国《金融时报》的飞机库

　　图 5.14 所示为该项目固定式压缩空气泡沫系统的最终设计方案，该方案采用开放管道与泡沫喷头连接的雨淋式释放装置。泡沫喷头安装在天花板水平位置；管道比等效的泡沫-水喷淋系统更容易安装，直径更小，从而降低了安装成本；泡沫浓缩液储存在非加压罐中，不需要使用气囊或复杂的电感器；系统通过高压压缩空气钢瓶作为动力源，在原有水压下即可提供给压缩空气泡沫灭火系统使用。在流量和管道运行平衡的条件下，根据 ICAF 消防设计手册，计算得出共需要 192 个喷头，这样才能充分覆盖整个区域。由于每个压缩空气泡沫混合装置最多只能供应 32 个喷头，系统需要分为 3 个消防区域，通过 6 根主管道相连，并将之分布在 3 个消防区域的集成柜中，最终连接到公用泡沫液储罐和压缩空气气瓶。通过计算，该系统所需的水流量为 1200gal/min，而传统的标准泡沫-水喷淋系统则需要 4700gal/min 的水流量，252 个喷头才能达到相同的灭火效果。设计人员计算得出，与传统系统相比，固定式压缩空气泡沫灭火系统在基础设施上节省的总成本高达项目总预算的 35%。

　　由此可见，固定式压缩空气泡沫灭火系统并不需要消防泵(立式涡轮或柴油驱动)等冗余装置，在保证灭火性能的前提下，能够大幅度降低安装费用及灭火成本，成为一种保护飞机库和类似场所的环保型解决方案。

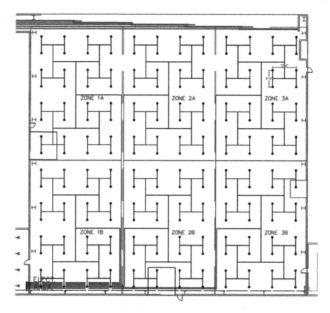

图 5.14　飞机库典型喷嘴分布

5.4.4　特高压变电站应用案例

国家电网有限公司会同应急管理部天津消防研究所等多家单位先后成功开展多次压缩空气泡沫炮扑救全尺寸特高压换流变压器(简称换流变)实体火试验,为特高压换流站的压缩空气泡沫灭火系统设计提供了有力的技术支撑。基于试验研究结果,多家单位合作设计了海南某±800kV 特高压换流站压缩空气泡沫灭火系统[51,52]。

(1)海南换流站工程共 4 组换流变分区,每组换流变分区安装 6 台换流变,每台换流变同时设置喷淋系统及消防炮进行灭火保护。喷淋系统用于火灾时自动启动,对换流变形成全方位包络;每组换流变分区(6 台换流变)设置 7 门消防炮,安装于防火墙挑檐上方,保证每台换流变都对应有 2 台消防炮保护。

图 5.15 为压缩空气泡沫系统设计原理图,从装置出口总管设置 4 个分区阀,分别供给至 4 个换流变分区;每个分区建设选择阀室 1 座,在选择阀室内设置 13 个选择阀,分别供给 6 路喷淋系统和 7 台消防炮;另外,鉴于举高消防车已成为消防部队在灭火救援工作中的重要战斗力量[53],在各分区主管上预留举高车接口。

(2)消防给水系统设计中,用水量为 5844L/min,按持续喷放 60min 计算,共需要水量 351m³(最终用水量需根据设备参数调整)。站区管网可提供的水压不小于 0.6MPa,如不满足产生装置的需求,由压缩空气泡沫产生装置自行加压;并在消防间设置缓冲水箱，容量按不低于 $60m^3$ 考虑，通过站内消防管网补水，补水管上设置电动阀，并设置动态液位监测装置，与压缩空气泡沫产生装置联动打开电动阀进行补水。

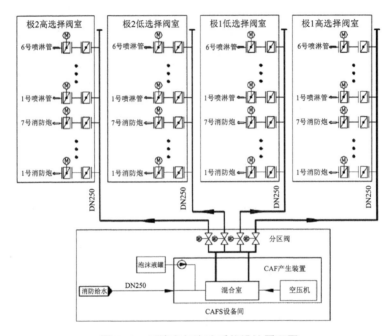

图 5.15　压缩空气泡沫系统设计原理图

(3) 系统设备间主要设备有压缩空气泡沫产生装置、泡沫液罐及电控柜等，如图 5.16 所示。房间布置考虑泡沫产生装置工作时进风要求，设置 4 个电控卷帘门（接收控制系统启动信号开启卷帘门）。

图 5.16　压缩空气泡沫系统设备间

(4) 在防火墙外侧设置有一个专用的选择阀室（图 5.17），由产生装置沿消防干管将压缩空气泡沫灭火剂输送到每个阀室内的选择阀，每台换流变的喷淋灭火系统和消防炮灭火系统各独立设计有选择阀，选择阀选用电动蝶阀，平时常闭，火灾时由联动主机联动开启。系统选择阀室 6 台换流变设置 7 门消防炮，由于压缩空气泡沫消防炮的射程仅为 40m 左右，消防炮只能布置在阀厅外墙挑檐处，距离换流变上方约 20m；7 门消防炮设置 7 根管道，每个炮的选择阀下移至防火墙外侧的安全位置，可实现远程电动、现场紧急手动启动两种控制方式。为避免一台换流变电动阀故障检修导致全部 6 台换流变失去消防保护，在每一路消防管道电动蝶阀前增加常开手动阀；对某支路电动蝶阀检修或发生故障需要更换前，先行关闭该支路手动阀即可。

图 5.17　选择阀室安装图

(5)压缩空气泡沫喷淋主管安装固定在防火墙侧面,喷头直接安装在消防主管上，可有效防止换流变火灾事故对喷淋管网的影响，减小因局部受损而导致的整个系统失压的风险，如图 5.18 所示。泡沫灭火剂输送到喷淋主管后，通过不同位置及角度安装的喷头全覆盖喷放到换流变压器及散热器、套管升高座、油枕以及油坑内，对单个换流变防护区进行全方位灭火保护。考虑到镀锌钢管易腐蚀，容易导致喷头堵塞而影响灭火效果，喷淋干管采用整体的不锈钢管一体化加工。

图 5.18　压缩空气泡沫喷淋管道

(6)消防炮作为喷淋灭火系统的备勤系统,安装于换流变两侧防火墙上方的阀厅外墙挑檐上方(高端高约33m,低端高约25m),每6台换流变设置7门消防炮,确保每台换流变均在2门消防炮的保护范围内。当火灾发生时,由图像探测系统将火灾信号传输至消防控制中心,值班人员手动启动对应的消防炮及区域选择阀,将炮位摄像机的视频图像显示在主控操作台的显示屏上,操控消防炮的控制摇柄定位炮口并锁定火源位置,按下压缩空气泡沫系统一键启动按钮,开始对火源进行扑灭。可根据实际火灾情况选择一门或者两门消防炮进行灭火动作,当换流变火灾产生的浓烟或高温导致对应换流变上方的消防炮出现故障,可以人工选择相邻的消防炮进行灭火扑救。消防炮布置如图5.19所示。

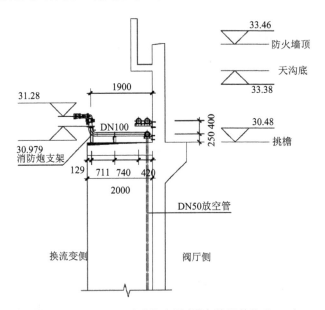

图5.19　MC25000消防炮布置(图中数据单位为mm)

由于消防炮安装位置较高,为保证检修人员安全,在防火墙挑檐纵向通常设置防护围栏;另外,为防止消防炮工作转向时炮头与栏杆发生碰撞,将消防炮防护围栏局部断开,如图5.20所示。

(7)为减小系统供给管道水头损失,应保证管道竖向平直,无特殊说明处严禁上翻或下弯,确实需要时所有弯头均采用2个45°弯头过渡。另外,为防止管道积水发生冰冻或积水影响系统性能,在供给方向下游适当位置设置放空阀门井,详见图5.21。

(8)系统典型控制流程如图5.22所示,具有自动、远方手动、就地手动等控制方式,正常情况时应设置在自动控制状态。

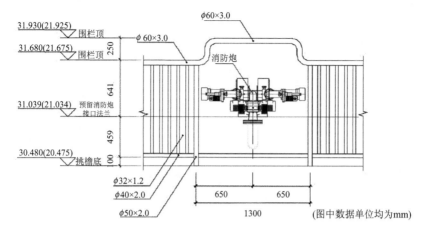

图 5.20　防护围栏设置(图中数据单位为 mm)

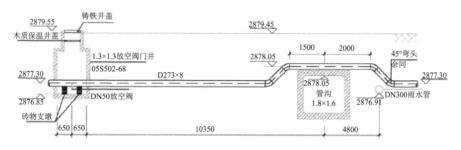

图 5.21　供给管道穿障碍示意(图中数据单位为 mm)

(i)系统巡检采用联动控制系统,能够实时采集泡沫液位、出口压力、压缩空气泡沫产生装置状态、通信链路状态、阀门位置等系统重要设备及阀门等的状态信号并进行自检,异常时进行后台告警,提醒运行人员处理。另外,系统具备巡检功能,定期自动或者人工发出巡检指令,依次对系统相关阀门、设备等进行开闭操作测试,通过巡检能够测试系统各设备功能是否正常,发生异常后监控后台会发告警提示,待巡检完毕后由运行人员核查处理,发现异常及时进行处理。

(ii)控制系统包含联动控制系统(主控楼上位机+就地下位机)、监控后台、消防炮控制系统、阀门就地操作箱等,系统布置如图 5.23 所示。

(iii)联动控制系统包含上位机和下位机两部分,采用光纤通信。联动控制系统上位机布置于主控楼,内含双套智能控制装置,实现核心控制逻辑和信号采集与上送;联动控制系统下位机分别布置于设备间和选择阀室内,实现就地信号采集和就地设备的控制。

(iv)监控后台布置于主控室,用于展示系统各设备的运行、告警等状态信息,并可在监控后台上进行系统设备的遥控。

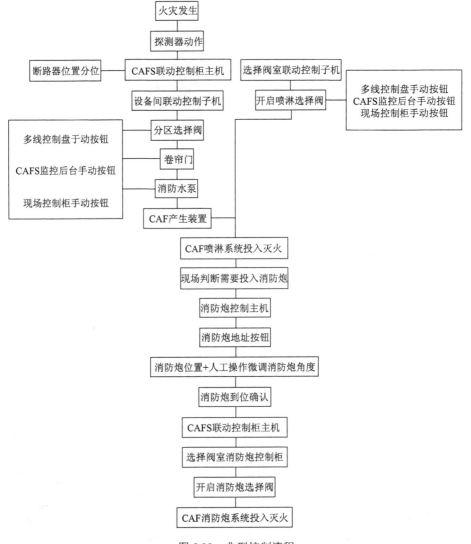

图 5.22　典型控制流程

(v) 消防炮控制系统包括消防炮琴台、消防炮就地控制箱、无线遥控器、UPS 电源等,用于实现消防炮的角度调节、一键置位和视频信号的传输显示。

(vi) 阀门就地操作箱用作分区阀、喷淋选择阀、消防炮选择阀的就地手动操作机构,可以接收外部指令实现阀门开启和关闭,并配备远方/就地选择把手。

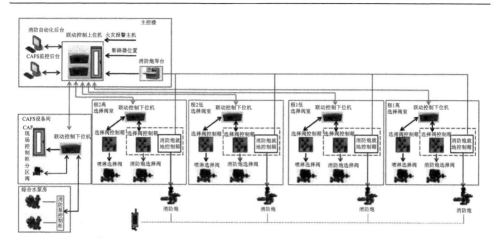

图 5.23 压缩空气泡沫系统联动控制系统

5.5 压缩空气泡沫灭火技术发展趋势与展望

压缩空气泡沫灭火技术以其独特的优势正在取代传统负压吸气式泡沫灭火技术，成为世界各国普遍关注并感兴趣的热点。近年来，由于环境保护、水资源保护等问题越来越受到人们的重视，尤其是那些对火灾扑救附带特殊要求的情境，如某些石油化工可燃性液体危险品火灾的扑救，因此，近几年压缩空气泡沫灭火技术得到更为迅速的推广和应用。

自 20 世纪 30 年代德国将压缩空气泡沫灭火技术应用于森林火灾以来，该技术至今已经发展了将近一个世纪。其中在 20 世纪 80 年代，美国土地管理局将轮转式空气压缩机、直射型泡沫比例混合器引入压缩空气泡沫系统的设计中，确保了供气和供水连续不断，泡沫液的混合实现了更加精确的自动化混合，为压缩空气泡沫系统的广泛应用提供了技术基础。此后，美国、加拿大、澳大利亚、德国等国家对压缩空气泡沫系统应用技术和系统设计进行了多项基础及应用性研究。随着这项技术的发展，国内外的学者开展了特殊场所环境下压缩空气泡沫系统灭火有效性的研究。这些研究表明，此系统不仅适用于市政建筑火灾扑救，对于集装箱、飞机库等具有 A、B 类混合火灾危险的场所也具有适用性。

近年来，工业技术改革及消防系统应用复杂化对压缩空气泡沫灭火技术中的压缩空气泡沫灭火剂及压缩空气泡沫灭火系统均提出了新的需求。

5.5.1 压缩空气泡沫灭火剂

化学等基础科学和技术条件的快速发展，为新型灭火剂的出现奠定了基础，而新型的绿色经济发展理念、人与自然和谐共生模式、社会治理模式、产业多样化等对灭火剂性能提出高要求，决定了新型灭火剂具备绿色环保化、作用高效化、配套技术成熟化、适用环境多样化等发展趋势。

(1)绿色环保化。联合国环境规划署通过了《关于持久性有机污染物的斯德哥尔摩公约》，将泡沫灭火剂中所含的全氟辛基磺酸盐(PFOS)等 9 大类物质列入了持久性有机污染物行列。因此，开发传统泡沫灭火剂替代技术，可以有效减少持久性有机物 PFOS 的排放，对于生态环境保护具有重大意义。开发传统氟碳表面活性剂替代物或新型高效环保型易燃液体火灾灭火剂是当前科研工作者亟待解决的问题。

(2)作用高效化。采用高效的灭火剂迅速扑灭火灾是火灾发生后最大的需求，目前我国社会组织具有资源密度高、集中化程度高的特点，对灭火剂作用时效和灭火性能提出更高要求。

(3)普适性增强化。我国社会生产正趋于复杂化和专业化，易发火灾场所及环境多样，易燃物品常常包括多种类型，因此对压缩空气泡沫灭火剂扑灭火灾类型的广泛性提出了更高的要求。

5.5.2　压缩空气泡沫灭火系统

目前，我国的压缩空气泡沫系统大多为车载、便携式、小型移动式以及集成式四种类型，发展趋势可概括为高性能化、集成成熟化、高兼容性、高自动化与智能化。

(1)高性能化。现代压缩空气泡沫灭火技术虽具有良好的技术优势，但系统运用成本较高，需要定期进行更换，使用周期方面相对较短，一旦单元构件出现故障，灭火设备整体结构将无法使用，因此做好压缩空气泡沫灭火系统核心设备高性能化的技术改革尤为必要，这是提高压缩空气泡沫灭火技术应用经济效益与社会效益的有效途径。

(2)集成成熟化。随着建筑、交通等行业发展，特殊空间对压缩空气泡沫灭火系统集成化的成熟度提出了新的要求。在高层建筑、地铁隧道、机场等封闭或狭小空间，由于技术因素，大型消防设备无法到达灭火现场，而高度集成化的便携式压缩空气泡沫灭火系统成为解决方案之一，其具有单兵灭火能力强、便携性好的特点，可有效扑灭特殊场所火灾。

(3)高兼容性。目前，大部分压缩空气泡沫灭火系统需要专用设备，设备与泡沫灭火剂材料的广泛适配，使其使用兼容性及环境适应性得以提升，确保在各个领域均能够使压缩空气泡沫发挥最大效用是主要的研究方向之一。

(4)高自动化与智能化。随着制造工业与人工智能技术的不断进步，压缩空气泡沫灭火系统将继续迎来技术创新和智能化发展。例如，新型的灭火装置和传感器等技术的引入，使灭火效果和响应速度提高，并实现远程监控和操作；自动感应、远程控制和无人机灭火等技术的应用可提高灭火效率，并增强应急响应能力。

参 考 文 献

[1] 李易. 某化工罐区固定式消防系统研究与设计[D]. 成都: 西华大学, 2015.

[2] 刘馨泽, 毛文锋, 于广宇. 石油化工储罐火灾事故消防车安全部署优化技术研究[J]. 工业安全与环保, 2019, 45(4): 20-22.

[3] 李世环. 压缩空气泡沫灭火系统在石油化工储罐消防安全中的应用[J]. 化工管理, 2022, (3): 119-121.

[4] Rie D H, Lee J W, Kim S. Class B fire-extinguishing performance evaluation of a compressed air foam system at different air-to-aqueous foam solution mixing ratios[J]. Applied Sciences-Basel, 2016, 6(7): 191.

[5] Tian F Y, Wang K, Fang J, et al. Suppression behavior difference between compressed air/nitrogen foam over liquid fuel surface under constant radiation heat flux[J]. Fire Technology, 2022, 60: 1225-1243.

[6] 徐学军. 压缩空气泡沫管网输运特性及其在超高层建筑中应用研究[D]. 合肥: 中国科学技术大学, 2020.

[7] 刘臻, 靳庆生, 郝常华. 压缩空气泡沫系统在高层建筑火灾扑救中的应用[J]. 中国人民警察大学学报, 2023, 39(8): 67-71.

[8] 陈涛, 王雨薇, 张鹏, 等. 超高层建筑压缩空气泡沫枪灭20A木垛火有效性研究[J]. 消防科学与技术, 2023, 42(10): 1393-1398.

[9] 陈涛, 秦国杨, 张鹏, 等. 超高层建筑压缩空气泡沫枪喷射特性研究[J]. 消防科学与技术, 2024, 43(1): 1-4.

[10] 谢浩, 金龙哲. 重型压缩空气泡沫消防车在高层建筑火灾扑救中的应用研究[J]. 科技通报, 2016, 32(12): 236-241.

[11] 李慧清, 乔启宇, 于文华, 等. 试验用压缩空气泡沫系统(CAFS)的设计[J]. 林业机械与木工设备, 2002, (10): 7-10.

[12] 李慧清. 压缩空气泡沫系统(CAFS)泡沫性能的试验研究[D]. 北京: 北京林业大学, 2000.

[13] 初迎霞. CAFS中流动参数与泡沫形态关系的试验研究[D]. 北京: 北京林业大学, 2005.

[14] 初迎霞, 王海明, 乔启宇, 等. 压缩空气泡沫系统在林火扑救中的应用[J]. 林业机械与木工设备, 2004, (8): 33-36.

[15] 包志明, 张宪忠, 靖立帅, 等. 公路隧道自动灭火系统应用研究及展望[J]. 工业安全与环保, 2016, 42(8): 28-31.

[16] 陈涛, 胡成, 包志明, 等. 压缩空气泡沫喷淋系统在水下隧道的应用研究[J]. 消防科学与技术, 2019, 38(10): 1417-1420.

[17] 钟声远. 特长铁路隧道救援站内压缩空气泡沫灭火性能研究[D]. 天津: 天津商业大学, 2017.

[18] 傅学成, 陈涛, 胡成, 等. 不同类型压缩空气泡沫灭隧道油池火性能比较[J]. 消防科学与技术, 2017, 36(11): 1563-1567.

[19] 顾向兵, 陆昀. 压缩空气泡沫系统与 "一七" 消防车[J]. 中国消防, 2010(10): 41-43.

[20] 王龙, 王晓峰. 油浸式变压器火灾事故特点与灭火技术研究[C]//中国消防协会灭火救援技术专业委员会, 中国人民警察大学救援指挥学院. 2023 年度灭火与应急救援技术学术研讨会论文集. 北京: 化学工业出版社, 2023: 3.

[21] Zhou B, Yang W Y, Yoshioka H, et al. Research on suppression effectiveness of compressed air foam for oil-immersed transformer hot oil fire[J]. Case Studies in Thermal Engineering, 2023, 49: 12.

[22] 尚峰举, 张佳庆, 黄勇, 等. 适用油浸式变压器的新型灭火系统及方法: CN115212493A[P]. 2022-10-21.

[23] 刘云端, 赵安敏, 谢水东. 泡沫系统的分类及其在机场消防车上的应用探析[J]. 专用汽车, 2023, (2): 29-32.

[24] 陈俊, 杜锡康, 熊京忠. 最大机型法在民用运输机场飞行区消防水量确定中的应用[J]. 消防科学与技术, 2021, 40(11): 1608-1611.

[25] 郭建生. 泡沫枪口径及流量对泡沫灭火剂发泡性能影响研究[D]. 广汉: 中国民用航空飞行学院, 2019.

[26] 中华人民共和国住房和城乡建设部, 中华人民共和国国家质量监督检验检疫总局. 飞机库设计防火规范: GB 50284—2008[S]. 北京: 中国计划出版社, 2008.

[27] 李国松. 应用压缩空气泡沫灭火系统实施大跨度大空间火灾处置的效能初探[J]. 今日消防, 2022, 7(12): 21-24.

[28] 陈武宁. 微型压缩空气泡沫消防车研发思考[J]. 江苏警官学院学报, 2010, 25(2): 183-185.

[29] 郭戎. 无机胶凝泡沫防灭火技术研究[D]. 西安: 西安科技大学, 2016.

[30] 裴志林. 矿用防灭火有机固化泡沫配制及其产生装置研究[D]. 徐州: 中国矿业大学, 2010.

[31] Pan Z H, Li H Z, Liu W Q. Preparation and characterization of super low density foamed concrete from Portland cement and admixtures[J]. Construction and Building Materials, 2014, 72: 256-261.

[32] 宋建国. 机载压缩空气泡沫降尘技术研究与实践[J]. 煤炭工程, 2010(9): 82-85.

[33] 王树英, 胡钦鑫, 徐长节, 等. 一种高水压下泡沫改良砂性渣土渗透系数测试方法及测试装置: CN110658120A[P]. 2020-01-07.

[34] 中华人民共和国住房和城乡建设部, 国家市场监督管理总局. 泡沫灭火系统技术标准: GB 50151—2021[S]. 北京: 中国计划出版社, 2021.

[35] 中国工程建设标准化协会. 压缩空气泡沫灭火系统技术规程: T/CECS 748—2020[S]. 北京: 中国建筑工业出版社, 2020.

[36] 中华人民共和国住房和城乡建设部, 中华人民共和国国家质量监督检验检疫总局. 工业金属管道工程施工规范: GB 50235—2010[S]. 北京: 中国计划出版社, 2011.

[37] 中华人民共和国住房和城乡建设部, 中华人民共和国国家质量监督检验检疫总局. 现场

设备、工业管道焊接工程施工规范: GB 50236—2011[S]. 北京: 中国计划出版社, 2011.

[38] 中华人民共和国住房和城乡建设部, 国家市场监督管理总局. 火灾自动报警系统施工及验收标准: GB 50166—2019[S]. 北京: 中国计划出版社, 2020.

[39] 中华人民共和国住房和城乡建设部, 中华人民共和国国家质量监督检验检疫总局. 风机、压缩机、泵安装工程施工及验收规范: GB 50275—2010[S], 北京: 中国计划出版社, 2011.

[40] 袁鸿儒, 张春祥. 我国压缩空气泡沫消防车市场分析及发展趋势[J]. 专用汽车, 2013, (4): 71-73.

[41] 周革新. A 类泡沫消防车设计介绍 [EB/OL]. https://wenku.baidu.com/view/ec7aade60640 be1e650e52ea551810a6f424c831. html?_wkts_=1719470909370&bdQuery = %E5%91%A8% E9%9D%A9%E6%96%B0.+A+%E7%B1%BB%E6%B3%A1%E6%B2%AB%E6%B6%88% E9%98%B2%E8%BD%A6%E8%AE%BE%E8%AE%A1%E4%BB%8B%E7%BB%8D. 2020-07-28.

[42] 中华人民共和国国家质量监督检验检疫总局, 中国国家标准化管理委员会. 汽车、挂车及汽车列车外廓尺寸、轴荷及质量限值: GB 1589—2016[S]. 北京: 中国标准出版社, 2016.

[43] 中华人民共和国国家质量监督检验检疫总局, 中国国家标准化管理委员会. 消防车第 1 部分：通用技术条件: GB 7956.1—2014[S]. 北京: 中国标准出版社, 2014.

[44] 中华人民共和国国家质量监督检验检疫总局, 中国国家标准化管理委员会. 消防车第 6 部分：压缩空气泡沫消防车: GB 7956.6—2015[S]. 北京: 中国标准出版社, 2015.

[45] 湖北江南专用特种汽车有限公司. 重型压缩空气泡沫消防车[EB/OL]. http://www.jnxszb. com/html/yskqpmxfc/2723.html. 2016-12-26.

[46] 生态环境部, 国家市场监督管理总局. 重型柴油车污染物排放限值及测量方法(中国第六阶段): GB 17691—2018[S]. 2018.

[47] 湖北博利特种汽车装备股份有限公司. 博利牌压缩空气泡沫消防车 AP60/S6[EB/OL]. http://www.blxfc.com/?list_32/451.html. 2023-05-12.

[48] NFPA. Standard for Low-, Medium-, and High-Expansion Foam: NFPA 11-2021[S]. 2021.

[49] 于征. 飞机维修库消防报警和联动灭火设计[J]. 消防科学与技术, 2010, 29(8): 678-681.

[50] NFPA. Standard on Aircraft Hangars : NFPA 409-2022[S]. 2022.

[51] 彭敏文, 张红, 黄勇, 等. 特高压换流变的压缩空气泡沫灭火系统: CN212308704U[P]. 2021-01-08.

[52] 张瑞, 袁泉, 李学鹏. ±800 kV 特高压换流站换流变压缩空气泡沫灭火系统设计研究[J]. 青海电力, 2020, 39(4): 46-51+64.

[53] 杨素芳, 陈智慧, 贾春雷, 等. 油罐火灾中举高消防车的战术性能分析[J]. 消防科学与技术, 2017, 36(12): 1713-1715.